물리학자가 들려주는 물리학 이야기

人物でよみとく物理

Original Japanese title: JINBUTSU DE YOMITOKU BUTSURI

Copyright © 2020 MiyukiTanaka, Chiyoko Yuki, Akira Fujishima

Original Japanese edition published by The Asahi Gakusei Shimbun Co., Ltd.

Korean translation rights arranged with The Asahi Gakusei Shimbun Co., Ltd.

in care of The English Agency (Japan) Ltd. through Danny Hong Agency.

Korean translation copyright © 2022 by DONGA M&B Co., Ltd.

* * *

Aristoteles
현상을 잘 관찰하여
'운동'의 법칙을
넓혀했다.

Albert Einstein
빛의 정체를 밝혀낸
천재 물리학자.

다나카 미유키 · 유키 치요코 지음

후지시마 아키라 감수 · 김지예 옮김

물리학자가 들려주는 물리학 이야기

45인의 물리학자가 주제별로 들려주는 과학지식

3,14159

Galileo Galilei
실험을 통해 '낙하 속도는
물체의 질량과 무관하다.'
는 것을 발견하였다.

Marie Curie
'방사능'이라는 단어를
최초로 만들어 냈다.

William Thomson
열역학의 '온도 개념'을
확립했다.

Isaac Newton
사과도 달도 지구가
끌어당기는 '만유인력'.

동아엠앤비

'인물'로 읽는 과학의 역사

최근 과학 기술의 발전에는 놀라운 점이 있습니다. 어디에선가 발견된 새로운 현상이 순식간에 세계 전역으로 알려지는 시대가 된 것입니다. 하지만 우리가 아직 이해하지 못한 현상들도 많이 존재합니다.

지구의 역사는 약 46억 년이라고 합니다. 그리고 인류가 탄생한 것은 불과 20여만 년 전(현대인의 직계 조상인 '호모 사피엔스'의 출현을 의미한다. 2017년 9월 28일 〈사이언스〉 지에는 '호모 사피엔스'가 35만 년 전에 출현했다는 연구 결과가 발표됐다.)입니다. 지구의 역사에 비추어 생각해 보면 인류의 탄생은 극히 최근의 일이라 할 수 있습니다. 이집트, 그리스, 중국과 같은 여러 지역에서 문명이 발달한 뒤, 약 1만 년 정도가 흘렀습니다. 그리고 최근 500년, 300년 혹은 100년 동안의 과학 기술의 발전에서 우리의 눈을 사로잡는 것들이 있습니다.

이 시리즈에서는 물리, 화학, 생물, 수학, 천문학 등의 분야별로, 특히 인물과 관련된 관점에서 각 분야의 연구 흐름과 발전을 정리해 보려고 합니다. 각 분야마다 중요한 테마를 15장 정도로 나열했습니다. 그리고 항목별로 해당 분야에 공헌도가 높은 인물을 3명씩 선정하여 인물의 연구 성과나 연구 내용의 파급 효과를 알기 쉽게 설명하고자 노력했습니다.

연구의 흐름을 이해하면 각 분야별 인물의 발상이 얼마나 대단한 것인지, 그들의 노력과 성과가 얼마나 중요한지 느낄 수 있을 것입니다. 또한 그들의 연구 덕분에 현대 과학 기술이 눈부시게 발전했다는 사실도 잘 이해할 수 있을 것입니다.

이 시리즈가 여러분께 도움이 되기를 바라는 마음으로 편집했습니다.

많은 이에게 널리 읽혀졌으면 좋겠습니다.

감수 후지시마 아키라

차례

물리에서 말하는 '운동'이란 무엇일까요?
일상생활의 사례를 바탕으로 생각해 봅시다!

칼럼 레오나르도 다빈치와 마찰력

'압력'이란 무엇일까요?
우리 주변의 사례를 바탕으로 생각해 봅시다!

칼럼 일본 에도 시대의 사람들도 이미 공기의 존재
　　　 를 알고 있었다.

모든 것에 작용하는 '만유인력'이란 무엇일까요?
우리 주변의 사례를 바탕으로 생각해 봅시다!

칼럼 뉴턴이 활약했던 시대의 일본의 상황

연표❶ 역학의 확립에 활약한 과학자
역사에 한 획을 그은 과학자의 명언❶

'온도'란 무엇일까요?
우리 주변의 사례를 바탕으로 생각해 봅시다!

칼럼 '온도계'가 발전되어 온 역사

열역학이 어떻게 발전했는지 알아봅시다!

칼럼 새로운 개념 '엔트로피'의 등장

연표❷ 열역학 발전에 공헌한 과학자
역사에 한 획을 그은 과학자의 명언❷

    우리는 현대 과학을 통해서 주변의 다양한 현상 및 지구를 포함한 우주의 처음부터 마지막까지를 광범위하게 설명할 수 있게 되었습니다. 과학을 흔히 물리, 화학, 생물, 지구 과학으로 분류하기도 하는데 사실 이 4개 분야에는 경계가 없습니다. 이 모두가 세계를 설명하기 위한 탐구이며 동시에 그것을 이해하기 위한 지혜인 것입니다.

    아주 먼 옛날에는 과학이라는 큰 틀조차 없었지만 인류는 스스로 생각하고 조사하며 발명해서 만들어 내는 등 단지 살아가는 것 이상으로 많은 것을 시도했습니다. 세상에는 주변을 잘 관찰해서 여러 가지 것에 의문을 느끼고 그 관계나 이유, 원리와 미래에 관한 예측 등을 탐구하려는 사람이 많이 있었습니다.

    이윽고 과학은 '실험'이라고 하는 언제, 어디에서, 누구나 할 수 있는 검증을 근거로 하여 탄탄하게 세워진 사고방식이 되었습니다. 검증이란 확인하는 것을 의미합니다. '검증 가능하다.' 혹은 '실험의 재현성'이라는 표현을 들어 본 적이 있을 것입니다. 그것이 바로 과학의 중요성입니다. 우리의 조상과 동일한 실험을 하면, 그 생각에 도달할 수 있다는 것입니다. 그리고 실험을 재현한 것은 반드시 과학의 발전으로 이어졌습니다.

    과학 중에서도 세상의 이치를 가장 기본적인 부분까지 쪼개어 다루는 것이 물리학입니다. 예를 들어, 물리학에서는 물체의 움직임, 구조, 온도 변화, 소리와 빛, 전기와 자기 등 우리 주변의 다양한 것에 공통적으로 관련이 있는 기본적인 규칙이나 관계를 찾아냅니다. 밝혀내고 싶은 것이 있을 경우에는 가설을 세우고, 예측하고, '실험'을 실시하고, 그 결과에서 법칙성을 찾아냅니다. 이는 물리학을 통해 발전하였고 세계를 구성하는 기본 법칙을 수식으로 표현하는 것도 물리학의 특징이라고 할 수 있습니다.

한편, 근래 최첨단 물리학에서는 쿼크(원자핵의 양성자나 중성자의 구성 요소이자 기본 입자)를 필두로 하여 소립자나 빅뱅, 블랙홀 등 우주와 관련된 연구가 활발히 이루어지고 있습니다. 현대 물리학의 관점에서 중력의 발견이나 전기의 정체를 밝히는 것은 단지 옛이야기에 불과하며, 이 결론에 도달하기까지의 발자취를 따라가는 것은 로맨티시즘 혹은 역사 공부일 뿐이지 과학에는 전혀 도움이 되지 않는다고 생각하고 있지는 않으신가요? 전혀 그렇지 않습니다. 옛날 과학자의 생각을 알아 가는 것은 지금 이 시대를 살아가는 우리에게 도움이 된다고 단호하게 말할 수 있습니다.

예를 들어, 현대에는 고대 그리스의 아리스토텔레스가 주장한 '천동설'을 부정하는데 현대인이라면 아주 당연히 그렇게 생각할 것입니다. '천동설'이 어떻게 부정되었는지의 과정을 살펴보는 것은 매우 중요합니다. 그러나 갈릴레오 갈릴레이와 그 이후 과학자들의 사상은 지금도 전혀 퇴색되지 않았습니다. 물리학은 아리스토텔레스의 사상에는 존재하지 않았던 '실험'을 통해서 많은 과학자가 납득한 끝에 쌓아 올려진 학문이기 때문입니다. 이러한 과정을 더듬어 나가는 것 또한 아주 중요합니다.

이 책을 읽을 때는 소개되는 과학자가 무엇을 발견했고, 발명했는지에 그치는 것이 아니라 그가 어떻게 생각했는지에 중점을 두었으면 좋겠습니다. 아인슈타인은 '생각하는 것은 그 자체가 목적이다.'라고 말했습니다. 물리는 '생각하기에' 알맞은 소재를 제공하는 학문 분야입니다. 이 책이 여러분께 '생각하게 만드는' 계기가 되기를 바랍니다.

다나카 미유키, 유키 치요코

1장

역학 I (운동)

아리스토텔레스 *Aristoteles* | 기원전 384년~기원전 322년

"현상을 면밀히 관찰하여 운동의 원리를 발견했다."

갈릴레이 *Galileo Galilei* | 1564년~1642년

"실험을 통해 '낙하 속도는 물체의 질량과는 무관하다.'는 것을 발견했다."

데카르트 *René Descartes* | 1596년~1650년

"수학을 이용해 '운동 역학'을 설명했다."

'운동' 이론은 기원전부터 시작되었습니다.

역학의 역사를 풀어서 이해해 봅시다. 인류는 태곳적부터 세계 각지에서 천체나 자연, 일상생활에서 볼 수 있는 물체의 형태나 움직임을 관찰하고 그것의 원리나 법칙성에 관해 생각했습니다. 고대 이집트나 중국, 인도 등의 문명권에서는 이러한 지식을 바탕으로 현대에서도 탄복할 만한 고도의 기술을 실현했다고 알려져 있습니다. 기원전 776년에 개최된 제1회 올림피아 경기에서는 조건을 정하고 무엇을 비교할 것인지 고민한 끝에, 처음으로 속도를 비교하는 방법이 등장했다고 합니다. 이것이 '운동 역학'의 시초입니다.

고대 그리스의 철학자 탈레스(기원전 625년경~기원전 547년경)는 "모든 현상에는 이유가 존재한다."라고 말했습니다. 이 생각을 바탕으로 그는 다양한 현상에 관해 설명할 때 근거를 제시할 수 없는 신화에 의존하지 않으려 했습니다. 뒤이어 **아리스토텔레스**는 "물리 현상을 관찰하는 것은 이에 관련된 자연법칙의 발견으로 이어진다."라는 자신의 말처럼 주변의 현상을 주의 깊게 관찰하여 위대한 업적을 남겼습니다. 또한 부력으로 잘 알려진 아르키메데스(기원전 287년~기원전 212년)는 액체와 관련된 힘과 그 움직임을 연구했습니다. 이러한 지식은 아라비아로 먼저 전파되었고, 이탈리아를 거쳐 유럽으로 다시 돌아오게 됩니다. '모나리자' 그림으로 잘 알려진 레오나르도 다빈치(1452년~1519년)는 마찰에 관해 연구하여 큰 업적을 남겼습니다.

16세기 후반에는 아리스토텔레스가 생각한 역학에 관한 개념을 **갈릴레이**가 등장하여 뒤집어엎었습니다. 갈릴레이는 운동 역학을 실험으로 증명하여 수학적으로 기술하려고 한 점에서 근대 과학의 아버지라고 불립니다.

17세기에 활약한 **데카르트**는 근대 철학의 아버지라고 불리며, 숫자 및 수학적으로 사용된 역학의 법칙이야말로 자연계를 구축하는 기본 법칙이라고 여겨 세상을 보는 새로운 견해를 구축했습니다.

아리스토텔레스

(Aristoteles, 기원전 384년~기원전 322년) / 그리스

고대 그리스 플라톤(기원전 428년경~기원전 347년경)의 제자이며 철학자입니다. 논리학, 정치학, 자연 과학, 시학, 연극학 등 광범위한 분야에서 업적을 남겼으며, 후대에 큰 영향을 주어 '만학의 아버지'라고 불렸습니다. 그는 지상에 있는 모든 물체가 '물', '불', '흙(땅)', '공기(바람)'라는 4가지 기본 성분으로 이루어져 있다고 생각했습니다.

"현상을 면밀히 관찰하여 운동의 원리를 발견했다."

**물질의 근원이 되는
'원소'는 4가지?**

아리스토텔레스는 주변 현상을 아주 자세히 관찰하고 다양한 각도로 깊이 통찰했습니다. 아리스토텔레스는 많은 분야에서 체계적인 지식을 남겼으며, 중세 말까지 모든 학문에 지배적인 영향을 미쳤다고 해도 과언이 아닙니다. 여기서는 아리스토텔레스가 운동에 관해 발견한 것을 알아볼 것인데, 먼저 그 배경이 되는 사상부터 살펴보겠습니다.

아리스토텔레스를 포함한 고대 그리스 시대 철학자들은 모든 물체에는 공통적인 '근원'이 존재한다고 생각했습니다. 그도 그럴 것이 우리 주변에는 실제로 다양한 물체가 존재합니다. 그리스 철학자들은 이 다양한 물체에 공통적으로 존재하는 '근원'을 **만물의 근원이 되는 요소**라고 생각했습니다. 이것이 오늘날 말하는 '원소'입니다.

원소가 무엇인지를 묻는 질문에 관해 탈레스는 물이라고 생각했습니다. 헤라클레이토스(기원전 500년경~불명)는 불이라고 답했습니다. 아리스토텔레스는 **4원소설**(물, 불, 흙(땅), 공기(바람))을 주장하면서 이를 바탕으로 각 원소의 본질적인 위치에 관해 생각했습니다. 예를 들어, 모든 원소의 중심에 무게가 있는 '흙'을 두고, '공기'는 그보다 가볍기에 '흙'과 '물' 위에 있다고 생각했습니다. 그리고 어떤 원소를 포함하고 있는 물체는 그 원소가 본질적으로 있어야 할 위치로 돌아가려고 한다고 생각했습니다.

**원소가 물체를
움직이고 있을까요?**

그는 예를 들어 '불'은 위에 있고 '흙'은 아래에 있기에 '불'을 포함하고 있는 불꽃이나 연기는 위로 올라가고 '흙'을 포함하고 있는 돌은 지면으로 떨어진다고 설명했습니다. 천체는 다른 세계에서 '제5의 원소'로 구성되어 있으며, 제5의 원소는 원을 그리며 움직이기 때문에 천체는 낙하하지 않고 지구의 주변을 돌 수 있다는 이유를 덧붙였습니다.

아리스토텔레스의 생각은 매우 합리적이었고, 일상에서 발견할 수 있는 현상과 잘 부합되었습니다.

예를 들어 무거운 돌과 깃털을 동시에 떨어뜨리는 경우를 생각해 봅시다. 돌은 수직으로 낙하하지만 깃털은 하늘하늘 움직이면서 천천히 떨어집니다. 이것은 무거울수록 '흙'의 원소를 많이 포함하고 있기 때문에, 흙으로 돌아가려고 하는 경향이 강해서 빨리 떨어진다는 것입니다. 그리고 물체가 낙하할 때의 속도는 그 무게에 비례한다고 생각했습니다.

외력이 움직임을 생성할 경우

아리스토텔레스는 위에서 언급한 원소에서 유래한 물체 고유의 자연 운동 외에도 '외력(외부에서 작용하는 힘)'으로 인해 발생하는 강제적인 운동에 관하여 생각했습니다. 예를 들어 큰 물체를 밀면 움직이는 것과 같은 **접촉력**(외력의 종류 중 하나)이 일으키는 운동이 있습니다.

이러한 운동은 미는 행동을 멈추면 정지합니다. 아리스토텔레스는 정지 그 자체를 자연스러운 상태라고 생각했습니다. 그리고 공중을 가로질러 날아가는 돌과 같이 외력이 가해지지 않은 상태처럼 보이는 움직임의 경우, 던진 순간의 팔 운동에 의해 공기가 돌 뒤쪽으로 이동하여 돌을 민다고 설명했습니다.

이처럼 눈에 보이지 않는 접촉력이란 개념을 이용해 조금은 무리하게 설명하려 했던 것 같습니다. 이러한 주장은 현재 많은 견해 차이가 있는데, 다음 그림에서 아리스토텔레스의 생각과 현재 시점과의 차이를 살펴보도록 하겠습니다.

아리스토텔레스에 따르면 높은 곳에서 무거운 것과 가벼운 것을 떨어뜨리면 가벼운 것이 나중에 떨어집니다. 오늘날에는 질량에 관계없이 동시에 떨어진다고 알고 있지만 공기의 저항 때문에 차이가 발생한다는 것이 밝혀졌습니다.

밀어서 움직인 물체는 손을 떼면 정지합니다. 오늘날에는 이것이 마찰의 힘에 의해 정지하는 것이고, 아무런 힘도 작용하지 않는다면 움직이고 있는 물체는 그대로 등속(같은 속도)으로 움직인다는 것이 밝혀졌습니다.

파급 효과 〰️

앞에서 언급한 것처럼 아리스토텔레스가 남긴 지식 체계는 깊은 고찰을 거쳐 많은 분야로 퍼져 나갔기 때문에, 그 이후의 과학과 철학 분야 전반에 큰 영향을 미쳤습니다. 특히 13세기 유럽의 신학 분야에 도입되어 교회의 권위를 뒷받침하는 역할을 하였으며, 결과적으로 중세 이후 과학의 발전에는 족쇄가 되기도 했습니다.

이탈리아 화가 라파엘로 산치오(Raffaello Sanzio)의 '아테네 학당'. 아리스토텔레스 등 많은 고대 그리스 철학자의 모습이 그려져 있습니다. 현재 바티칸 궁전에 있는 '서명의 방'에서 볼 수 있습니다.

뒷이야기 ✕✕✕✕✕✕✕✕✕✕✕✕✕✕✕✕✕✕✕✕✕

'지구의 자전'을 부정한 아리스토텔레스

아리스토텔레스는 우리가 당연한 것으로 알고 있는 '지구의 자전'을 부정했습니다. 만약 지구가 돌고 있다면, 위에서 낙하하는 물질은 수직으로 낙하하는 것이 아니라 낙하 중에 지구가 움직인 거리만큼 떨어져 있는 곳에 낙하해야 한다고 생각했습니다. 다시 말해 배 위에서 높이 점프하면 공중에 있는 동안 배가 이동하기 때문에 바다에 빠져 버릴 것(오른쪽 그림 참고)이라고 생각한 것입니다. 그러나 물체는 실제 수직으로 낙하하기 때문에 지구는 정지되어 있다고 그는 주장했습니다.

실제로 이렇게 될까요?
(정답은 p.18)

풍덩!

✕✕✕✕✕✕✕✕✕✕✕✕✕✕✕✕✕✕✕✕✕✕✕✕

갈릴레이

(Galileo Galilei, 1564년~1642년) / 이탈리아

갈릴레이는 이탈리아 피사에서 태어났고, 물리학자이자 천문학자였습니다. 음악가인 아버지는 음향학을 연구한 것으로 알려져 있으며, 갈릴레이는 아버지의 영향을 받아 수학적인 기법을 사용하였습니다. 망원경을 제작하여 천체를 관측하였고, 발견한 것을 《별 세계의 보고》라는 책에 기록했습니다. 그러나 그는 지동설의 제창자로서 종교 재판에 회부되어 불운한 말년을 보냈습니다.

"실험을 통해 '낙하 속도는 물체의 질량과는 무관하다.'는 것을 발견했다."

'힘'으로 날아가고 있는 것일까?

아리스토텔레스의 설명 중에서 공중을 날아가고 있는 돌이 계속 날아갈 수 있는 이유는 공기가 뒤에서 밀고 있기 때문이다(p.14)라는 말을 후대인은 도무지 납득할 수 없었던 모양입니다.

14세기가 되자 '힘(임페투스, impetus. 라틴어로 물체의 추동력을 의미)' 이론이 등장했으며, '힘'이 손에서 물체로 전달되어 계속 날아갈 수 있다고 생각했습니다. 그러나 이 힘은 공기 저항 등으로 인해 감소하게 되고, 그로 인해 날아가는 속도는 떨어지지만 오히려 **낙하 속도**가 증가하기 때문에 힘 이론을 뒷받침하기 위한 설명이 더욱 복잡해지게 됩니다. 이처럼 던져진 물체의 비상에 관해 이론적으로 설명하기가 쉽지 않았기 때문에 이는 결국 갈릴레이의 운동 법칙으로 이어지게 됩니다.

경사면에서 낙하 실험을 하다.

갈릴레이는 낙하 속도가 증가한다는 점에 주목하여 특정한 가설을 세웠습니다. '물체가 일정한 가속을 받으면 완전히 매끄러운 경사면을 굴러 내려가는 공 역시 자유 낙하보다는 작지만 일정한 가속도를 유지한다.'라는 것입니다. 그리고 그는 이 가설을 증명하기 위해 반복적인 실험을 진행했습니다. 갈릴레이는 물시계로 시간을 측정하면서 매끄러운 경사면에 공을 굴려 보냈습니다. 경사 각도를 바꾸면서 각도 1도마다 100번 정도 실험을 반복했으며, 이를 통해 **낙하 거리**와 **경과 시간 제곱**의 비율이 일정하다는 연관성을 발견했습니다. 한편 이때 질량은 낙하 속도에 영향을 미치지 않는다는 점을 발견하여 아리스토텔레스가 주장한 '무거울수록 빨리 떨어진다.'는 가설을 부정했습니다. 더 나아가 공을 굴릴 때 내리막길에서는 속도가 빨라지고 오르막길에서는 속도가 줄어든다는 점을 통해 가속과 감속이 없는 수평면에서 공기 저항이나 마찰력이 작용하지 않으면 가속과 감속이 일어나지 않는다는 것, 다시 말해 등속이라는 것도 발견했습니다. 이것은 갈릴레이의 **사고 실험**(思考實驗)이며 아리스토텔레스의 '물체는 정지해 있는 것이 자연스러운 상태'라는 주장에서 벗어나 '**등속 직선 운동**'이라는 이론을 확립했습니다.

**실험 과학의
막이 열리다.**

갈릴레이가 주장한 것처럼, 힘이 작용하지 않는 한 등속 직선 운동이 계속된다면 배 위에서 높이 뛰어오르더라도 갑판의 원래 장소에 착지한다는 현상을 설명할 수 있습니다.

배에서 뛰어오르면 배에서 받는 힘은 작용하지 않지만, 뛰어오르는 순간에 가지고 있던 배와 동일한 방향과 속도의 움직임은 그대로 있고, 사람은 등속 직선 운동을 계속하게 됩니다. 사람은 단순히 위로 뛰어오른 것뿐이지만 먼 거리에서 지켜보면 뛰어오른 사람은 배와 같은 방향으로 **포물선 운동**을 한 것이 되며, 다음 그림처럼 정확하게 갑판 위로 내려올 수 있습니다.

실제로는 이렇게 됩니다!
(p.15 '뒷이야기'의 정답)

**지상과 하늘은
다른 세계일까요?**

이러한 성과는 갈릴레이가 말년에 《신과학 대화》에 집대성하였습니다. 갈릴레이는 역학의 중요한 법칙을 발견해 내는 한편, 이 법칙이 지상의 물체에만 적용된다고 생각했습니다. 갈릴레이는 천체를 관찰하여 지동설을 발견했지만 천체는 다른 법칙의 지배를 받고 있다는 그리스 사상을 그대로 이어받았습니다. 이 경계선을 허물어뜨린 것이 다음에 등장하는 데카르트입니다.

《신과학 대화》는 제목에서 알 수 있듯이 갈릴레이의 대변자와 아리스토텔레스의 사고방식을 가진 반대자, 그리고 이 둘 사이에서 중립 입장인 사람, 이렇게 3명의 '대화' 형식으로 이루어져 있습니다.

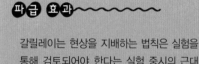

갈릴레이는 현상을 지배하는 법칙은 실험을 통해 검토되어야 한다는 실험 중시의 근대 과학 기법을 확립하였습니다. 이와 동시에 먼저 가설을 세운 후 수학적인 연역법을 사용해 기대되는 점을 예상하면서 실험을 진행하였습니다.

또한 철학적 사색의 연장선상에 있는 사고 실험이라는 방법을 활용하여 실험으로 확인할 수 없는 진리에 접근했습니다. 이 연구 방법은 후대 과학자에게도 계승되었습니다.

갈릴레이 《프톨레마이오스와 코페르니쿠스의 2대 세계 체계에 관한 대화》의 초판.
피렌체, 1632년. 코페르니쿠스가 제창한 지동설을 지지하며 갈릴레이가 쓴 이 책은 일반인에게도 널리 알려져 있습니다. 책의 속표지에 그려진 등장인물은 왼쪽이 아리스토텔레스, 가운데가 프톨레마이오스, 오른쪽이 코페르니쿠스입니다.

뒷이야기 ✕

갈릴레이와 피사의 사탑

갈릴레이의 유명한 발견 중 하나로 진자의 등시성이 있습니다. 이것은 추의 진폭에 관계없이 진자가 왕복하는 시간은 변화하지 않는다는 것입니다. 이는 그가 이탈리아 피사 대학의 학생이었을 때에 교회 천장에 매달려 있는 램프의 움직임을 보고 깨달은 것이라는 일화가 전해져 내려오고 있습니다. 발견 과정의 진위는 정확하지 않지만 지금도 피사 대성당 근처의 묘소 회랑 안에는 그 시대의 램프라고 하는 것이 보존되어 있습니다. 그리고 그 옆에는 기울어진 종탑인 피사의 사탑도 볼 수 있습니다.

피사의 사탑.

✕ ✕

데카르트
(René Descartes, 1596년~1650년) / 프랑스

수학을 아주 잘했고 전형적인 중세 철학에서 벗어나려 했으며 네덜란드에서 군 입대를 하였습니다. 그 뒤에도 여행지에서 만난 많은 과학 및 철학자와 교류하며 깊은 사색을 하였고, 마지막에는 네덜란드로 이주했습니다. 말년에는 스웨덴 여왕의 초청을 받아 스톡홀름으로 향하였는데 그곳에서 건강이 악화되어 사망하였습니다. **기계론적 자연관**(유물론)과 **방법적 회의론**을 주장한 그는 **근대 철학**의 아버지라고 불리고 있습니다.

"수학을 이용해 '운동 역학'을 설명했다."

**역학이야말로
자연계를 꿰뚫는
기본 법칙이다?**

　데카르트는 수학이 세상을 표현하는 학문이라고 생각했습니다. 그리고 수학적으로 사용된 역학 법칙이야말로 자연계를 구축하는 기본 법칙이며, 물체는 모두 그 법칙에 따라 움직이고 있다고 생각했습니다.

　더 나아가 자연계는 수학적으로 사용된 역학의 법칙이 지배하는 한 대의 기계와 같다고도 생각했습니다.

　이것은 자연 현상을 받아들이는 세계관에서 아리스토텔레스 이래로 계속 이어져 온 목적론(물체의 움직임에는 각각의 완성된 상태가 되려고 하는 목적이 있다는 이론)을 배제한 것입니다. '기계론적 자연관'이라고 불리는 데카르트의 이 이론은 **근대 과학**의 큰 틀을 만들었다고 할 수 있습니다.

**실험이 아니라
사색을 통해 밝혀내다.**

　데카르트는 광학이나 역학 등 물리학 분야를 폭넓게 연구했지만 한편으로는 모든 것을 깊이 생각하는 사색가였습니다. 하지만 만물을 실험으로 증명하려고 하는 실험 물리학자는 아니었습니다. 그의 사색은 매우 치밀하고 정교하게 짜인 근대적인 것이었으며, 뉴턴으로 이어지는 과학 분야의 선구적 존재로 대단히 획기적인 것이었습니다.

　그는 1644년에 발간된 《철학의 원리》에서 물질과 운동의 개념을 사용하여 모든 자연 현상을 설명하려고 했습니다. 이 책에서는 '수학자가 양(量)이라고 일컫는 것' 이외의 물질은 인정하지 않는다고 기술했으며 이것은 현대의 생각과도 일맥상통합니다. 그리스 시대 이래로, '물질의 근원은 흙, 물, 불, 공기이다.'라는 생각에 근거해서 물질을 인식했기 때문에 연구 대상으로 삼은 물질 중에는 현대에는 도무지 물질이라 부르지 못할 만한 것도 여러 개 있었습니다.

　당시 데카르트의 주장은 이러한 그리스 시대 사상과 반대되는 것이었습니다. 하지만 데카르트의 사상은 신이 존재한다는 것을 전제로 하여, 생각과 물질로 구성된 세계관을 전개하고 있기 때문에 오늘날의 자연 과학과 완전히 일치하지는 않습니다.

　그는 모든 자연 현상을 예외 없이 원자론적인 물질론과 운동의 개념을 가지고 설명했습니다. 원자론에서는 모든 물질의 크기나 질량이 어떤 미소(微小)한 입자가 모여 만들어진 것이라고 생각하는데 이는 후대에 큰 영향을 미칩니다. 그러나 원자론이라고는 하지만 인식하지 못할 만큼 미세한 소립자를 연상하면서 입자와 입자 사이에 만들어지는 아무것도 존재하지 않는 공간, 다시 말해 '진공'의 존재는 부정합니다. 현재의 원자론은 진공이 존재한다는 것을 전제로 하고 있기 때문에 그의 생각과는 차이가 있습니다.

수학과 역학 법칙으로 세계를 그려 내다.

데카르트는 '우주는 소용돌이 형태의 집합체다.'라고 말했으며 이를 통해 행성의 원운동을 설명하려고 했습니다. 그는 이러한 천체의 움직임을 전제로 원자론적인 **미립자** 운동을 고찰하여 '관성의 법칙'과 '충돌의 법칙'을 제시했습니다. 데카르트의 설명은 뉴턴(p.52, 106)의 관성의 법칙처럼 명확하지는 않지만 적어도 별의 움직임을 최초로 역학 법칙을 통해서 일관성 있게 설명하였습니다. 이처럼 운동 역학은 생활상의 경험을 관찰하여 기술하는 것에서 시작했는데, 우주 뿐만 아니라 나아가 수학에서도 통일되게 설명할 수 있는 법칙을 발견해 냈다는 것은 과학에 새로운 길을 연 것입니다.

파급효과

데카르트의 광학 및 역학 이론은 실험과 검증을 바탕으로 한 현대의 과학과는 차이가 있습니다. 그러나 데카르트 이론의 수학적인 기술과 논리의 전개는 분명히 갈릴레이(p.16), 뉴턴(p.52, 106), 호이겐스(p.110), 영(p.114)을 비롯한 현대 과학자들에게 큰 영향을 미쳤습니다.

데카르트가 '과학자'라고 불리기에 충분하지 않았던 이유

32세의 나이에 네덜란드로 이주해 은둔 생활을 시작한 데카르트는 그곳에서 방법론적 회의라 불리는 사고(思考) 방법을 깨닫게 되었습니다.

'나는 생각한다, 그러므로 나는 존재한다(cogito ergo sum)'라는 표현을 많이 들어 보셨을 것입니다. 이는 회의하고 있는 자신의 정신이야말로 의심의 여지없이 존재하고 있다는 것을 의미합니다. 나아가 데카르트는 신이야말로 의문의 여지없이 존재하는 또 다른 대상이라고 생각했습니다. 데카르트는 그리스도교 신앙을 가지고 있었으며, 세계의 진리는 종교에 의존하는 것뿐만 아니라 이성에 기반을 두고 추구해 나가야 한다고 생각했습니다. 이것은 얼핏 보기에는 현대 과학과 비슷하게 느껴질 수 있지만, 약간의 차이가 있습니다.

갈릴레이는 근대 과학의 아버지라고 불리는 반면에 데카르트는 그렇게 불리지 않습니다. 데카르트는 실험이란 어디까지나 사색보다 한 단계 아래에 위치하는 것일 뿐이라고 생각했기 때문입니다.

데카르트는 실험을 중시한 갈릴레이를 부정적으로 평가했습니다. 예를 들어, 데카르트의 광학은 자신의 우주론을 전제로 하여 수학이나 역학을 바탕에 둔 상태에서 전개시킨 이론입니다. 후대에 뉴턴이나 호이겐스가 실험에 근거하여 검증을 거친 뒤 광학 현상을 설명한 것과는 차이가 있습니다. 다시 말해 데카르트는 수학에 기반을 두고 논리적으로 사색하는 철학자였지만, 실험과 검증이라는 기법에 근거한 근대 과학자라고 보긴 어렵다는 것입니다.

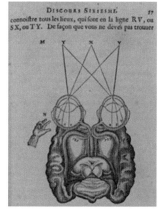

1637년에 기록된 데카르트의 《기상학》 《기하학》 《굴절 광학》 3부작의 초판 표지.
이 책의 첫 장이 그 유명한 '**방법서설**'입니다.

데카르트가 잠들어 있는 파리의 생제르맹데프레 교회의 모습.

물리에서 말하는 '운동'이란 무엇일까요?
일상생활의 사례를 바탕으로 생각해 봅시다!

우리 주변에는 사람이나 동물, 물건 등 다양한 물체가 여러 가지 목적을 가지고 움직입니다.
과학에서는 물체가 움직이거나 정지하는 것을 '운동'이라고 표현합니다.
이때 '물체'와 '움직이는 방법'에 주목해 봅시다.

운동하는 물체의 속도를 구하다.

갑작스러운 질문일 수도 있겠지만 마라톤 선수와 치타 중 누가 더 빠를까요?

사실 이 문제는 정답을 이끌어 낼 수 없습니다. 어떤 방법으로 비교할 것인지가 명확하지 않기 때문입니다.

예를 들어 10km를 달리는 데 걸리는 시간을 가지고 속도를 구할 수도 있고, 최고 속도 혹은 달리기를 시작한 후 100m 지점일 때의 순간 속도 등 다양한 비교 방법이 있는데 각 방법마다 답이 달라지기 때문입니다.

속도[m/s]는 이동 거리[m]를 이동에 걸린 시간[s]으로 나누면 구할 수 있습니다. 달린 거리 전체를 소모한 시간으로 나눈 것이 평균 속도입니다.

구간 전체를 일정한 속도로 달린 것과 동일한 값입니다. 앞서 언급한 예를 가지고 생각해 보면, 10km를 달린 경우의 속도가 이에 해당합니다.

한편 최고 속도나 달리기를 시작한 후 100m 지점이 되었을 때의 순간 속도를 구하기 위해서는 대단히 짧은 시간으로 나눈 다음 그 시간 동안의 이동 거리를 구해서 계산해야 합니다.

일상생활에서 흔히 볼 수 있는 사례 중에서는 자동차의 속도 미터기에서 순간 속도가 표시되는 것을 볼 수 있습니다.

물체의 질량과 움직임의 종류

'운동'하는 '물체'는 먼저 '질량'에 주목해야 합니다. 자동차, 사람, 사과, 공 모두 질량[kg]으로 생각합니다.

'움직이는 방법'은 '정지', '등속도 운동', '가속도 운동'으로 분류합니다. '정지' 상태는 움직이고 있지 않은 상태입니다. '등속도 운동'은 '등속 직선 운동'이라고도 하며, 같은 속도와 방향으로 계속 직선상으로 움직인다는 것을 의미합니다.

'가속도 운동'은 속도나 방향이 변화하는 운동을 의미합니다. 우리 주변에서 볼 수 있는 움직임의 대부분은 '정지' 상태나 '가속도 운동'으로 분류할 수 있습니다.

거의 등속 직선 운동에 가까움.
가속도 운동
마찰력에 의해 머지않아 정지함. [그림1]

물체에 가해지는 힘

지구상에 존재하는 물체에는 반드시 '중력'이 작용합니다. 또한 많은 경우, 밀거나 당기는 '접촉해서 작용하는 힘'이 있습니다. 물체에 작용하는 힘을 표현할 때는 [그림2]의 경우처럼 힘이 가해지는 지점을 '하나의 점'으로 나타내고, 힘이 작용하는 방향을 '화살표'로 나타냅니다.

[그림2]

어떤 형태의 물체이든 [그림3]에서 볼 수 있듯, 중력은 물체의 중심(무게 중심)에서부터 지면을 향해 화살표를 그려 표시합니다. 공중에 떠 있는 상태이거나 물체 위에 올라가 있는 상태에서도 이와 동일하게 작용합니다.

중력

[그림3]

'정지'나 '움직임'의 원인은 '힘'입니다. 어떤 물체에서 다른 물체로 힘이 작용할 때, 접촉면에서는 작용하는 힘과 반대 방향으로 동일한 크기의 '반작용'이 발생합니다. 이를 작용, 반작용의 법칙이라고 부릅니다.

'정지' & '등속도 운동'에 작용하는 힘

'정지' 혹은 '등속도 운동'을 하고 있는 물체에는 힘이 전혀 작용하고 있지 않지만, 힘은 균형을 이루고 있습니다. (지상에서는 물체에 반드시 중력이 작용하고

있기 때문에 힘이 전혀 작용하고 있지 않은 물체는 존재하지 않습니다. 그렇기 때문에 정지해 있는 상태일 때는 작용하고 있는 힘이 균형을 이루고 있는 것입니다.) 물리에서 '정지'와 '등속도 운동'은 힘이 균형을 이루고 있다는 점에서 동일한 상태라고 생각해도 무방합니다.

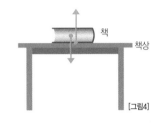

책

책상

[그림4]

'가속도 운동'에 작용하는 힘

'가속도 운동'은 힘이 작용하고 있거나, 작용하고 있는 힘이 균형을 이루고 있지 않은 상태입니다. 운동 방향으로 힘이 작용하면 속도가 점점 더 증가합니다. 반대로 운동 방향과 다른 방향으로 힘이 작용하면 속도가 점점 더 줄어드는 가속도 운동이 됩니다. 이때 가속의 크기 $a[m/s^2]$와 움직이고 있는 물체의 질량 $m[kg]$, 가해지고 있는 힘 $F[N]$ 사이에는 운동 방정식 $F = ma$의 관계가 성립합니다.

[그림5]에서는 바닥을 향해 공을 던졌을 때의 운동 궤적을 확인할 수 있습니다. 이처럼 공의 가

[그림5]

속도 운동에 작용하는 힘은 중력, 그리고 바닥면에 접촉했을 때에만 작용하는 바닥의 항력이 있습니다. 공이 떨어지고 있을 때에는 운동 방향과 동일한 방향의 중력에 의해 속도가 증가합니다. 공이 떨어짐에 따라 간격이 벌어지는 것을 보면 속도가 증가하고 있다는 것을 알 수 있습니다. 그리고 바닥에 부딪히면 바닥의 항력을 받아 운동 방향이 바뀌게 됩니다.

공이 상승할 때는 운동 방향과 반대 방향으로 중력이 작용하기 때문에 속도가 떨어집니다. 속도가 일정하고 얼핏 힘이 작용하지 않는 것처럼 보이지만 진행 방향에 힘이 직각으로 가해져 방향이 끊임없이 변화하는 운동 역시 '가속도 운동'입니다. 이때 힘은 '방향'이라는 운동 상태를 변화시킵니다. [그림5]에서처럼 끈에 추를 매단 후에 원을 그리며 돌리거나, 행성이 태양 주위를 도는 것과 같은 원운동을 예로 들 수 있습니다.

관성의 법칙

균형을 파괴하는 힘이 작용하지 않는 한, '정지' 상태나 '등속도 운동'은 계속 이어집니다. 이것을 관성의 법칙이라고 합니다. 운전 중 급브레이크를 밟았을 때, 마침 동그란 사탕을 먹고 있는 상태에서 입이 벌어지면, [그림6]의 위쪽 그림처럼 사탕이 입 밖으로 튀어나올 수도 있습니다.

자동차 안전벨트를 착용한 사람은 급브레이크를 밟았을 때 정지하지만, 입을 벌린 상태에서 운동을 멈출 수 없는 사탕의 경우에는 그 속도 그대로 입 밖으로 휙 튕겨 나가 버리고 맙니다. 반대로

차가 급발진하면 손에 들고 있던 주스가 얼굴에 쏟아지는 경우도 있습니다. 사탕이나 주스가 이렇게 움직이는 것은 관성의 법칙 때문입니다.

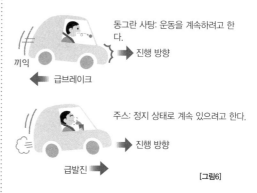

동그란 사탕: 운동을 계속하려고 한다.
→ 진행 방향
끼익
← 급브레이크

주스: 정지 상태로 계속 있으려고 한다.
→ 진행 방향
급발진 →

[그림6]

역학에서 '운동'의 일관성 있는 법칙은 아리스토텔레스로부터 시작해 갈릴레이 등 많은 과학자의 시행착오와 실험을 통해서 명확해졌습니다. 그리고 최종적으로 뉴턴(p.52, 106)이 지구상의 운동과 천체의 운동을 통일하고, '관성의 법칙', '운동 방정식', '작용, 반작용의 법칙' 등 세 법칙을 《프린키피아》란 도서에 정리하였습니다.

레오나르도 다빈치와 마찰력

레오나르도 다빈치(1452년~1519년)는 아리스토텔레스와 갈릴레이 사이의 시대에 살았던 위대한 화가입니다. 그는 화가인 동시에 발명가이자 건축가이며 뛰어난 과학자이기도 했습니다. 운동과 관련한 실험도 많이 했으며, 다양한 기계와 관련된 아이디어를 스케치로 남겼습니다. 그중 몇 가지는 스케치 뿐만 아니라 기계를 실제로 시험 제작했다고도 전해집니다. 운동과 관련된 힘에는 '중력'을 시작으로 접촉해서 움직이는 끈 등에 작용하는 '장력', 바닥이 물체를 지지하는 '수직 항력', '공기 저항' 등 다양한 힘이 존재합니다. 그중에서도 일상생활에 가장 크게 작용하는 힘은 '마찰력'입니다. 발을 사용해 길을 걸어갈 수 있는 것도, 연필로 글씨를 쓸 수 있는 것도, 현악기가 소리를 낼 수 있는 것도 모두 마찰력이 있기 때문에 가능합니다.

레오나르도 다빈치는 이 마찰력을 관찰하고 연구해 기록을 남긴 최초의 인물입니다. 기계를 시험 제작했을 때 마찰력이 방해가 되어 생각했던 것처럼 동작하지 않았을 수 있습니다. '내 기계에 마찰력이 없다면……'이라고 생각했을지 모르지만, 그는 재질이 다르면 마찰력의 크기가 달라진다는 것을 발견하고 나서 실험을 계속했습니다. 어떤 재질이 미끄러지기 쉬운지, 미끄러지기 어려운 경우에는 무엇이 관련되어 있는지를 조사해 나갔습니다. 그 결과 발견하게 된 가장 근본적인 법칙은 '모든 물체는 미끄러지게 하려고 하는 힘 즉, 마찰력이라는 저항을 발생시킨다.'는 것입니다. 더 나아가 '표면이 매끄러운 평면과 평면 사이 마찰력의 경우, 그 크기는 해당 중량의 4분의 1이다.'라고도 기술했습니다. 그 외에도 현재 알려진 마찰력과 관련한 법칙 대부분을 발견했으며, 그 실험도는 지금까지 전해져 내려오고 있습니다.

레오나르도 다빈치의 작품 '비트루비우스 인체도'.

시험해 봅시다! 갈릴레이의 실험

갈릴레이가 피사의 사탑에서 크고 작은 두 개의 금속 구슬을 낙하시킨 일화를 들어본 적이 있을 것입니다. '무거운 물체이든 가벼운 물체이든 공기의 저항이 없으면 지면에 동시에 떨어진다.'는 것을 확증하는 실험이라고도 일컫는데, 사실 이 일화는 제자들이 창작해 낸 것이라고 생각하는 연구자가 많습니다. 여러분이 직접 실험을 할 경우에는 본인의 키 높이에서 실험을 해보시기 바랍니다.

예를 들어 같은 모양의 무거운 상자와 가벼운 상자를 동시에 떨어뜨리면 이 둘은 지면에 동시에 착지할까요? 실제로 실험을 해보면 공기 저항이 무시할 수 없을 정도로 큰 영향을 미치기 때문에 정확하게 측정하면 약간의 차이가 발생한다는 것을 알 수 있습니다.

주변에서 흔히 볼 수 있는 장소에서 무거운 물체가 먼저 떨어진다는 것을 납득하게 만드는 현상을 자주 보게 되었다면, 아리스토텔레스가 '무거운 물체는 가벼운 물체보다 빨리 떨어진다.'라고 주장한 것을 쉽게 부정하지 못했던 것 역시 이해가 됩니다. 그러면 종이 한 장과 책 한 권을 가지고 이를 각각 떨어뜨리는 경우와, 책 위에 종이를 올려놓아서 공기 저항을 받지 않게 한 다음 떨어뜨리는 경우를 비교해 보기 바랍니다.

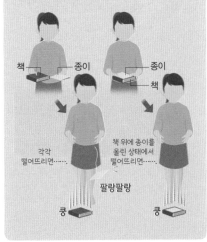

책 — 종이   종이 — 책

각각 떨어뜨리면……   책 위에 종이를 올린 상태에서 떨어뜨리면……

팔랑팔랑

쿵   쿵

2장

대기압과 진공

토리첼리 *Evangelista Torricelli* | 1608년~1647년

"'토리첼리의 진공'은 최초의 인공적인 진공이었다."

파스칼 *Blaise Pascal* | 1623년~1662년

"'진공'이 있다는 것을 주장했고, 교회의 맹렬한 반대를 받았다."

게리케 *Otto von Guericke* | 1602년~1686년

"'마그데부르크의 진공 실험'으로 유명하다."

지금으로부터 2500년 훨씬 이전에 공기의 존재와 **진공** 상태는 그리스인들의 중요한 관심사였습니다. 진공이란 공기조차 없으며 실제로 아무것도 존재하지 않는 공간을 의미합니다. '공기를 흡인해서 내보내더라도 다른 무엇인가가 반드시 그 자리를 채우기 때문에, 이 세상에 진공이란 존재하지 않는다.'라는 아리스토텔레스의 주장은 오랜 기간 받아들여졌습니다.

시대가 흘러 16세기가 되었을 때, 나중에 **대기압**이 원인이라고 알려진 현상이 당시 유럽의 산업계에 큰 영향을 끼치기 시작했습니다. 열강이 세계의 패권을 둘러싸고 전쟁을 벌이던 시대였기 때문에 대포는 빼놓을 수 없는 도구였습니다. 금속의 필요도가 높아짐에 따라 채굴 갱도가 지하 깊은 곳까지 확장되었습니다. 그러나 곤란하게도 지하수를 배수하기 위한 흡인 펌프가 대략 10m 이상일 경우에는 물을 끌어 올리지 못한다는 것을 알게 되었습니다. 배수를 효율적으로 하지 못하는 것은 광산의 사활이 걸린 문제였습니다.

흡인 펌프는 공기의 흡인과 토출을 이용하는데, 많은 사람이 다양한 각도에서 시행착오를 거치며 실험하는 과정에서 대기의 중요성을 깨닫기 시작했습니다. 이와 동시에 대기를 완전히 제거한 진공에 관한 연구가 이어졌으며, 17세기가 되었을 때 **토리첼리, 파스칼, 게리케** 등이 진공은 존재하지 않는다는 아리스토텔레스의 주장을 반박했습니다.

진공 펌프가 개발되자 공기를 완전히 내보낸 물체(공기가 없는 공간)를 만들게 되고, 이것이 진공이라는 것을(실제로는 극저압) 증명하기 위한 다양한 실험이 계속되었습니다. 동시에 진공 주변을 둘러싼 대기가 공기를 완전히 내보낸 물체를 누르는 압력의 크기도 알게 되었습니다.

그 결과 펌프로 빨아들인 것처럼 보였던 물이 실제로는 지상의 대기압으로 밀어 올려졌다는 것도 알게 되었습니다.

따라서 누르는 힘이었던 대기압의 크기 이상으로 밀어 올릴 수는 없으므로 펌프로 물을 끌어올리는 데 한계가 있다는 것을 알게 되었습니다. 진공이 실제로 존재한다는 것이 대기의 압력을 증명하는 것이 된 셈입니다.

토리첼리

(Evangelista Torricelli, 1608년~1647년) / 이탈리아

39살의 젊은 나이에 세상을 떠난 토리첼리는 짧은 생애에도 불구하고 수력학, 기계학, 광학, 기하학, 미적분에서 많은 업적을 남겼습니다. 특히 갈릴레이의 말년 벗이자 비서로서, 시력을 잃은 갈릴레이를 대신해 구술필기로 명저 《신과학 대화》를 완성했습니다.

"'토리첼리의 진공'은 최초의 인공적인 진공이었다."

**토리첼리의
첫 번째 실험**

　토리첼리는 갈릴레이가 사망한 후 진공에 관련된 특히 중요한 세 가지 실험을 했습니다.

　유리관에 물을 채운 후 실험을 하려 했지만 그렇게 하려면 10m 정도의 유리관이 필요했습니다. 당시의 기술로는 그러한 유리관을 만들 수 없었으므로 물보다 훨씬 무거운 액체인 '수은'을 사용해서 실험해 보기로 했습니다. 길이

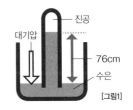

[그림1]

가 1m 정도 되는 유리관에 수은을 채우고, 수은을 바른 쟁반에 거꾸로 세워 둡니다. 그러면 [그림1]처럼 토리첼리의 예상대로 수은 막대기의 액체가 내려오면서 76cm의 높이에서 멈춥니다. 이것은 유리관 안의 수은이 용기를 덮은 수은에 가해진 기압에 밀려 올라가서 힘의 균형을 이루어 정지한 것을 의미합니다. 또한 관의 상부는 공기의 이동이 없으므로 진공 상태입니다. 토리첼리는 이렇게 해서 최초의 진공 상태를 만들었습니다.

**토리첼리의
두 번째 실험**

　두 번째 실험은 수은 기둥이 76cm까지 내려간 유리관을 [그림2]처럼 수은 위 물을 덮은 용기에 배치합니다. [그림3]처럼 유리관의 입구를 물이 있는 곳까지 올렸을 때 유리관 상부의 공간이 진공 상태라면, 76cm는 10m보다 훨씬 낮기 때문에 물이 관의 내부로 이동해 공간을 채울 것입니다. 결과는 유리관의 입구가 물이 있는 곳에 도달한 순간

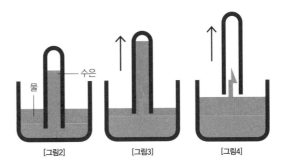

[그림2]　　　　　[그림3]　　　　　[그림4]

물보다 무거운 수은이 한 번에 내려가고, 그 대신 물이 세차게 위로 올라갔습니다. 게다가 [그림4]처럼 유리관의 입구를 물 위의 공기층까지 끌어올리자 물은 단숨에 아래로 떨어지고 그 대신 유리관 내부는 공기로 채워졌습니다.

**토리첼리의
세 번째 실험**

결과적으로 위 실험을 통해 다음 두 가지 의견이 대립하게 되었습니다.

하나는 '유리관 상부의 공간에서 형성된 진공이 수은이나 물을 끌어당긴 것은 아닌가?'라는 것이고, 다른 하나는 '그렇지 않다. 수은 용기의 표면이 대기에 밀렸고, 그 결과 유리관 내부로 수은이 밀려 올라간 것이다.'라는 의견이었습니다.

그래서 세 번째 실험에서는 [그림5]처럼 유리관의 모양을 두 가지로 제작하여 상부에 만들어지는 진공의 크기를 서로 다르게 했습니다. 진공의 힘이 끌어당기는 것이라면, 진공의 양이 바뀜에 따라 수은이 끌려 올라가는 높이가 달라질 것이라고 생각했기 때문입니다.

[그림5]

결과는 세 번째 실험에서 유리관 내부의 수은은 동일한 높이에서 정지했습니다. 그렇기 때문에 대기에 밀린 수은이 관 내부로 올라가는 것이라고 결론지을 수 있으며, 대기의 압력을 측정할 수 있게 된 것입니다.

한편, 토리첼리는 이 결과를 즉시 발표하지 않았습니다. 교회의 압력을 두려워했기 때문이었을 것이라는 추측이 전해지고 있지만 갈릴레이의 재판을 눈앞에서 본 토리첼리였기 때문에 더욱 신중해질 수밖에 없었던 것도 이해가 됩니다.

시력을 잃은 갈릴레이를 대신해 토리첼리가
구술필기한 《신과학 대화》의 한 장면.

이때까지 사람들이 믿어 왔던 자연계 현상은
아리스토텔레스의 과학적인 견해에 따른 것이
었습니다. 그 견해에 따르면 진공은 존재하지
않았으나, 토리첼리의 진공은 아리스토텔레스
의 세계관을 실험을 통해 뒤집어 버렸습니다.
토리첼리가 진공이란 개념을 발견한 것을 기
념하여 진공의 단위를 나타낼 때 Torr(톨)이라
고 합니다.

뒷 이 야 기 ✕ ✕ ✕ ✕ ✕ ✕ ✕ ✕ ✕ ✕

동시대 과학자와의 교류

토리첼리가 사망하고 68년이 지난 1715년, 피렌체에서
토리첼리의 강연과 실험 보고, 편지 등을 수집해 하나
의 책으로 정리한 《학술적 강의》가 출판되었습니다. 그
책에는 기압계의 실험을 보고한 편지도 있었습니다.
토리첼리가 그의 짧은 생애에서 교류한 사람은 매우
다양하며, 동시대 이탈리아 과학계에 몸담고 있던 학자
들의 교류는 그들이 주고받은 편지에 잘 나타나 있습
니다.

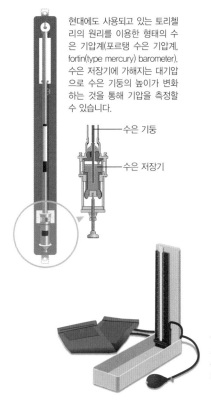

현대에도 사용되고 있는 토리첼
리의 원리를 이용한 형태의 수
은 기압계(포르탱 수은 기압계,
fortin(type mercury) barometer).
수은 저장기에 가해지는 대기압
으로 수은 기둥의 높이가 변화
하는 것을 통해 기압을 측정할
수 있습니다.

― 수은 기둥

― 수은 저장기

《학술적 강의》에는 아카데
미아 델 치멘토(Accademia
del Cimento, 이탈리아에 설
립된 세계 최초의 과학학 사
원)의 준회원 리치. 그리고
갈릴레이에게 보낸 편지도
있습니다.

1896년에 이탈리아에서 고안된 후, 러시아에서 실용화된 수은 혈압계는 최근까
지 의료 현장에서 활용되고 있습니다. 대기압을 측정하는 것처럼 혈압에 의한
수은 기둥의 높이 변화를 측정합니다. 지금은 수은을 사용하는 것이 위험하기
때문에 전자식으로 바뀌어 가는 추세입니다.

파스칼
(Blaise Pascal, 1623년~1662년) / 프랑스

철학자 파스칼은 39년이라는 짧은 생애에도 불구하고 다양한 분야에 업적을 남겼습니다. 수학에서는 파스칼의 삼각형과 파스칼의 정리, 확률론이라는 업적을 남겼고, 과학에서는 진공에 관한 연구와 유체에 대한 파스칼의 원리가 널리 알려져 있으며, 압력의 단위로도 파스칼[Pa]이 사용되게 됩니다. 말년에는 신학과 명상에 몰두했고 '인간은 생각하는 갈대다.'라는 문장으로 잘 알려진 유고집《팡세(Pensées)》를 남겼습니다.

"'진공'이 있다는 것을 주장했고, 교회의 맹렬한 반대를 받았다."

진공에 관한 실험

파스칼은 토리첼리의 실험을 들은 후 즉시 자체적인 실험을 시작했습니다. 수은에 **알코올** 등을 사용해서 다양한 모양의 유리관을 가지고 실험 결과를 확인한 후, 1647년 20대 초반의 나이에《진공에 관한 새 실험》이라는 책을 집필했습니다.

파스칼은 이 책에서 '진공'이 존재한다고 단언했기 때문에 교회의 맹렬한 반발을 샀습니다. 교회에서는 '자연은 진공을 싫어한다.'라는 아리스토텔레스의 생각이 옳다고 여겼기 때문입니다.

파스칼은 수은으로 가득 채운 유리관을 수은 용기에 세운 다음 실험을 했습니다. 이 실험은 '진공 중의 진공'이라고 불리는데 아래 그림에서처럼 대기압이 가해져 밀어 올려진 수은 부분과 그렇지 않은 부분의 **평행 상태**를 대조하였습니다. 이 실험은 이후에 유체에 관한 파스칼의 원리로 발전할 것임을 직감하게 합니다.

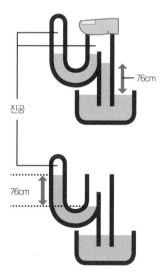

진공

76cm

[그림1]
유리관에 수은을 가득 채운 후 손으로 막고 나서 수은 용기에 거꾸로 세웁니다. 대기압은 수은 용기의 면만 누르고 있는 상태입니다.

76cm

[그림2]
막고 있던 손을 뗍니다. 그러면 대기압이 유리관의 열린 입구(개구부) 쪽에서 좌측의 U자 관의 액체를 밀어내게 됩니다.

**수은 기둥과
대기압의 관계**

파스칼은 수은 용기에 세워 둔 유리관 내부의 수은이 왜 일정한 높이에서 정지하는지를 설명할 수 있는 실험이 부족하다고 생각했습니다. 그래서 그는 해발 고도가 다른 장소일 때 수은 기둥의 높이에 차이가 발생하면 수은을 밀어 올리는 대기의 압력이 원인임을 증명할 수 있을 것이라고 생각했습니다.

**고도와
수은 기둥의 높이**

그렇기는 하지만 파스칼 본인은 병으로 인해 몸이 대단히 쇠약한 상태였기 때문에 처남 페리에의 도움을 받아 퓌드돔 산의 기슭에서 정상까지 토리첼리의 장치를 가지고 수은 기둥의 높이를 측정했습니다. **고도**가 높아짐에 따라 수은 기둥이 미세하게 낮아졌고, 누르고 있는 대기의 두께가 감소함에 따라 압력이 줄어들었다는 증거를 찾아낸 것입니다. 그래서 수은 용기에 거꾸로 배치한 유리관의 수은 기둥이 일정한 높이에서 멈추고 흘러나오지 않은 이유는 대기의 무게로 인한 압력 때문이라고 확신했습니다.

파스칼의 저서 《팡세》의 표지.

진공 실험이 실제로 실시된 퓌드돔 산 부근의 현재 풍경.

파급 효과

파스칼의 원리와 유압 브레이크

파스칼에게 과학 실험 연구란 한때의 흥밋거리였을 수도 있지만 그가 발견한 유체(流體, 액체와 기체를 합쳐 부르는 용어)에 관한 '파스칼의 원리'는 지금까지도 아주 중요합니다. 밀폐 용기의 유체에 압력을 가하면, 용기의 모양에 관계없이 전체적으로 동일한 강도의 압력이 전달된다는 이 원리를 이용하면 유압 브레이크처럼 작은 힘을 사용해서 큰 힘을 낼 수 있습니다.

자동차를 운전할 때, 한쪽 발로 브레이크를 가볍게 밟기만 하면 무거운 차체를 손쉽게 정지시킬 수 있습니다. 브레이크에서 가느다란 관을 통해 바퀴를 정지시키기 위한 실린더까지 액체를 채우면 브레이크를 밟았을 때 가해진 압력(유압)을 제동 장치로 전달할 수 있습니다.

브레이크를 밟는 곳이 아무리 작은 면적이라 해도, 가해진 압력이 그대로 전체에 전달되어 타이어의 회전면을 누르는 면적 전체에 동일한 압력을 가할 수 있는 것입니다. 크레인의 암(arm) 혹은 무거운 문을 열고 닫기 위해 제어하는 도어 클로저(door closer)와 같은 물건에도 유압의 원리가 활용되고 있습니다.

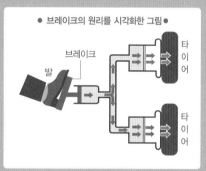

● 브레이크의 원리를 시각화한 그림 ●

브레이크
발
타이어
타이어

뒷이야기

파스칼이 태어난 곳인 클레르몽페랑(Clermont–Ferrand)에는 휴화산이 많이 있었으며 그중 가장 높은 산은 퓌드돔(Puy de Dôme, 해발 1465m)입니다. 프랑스 타이어 산업의 중심지이자 타이어 회사 미슐랭(Michelin) 본사가 있는 곳이기도 합니다. 타이어는 공기를 가득 넣어서 압력을 높인 탄력성을 이용한 바퀴이기 때문에 당연하게도 이 공기압의 단위에 파스칼[Pa]을 사용하고 있습니다.

클레르몽페랑 '파스칼 거리'의 석조 바닥에 파스칼의 메달이 장식되어 있다.

게리케

(Otto von Guericke, 1602년~1686년) / 독일

게리케는 독일 중부 작센안할트주의 관청이 있는 마그데부르크 시장의 집에서 태어나 84세의 나이까지 장수했습니다. 대학에서는 법률과 물리학, 수학을 배웠고 기술자, 물리학자이며 정치가이기도 했습니다. 30년에 걸친 전쟁으로 인해 황폐해진 마그데부르크 시의 시장으로서 시의 부흥과 정치적인 재건에 힘쓴 뒤, 진공에 관한 연구를 시작했습니다.

**"시민들에게 '마그데부르크의 진공 실험'을
널리 공개하다."**

**수동 진공 펌프를
제작하다.**

　게리케는 토리첼리와 파스칼과는 다른 방법으로 진공 상태를 만들기 위해 연구했습니다.

　게리케는 용기 내부에서 공기를 빼내서 진공 상태를 만들기 위해, 먼저 공기를 빼내는 수동 펌프를 만들었습니다. 맥주 통을 가지고 진공 상태를 만들기 위한 실험을 했지만, 틈새를 충분히 막지 못했기 때문에 실험은 실패하고 말았습니다.

　그다음 실험에서는 맥주 통을 이중으로 만든 후에 그 사이에 물을 넣는 방법을 시도했지만 이 시도 역시 성공하지 못했습니다. 게리케는 나무로 만든 맥주 통 대신에 밀폐성이 훨씬 높은 구리로 만든 반구를 사용하기로 했습니다. 이렇게 하여 그 유명한 마그데부르크의 '반구의 실험'에 이르게 되었습니다.

**마그데부르크의
'반구의 실험'**

　독일 황제 앞에서 실시한 진공 실험에서는 먼저 직경 40cm나 되는 구리로 만든 2개의 반구를 틈이 없도록 합친 후에, 수동 펌프로 공기를 빼내어 내부를 진공 상태로 만들었습니다. 그렇게 하면 2개의 반구는 바짝 달라붙어 떨어지지 않게 됩니다. 16마리의 말을 이용해 달라붙은 2개의 반구를 양쪽에서 당겨 보았지만, 반구는 떨어지지 않았다고 합니다. 대기가 반구 전체를 둘러싸고 밀고 있는 반면 내부는 진공 상태이기 때문에 밀어내는 힘이 없으므로 달라붙은 채로 떨어지지 않는 것입니다.

말로 당긴다.　　　안쪽은 진공 상태이다.　　　말로 당긴다.

반구 안에는 아주 소량으로 남은 공기 분자가 날아서 흩어지고 있습니다. 한편 반구 바깥쪽에는 훨씬 많은 공기 분자가 있으며, 구 전체를 밀고 있습니다.

마그데부르크의 반구 실험을 그림으로 묘사한 것입니다. 그림의 중앙에 2개의 반구를 합친 것이 보입니다. 반구의 양편으로 말들이 좌우에 각각 연결되어 있고, 서로 반대 방향으로 반구의 끝부분을 당기면서 반구를 떨어뜨리려고 하는 장면입니다. 그림의 오른쪽 상단에 반구가 각각 분리되어 있는 모습과 반구 2개를 합친 형상, 그리고 반구의 틈새에 사용한 패킹 등이 그려져 있습니다.

이 실험을 통해 대기 압력의 존재와 크기, 압력이 가해지는 방향이 증명되었습니다. 대대적으로 공개된 이 마그데부르크의 진공 실험은 사람들을 정말 깜짝 놀라게 했을 것입니다. 이는 단순하게 생각해 보아도 1t 이상의 힘에 해당합니다. 그러나 공기를 다시 주입하자 반구는 간단하게 분리되었습니다.

**게리케의
또 다른 연구**

게리케는 진공 실험뿐만 아니라 황으로 만든 구를 문질러 **정전기**를 일으키는 기계를 제작했으며, **마찰 전기**에 관해 많은 발견을 했습니다. 그리고 **기압계**를 제작해서 기상을 예측하기도 했습니다.

파급 효과 ~~~~~

　게리케의 대대적인 공개 실험은 사람들의 진공에 관한 관심을 불러일으켰습니다. 편지 형태로 연구 성과를 출판한 것은 당시 연구진의 의욕을 고취하는 요인이 되었습니다. 보일(p.98)이나 호이겐스(p.188)가 많은 영향을 받았습니다. 그리고 **기압계**를 고안해서 날씨를 예측하는 등, 과학적인 **기상 관측**과 예보의 싹을 틔웠습니다. 한편 정전기 연구와 관련해서는 방전의 관찰에 성공해, 현대의 전자 기학으로 이어지는 성과를 남겼습니다.

뒷이야기 ×××××××××××××××××××××××

3인의 과학자, 그들의 수명은 달랐다.

독일에서 태어난 게리케는 1602년에 태어나 84세까지 건강하게 활약했습니다.

한편 게리케가 태어난 지 6년 후인 1608년에 이탈리아에서 태어난 토리첼리는 39세의 젊은 나이에 생을 마감했습니다. 이 둘은 모두 가을에 태어났습니다. 그들이 태어난 시대는 요절하는 아이들이 매우 많은 때였습니다. 그들은 나뭇잎이 떨어져 스산하게 추워 보이는 유럽의 가을에 태어나 곧이어 닥쳐온 추운 겨울을 이겨 내고 무사히 성장해 유년기를 보냈습니다. 하지만 토리첼리는 더욱 활약할 수 있을 나이에 애석하게도 생을 마감했습니다. 게리케가 태어난 지 21년 후인 1623년 6월 아름다운 계절에 파스칼이 프랑스에서 태어났습니다. 그러나 파스칼 역시 39세라는 젊은 나이로 세상을 떠났습니다. 이탈리아, 프랑스로 서로 나라는 달랐지만 토리첼리와 파스칼 모두 겨우 39세라는 짧은 생애 동안 과학 역사에 길이 남을 귀중한 발견을 남기고 생을 마감한 것입니다.

1602년　1608년　　　1623년

토리첼리 39세

파스칼 39세

게리케 84세

×××××××××××××××××××××××××××

'압력'이란 무엇일까요?
우리 주변의 사례를 바탕으로 생각해 봅시다!

어떤 물체에 다른 물체로부터 힘이 가해질 때, 접촉하는 면적의 크기에 따라 가해지는 힘의 크기도 달라집니다. 같은 몸무게인 경우라도 하이힐을 신었을 때와 운동화를 신었을 때의 경우, 지면에 가해지는 힘이 각각 다릅니다.

압력이란 무엇일까요.

뾰족하게 깎은 연필의 양 끝을 엄지와 검지로 잡으면, 압력의 크기가 다르기 때문에 뾰족하게 깎은 부분이 더 아프게 느껴집니다.

압력[Pa] = 면에 수직으로 가해지는 힘 [N]÷힘이 작용하는 면적[m²]으로 나타낼 수 있습니다.

눈길을 걸을 때 미끄러지지 않기 위해 설피를 덧댄 신발을 신거나, 무거운 피아노 발아래 부분에 평평한 받침대가 있는 것은 압력을 줄여서 접촉면이 움푹 파이는 것을 줄이기 위한 것입니다. 반대로 뾰족하게 만들어서 압력을 효율적으로 활용하는 물건에는 포크나 압정, 바늘 등이 있습니다.

대기압이란 무엇일까요.

공기 분자는 지구 주위의 공간을 날아다니고 있는데, 물질이기 때문에 질량이 있습니다.

아주 작은 질량이기는 하지만 지구상에는 중력이 작용하므로, 지상의 물체를 공기의 무게로 누르고 있습니다.

상공까지의 공기층, 다시 말해 '대기'가 해수면(고도 0m)에 미치는 압력은 약 10만 파스칼 정도입니다. 운동하고 있는 공기 분자가 만들어 내는 이 대기압은 사방팔방에서 동일한 크기로 우리를 누르고 있습니다. 우리는 태어난 순간부터 이러한 환경에서 살고 있으므로, 일반적으로는 아무것도 느끼지 못합니다. 그러나 보통의 평지 즉, 고도가 낮은 마을에서 구매한 과자 봉지를 고도가 높은 산에 가지고 가게 되면, 고도가 높아지는 만큼 대기압이 줄어들어 과자 봉지 내부의 기체가 팽창해서 봉지가 빵빵하게 부풀어 오릅니다. 사람들이 높은 산에 올라가서 고산병에 걸리는 것 또한 대기압이 급격하게 변화했기 때문입니다.

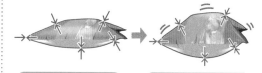

고도가 낮은 곳에서는 힘이 균형을 이루고 있다.

고도가 높은 곳에 가게 되면 봉지 내부에서 미는 힘이 더 강하기 때문에, 균형을 유지하게 될 때까지 팽창한다.

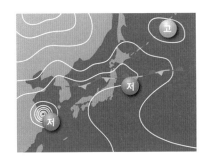

지상의 대기압을 파스칼[Pa] 단위로 나타내려면 숫자가 너무 커지기 때문에 일기 예보에서는 100을 의미하는 접두사 h(헥토)를 붙여서 **헥토파스칼[hPa]**로 기압을 표현합니다. 토리첼리의 실험에서 구한 수은 기둥 76cm(760mm)가 바닥면에 미치는 압력을 1기압이라고 하며, 이것은 1013.25 헥토파스칼을 의미합니다. 일기 예보를 보고 있으면 **고기압**이나 **저기압**이라는 표현이 등장하는데, 이는 대기 중에서 주변보다 기압이 높거나 낮은 범위를 의미합니다. 그렇기 때문에 1013.25 헥토파스칼보다 낮은 고기압도 존재합니다.

진공은 어떻게 만들 수 있을까요.

공간에 원자나 분자가 하나도 없는 절대적인 무(無)의 진공 상태 이외에도 압력을 줄여 **저압**을 만드는 공간도 진공이라고 하는데, 인공적으로 만들어 낼 수 있는 **진공 상태**는 10∼11 파스칼 정도입니다. 공기를 빼내는 진공 펌프라는 기계를 사용해서 진공 상태를 만들 수 있습니다.

진공의 정도를 표현할 때 기체 분자의 상태를 온도나 전류 등의 변화를 측정한 후, 압력으로 환산하는 방법이 있습니다. 다시 말해 우리 주변에서 활용하는 진공 공간은 압력의 차이를 이용하기 때문에, 주변보다 압력을 낮게 만든 공간을 의미하는 것입니다.

우리 주변에서 활용되는 진공

일상생활에서 활용되는 진공 중에는 가정용 진공 패킹 기계를 예로 들 수 있습니다. 이 진공 패킹 기계는 공기를 빼내어 주변 대기  의 절반 이하인 4만 파스칼 정도로 만듭니다. 산소가 적기 때문에 쉽게 **산화**되지 않으며 식품의 신선도를 유지할 수 있습니다.

보온병은 진공 상태를 끼워 넣은 이중 구조로 되어 있는데, 공기가 적어서 열이 잘 전달되지 않는 성질을 이용합니다. 물질은 저압일 때 비등점이 낮아지며, 물은 동결 상태일 때에도 증발하기 때문에 이를 이용한 동결 건조 기술이 인스턴트식품을 제조하는데 활용되고 있습니다.

보온병의 구조

진공

동결 건조 기술로 수분을 제거한 건조 수프 블록. 장기간 보존할 수 있으며 뜨거운 물을 붓기만 하면 원래 상태와 비슷하게 되돌아간다.

압력을 높여서 사용하는 경우

우리 주변에는 견고한 물체에 공기를 강제로 주입해서 주변보다 압력을 높게 만든 상태로 이용하는 물건도 있습니다. 대기압을 연구함에 따라 **증기 기관**이 계속해서 등장하게 되는데, 증기가 새어 나가지 않게 해서 압력을 효과적으로 활용할 수 있는 기술이 등장하면서 처음으로 증기 기관이 실용화되었습니다.

자동차 타이어는 탄력이 있는 물체에 공기를 다량 주입해서 탄력을 높이고 충격을 흡수합니다.

압력솥은 튼튼한 금속 용기에 물과 기체를 가두고 가열한 후, 거기에서 발생하는 수증기의 압력을 이용해 조리합니다.

수압도 압력이다.

물체가 수중에 있는 경우 모든 방향으로부터 동일한 크기의 물의 압력을 받게 됩니다. 이것을 수압이라고 합니다. **수압은 깊이가 증가할수록 더 커집니다.**

일본에서 보유하고 있는 **유인 잠수 조사선** '신카이 6500'은 세계에서도 손꼽힐 만큼 깊은 바다에 잠수할 수 있습니다. 이 잠수 조사선은 일본 산리쿠 오키 해구에서 6527m의 세계 신기록을 수립한 뒤, 세계 각지의 바다에서 활약하고 있습니다. 수심 6500m의 수압은 지상의 680배에 달하는 약

6810만 파스칼입니다.

이렇게 깊은 바닷속에도 생물이 존재합니다. 이 생물들은 몸이 아주 유연하고, 대량의 수분을 머금고 있으며 내부에 공간이 없습니다. 그렇기 때문에 주변의 수압과 자신의 몸속 압력이 동일해서 오그라들지 않습니다. 공기를 많이 머금고 있는 발포 스티로폼 용기를 깊은 바닷속으로 가지고 가면, 기포가 터지면서 그대로 수축해 작아지게 됩니다. 그러나 몸의 거의 대부분이 수분으로 이루어져 있는 심해어류는 깊은 바닷속에서도 몸의 크기가 그다지 달라지지 않습니다.

심해 수조 실험에서 크기가 작아진 발포 스티로폼 용기(왼쪽).

심해 생물(아귀)은 지상이나 심해에서 크기가 크게 달라지지 않는다.

다쿠안 소호의 책에 남아 있는 공기에 관한 기록

여러분은 자신을 둘러싸고 있는 눈에 보이지 않는 공기가 존재함을 언제 처음으로 깨닫게 되셨습니까? 어렸을 때 수영장에서 수영을 하다가 고개를 들어 숨을 한껏 들이쉬었을 때였을 수도 있습니다. 그런가 하면 비닐봉지를 손에 들고 뛰어다니면서 바람을 봉지에 담는 놀이를 했을 때였을 수도 있겠습니다. 초등학교 과학 시간에 공기에 관해 배울 때 '공기총'을 가지고 구슬을 날려 보내는 놀이를 한 적이 있습니다. 공기총의 투명한 관 끝에 있는 구슬과 밀어내는 봉의 끝에 있는 구슬 사이에는 아무것도 보이지 않는 것 같지만 실제로는 공기가 존재합니다. 이 공기가 밀려 나가고, 압축된 후 끝에 있는 구슬을 힘차게 밀어냅니다. 눈에 보이지 않지만 공기가 그곳에 '존재한다'는 것을 명확하게 느낄 수 있습니다.

일본 에도 시대(조선 후기) 사람들도 이 점을 이미 알고 있었습니다. 다쿠안 소호(1573년~1646년)는 일본 아즈치 모모야마 시대부터 에도 시대 전기까지 임제종(臨濟宗)의 승려였습니다. 그가 남긴 많은 저서 중에 《동해야화》가 있습니다. 이 책의 하권에서 공기총을 가지고 노는 것을 한 예로 들어 이야기를 풀어 나가는 부분이 있습니다. 바로 그 내용에서 명확하게 '눈에 보이지 않기 때문에 존재하지 않는다고 생각할 수 있지만, 실은 공기로 가득 차 있다.'라고 언급했습니다.

'앞의 구슬과 그다음 구슬 사이는 비어 있는 것처럼 보이지만, 그 사이에는 공기가 가득 차 있기 때문에……. 《동해야화》에서 발췌.)

살롱에서 인기 있었던 진공 펌프 실험

오른쪽 그림은 18세기 영국 화가 조셉 라이트(Joseph Wright)가 그린 '진공 펌프 실험'이라는 제목의 그림입니다. 이를 통해 진공 실험은 과학자나 지식 계층 사람 사이에서 유행하던 것 중 하나였다는 것을 알 수 있습니다. 이러한 실험이 흥미로운 구경거리로 흔히 행해졌다는 내용은 게리케의 '마그데부르크의 반구 실험'과 같은 기록에서도 발견할 수 있습니다. 과학에 관한 느낌이 지금과는 꽤 달랐을 수도 있을 것 같습니다.

※좌측 하단의 흰 동그라미 내부는 잘 보이도록 밝게 처리했습니다.

중앙에 놓여 있는 유리 실험 기구는 펌프로 공기를 빼내어 진공을 만들기 위한 장치이다. 유리 내부에는 산소 결핍으로 인해 새 한 마리가 쓰러져 있는 것을 볼 수 있다.

3장

역학 II (만유인력)

훅 *Robert Hooke* | 1635년~1703년

"다양한 상황에서 작용하는 '인력'의 성질을 탐구하다."

뉴턴 *Isaac Newton* | 1642년~1727년

"사과도 달도 지구와 끌어당기는 '만유인력'"

캐번디시 *Henry Cavendish* | 1731년~1810년

"후대 과학자가 그의 측정 결과를 '만유인력 상수'에 사용하다."

모든 것에 작용하는 힘 – 만유인력

뉴턴은 인류가 우주에 갈 수 있게 하는데 열쇠가 된 '운동하는 물체의 역학과 그 수학적 기술' 및 '만유인력의 법칙'을 발견한 과학자입니다. 그가 처음부터 이 모든 것을 생각해 낸 것은 아니었습니다. 이러한 법칙을 생각해 내기 전에 행성의 **궤도 연구**를 한 것으로 잘 알려져 있는 천문학자인 케플러(1571년~1630년)의 **천체 관측**이나, 갈릴레이(p.16)의 연구 보고, 데카르트(p.20)의 고찰 등이 있었기 때문에 그러한 법칙에 도달할 수 있었습니다.

자연계에는 접촉해서 직접 작용하는 것이 아니라, 떨어져 있으면서도 서로 영향을 미치는 힘이 4가지 있습니다(자연계의 4가지 힘).

그중 2가지는 원자 단위 이하의 작은 규모에서만 성립하기 때문에, 이 장에서는 다루지 않겠습니다. 나머지 2가지 힘은 우리 주변에서 발견할 수 있는 힘입니다. 하나는 자석이나 정전기가 끌어당길 때 확인할 수 있는 전자기력입니다. 다른 하나는 질량이 있는 것끼리 서로 끌어당기는 만유인력입니다.

이렇게 떨어져 있으면서 작용하는 힘에 관해, 많은 사람이 옛날부터 다양한 각도에서 법칙성과 원인을 찾아내어 설명하려고 시도했습니다.

이 장에서는 **훅**에 관해 살펴볼 것입니다. 훅은 **기체** 연구로 잘 알려진 화학자 로버트 보일(Robert Boyle, 1627년~1691년)의 조수로 기체의 압력에 관한 연구를 시작으로 **탄성체***에 발생하는 힘과 같이 폭넓은 분야를 연구했으며, 질량이 있는 물체 사이에서 작용하는 인력에 관해도 생각했습니다. 그보다 조금 더 이후 시대에 뉴턴 역시 《프린키피아(자연 철학의 수학적 원리)》라는 책에 자신의 생각을 정리했는데, 여기에는 훅에게 자극을 받은 이유도 어느 정도 소개하고 있습니다.

이렇게 발견된 만유인력의 법칙을 근거로 해서 행성의 질량비를 알아낼 수 있다는 것이 밝혀지자 많은 연구자가 지구의 밀도를 구하려고 시도했습니다. **캐번디시**는 '비틀림 저울'을 지구 밀도 측정에 이용해서 정밀한 측정에 성공했습니다. 더 나아가 이 측정을 가지고 '만유인력 상수'를 계산했고, 이 상수는 지금까지도 중요한 역할을 하고 있습니다.

---

* **탄성체** : 힘을 가하면 변형이 발생하고, 힘이 없어지면 원래대로 돌아오는 물체를 가리킨다. 변형된 후에 원래대로 돌아가려고 하는 힘을 복원력이라고 한다. 탄성체에는 많은 물체가 있는데 예를 들어 고무, 스프링 등이 있다.

훅
(Robert Hocke, 1635년~1703년) / 영국

영국의 과학자, 박물학자겸 건축가로 실험과 관찰에 뛰어나고 생물, 지리학을 포함해 물리에 이르기까지 폭넓은 대상을 연구했습니다. 스프링의 훅 법칙으로 잘 알려져 있으며, **현미경**을 가지고 상세하게 관찰해서 스케치 기록을 남긴 것으로도 유명합니다. 그중에는 **코르크***(p.49)의 세포도가 있습니다. 이것은 작은 단위의 구조가 다른 식물에도 존재한다는 것을 시사하며, 초기의 세포 개념 확립에 큰 역할을 했습니다.

"다양한 상황에서 작용하는 '인력'의 성질을 탐구하다."

천체의 움직임을 '인력'으로 설명하다.

왜 행성은 태양 주위를, 달은 지구 주위를 계속해서 돌 수 있는 것일까요? 17세기 후반 무렵부터 망원경을 가지고 하늘을 관측하게 되었으며, 이로 인해 태양, 행성, 달의 궤도에 관한 이해가 깊어지게 되었습니다. 그리고 그러한 운동의 원인을 탐구하려는 사람이 점점 증가했습니다. 훅도 그중 한 명이었으며, 그는 직접 길고 거대한 망원경을 제작해서 행성을 관측했습니다. 그리고 행성의 유동 원리를 '인력'의 개념을 바탕으로 하여 가설을 세우고 발표했습니다.

훅은 천체의 움직임에 관해 갈릴레이가 제창한 '움직이고 있는 물체는 어떠한 힘을 받지 않는 한 등속 직선 운동을 지속한다.'는 것을 전제로 해서, 천체는 본래 계속 직진해야 하기 때문에 천체가 태양을 중심으로 원형 궤도를 그리기 위해서는 중심을 향해 끌어당기는 인력이 있어야만 한다고 주장했습니다. 또한 그러한 인력은 천체 간에 상호작용하며, 거리가 가까울수록 인력이 강해진다는 것도 언급했습니다.

*코르크: 나무껍질처럼 식물의 외부에 생성되는 가볍고 탄력 있는 보호 조직을 가리킨다. 그중에서도 코르크참나무의 경우 코르크 조직이 두꺼워서 방음재나 와인 마개 등에 사용된다.

관성으로 인해 직선 방향으로 등속 직선 운동을 하고 있는 물체에 장력이나 중력 등 중심으로 끌어당기는 구심력(물체를 원운동하게 만드는 힘)이 작용하면 진행 방향이 바뀌어 원 궤도를 그립니다.

궤도상에 있는 물체에는 원심력만 작용하는데, 힘의 방향인 중심으로 향해 있는 움직임이 아니기 때문에, 이는 마치 구심력에 상응하는 겉으로 보이는 힘(원심력)이 있는 것처럼 생각할 수 있습니다. 그러나 실제로는 무엇인가가 바깥 방향으로 당기고 있는 것이 아닙니다. 구심력이 없어진 순간 접선 방향으로 등속 직선 운동을 할 것이기 때문입니다.

뉴턴과 대립하다.

　　훅은 이러한 자신의 견해에 관해 뉴턴에게 의견을 물어본 적이 있습니다. 그래서 후에 뉴턴이 만유인력에 관해《프린키피아(자연 철학의 수학적 원리)》를 발간할 때 자신이 먼저였다고 주장하며 대립했습니다. 또한 이러한 행성 운동에 관해 의논할 때, **핼리 혜성**으로 잘 알려진 천문학자 에드먼드 핼리(Edmund Halley, 1656년~1742년)와 세인트폴 대성당의 건축가이자 **왕립 협회**의 회장으로도 활동한 크리스토퍼 렌(Christopher Wren, 1632년~1723년)도 참가하였습니다. 그러므로 당시 영국에서는 과학과 관련하여 동일 분야의 연구자가 서로 활발하게 의견을 교환하는 한편, 이론을 주장함에 있어 선취권을 두고 경쟁하는 대립 구도였음을 알 수 있습니다. 훅은 뉴턴보다 7살 정도 나이가 많은 경우로 그보다 먼저 연구의 길을 걸었습니다. 광학, 천문학, 역학 등 많은 분야에서 훅은 뉴턴과 의견 대립이 있었기 때문에 뒤에 뉴턴이 왕립 협회의 회장이 되었을 때, 그는 훅의 많은 업적을 없애 버렸습니다. 오늘날에는 훅의 업적 중 많은 부분이 재발견되어 정당하게 평가받고 있지만, 그의 초상화만큼은 신뢰할 만한 것이 발견되지 않았습니다.

스프링에 관한 훅 법칙

　　유명한 훅의 법칙 중에 스프링에 관한 '힘과 탄성의 비례 관계'가 있습니다. 훅은 43세의 나이에 왕립 협회의 **공개강좌**(커틀러 강의)에서 스프링과 와이어처럼 다양한 탄성력에 적용할 수 있는 이 법칙을 발표했습니다. 이 법칙은 훅이 발표한 시점으로부터 약 18년 전에 처음 생각했던 것입니다. 그 시기는 아마 그가 화학자 로버트 보일(Robert Boyle, 1627년~1691년)의 실험 조수로 기체에 관한 연구를 했을 때였습니다. 다시 말해 스프링에 관한 **탄성의 법칙**에 대해 생각하게 된 것은 기체의 압축이나 팽창에 관한 본연의 상태가 어떠한지를 연구한 결과인 것이며, 대단히 광범위한 탄성체를 염두에 두고 있었다고 생각할 수 있습니다.

훅의 《마이크로그라피아(Micrographia)》에서 발췌한 코르크의 세포도.

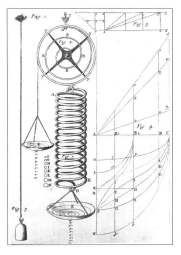

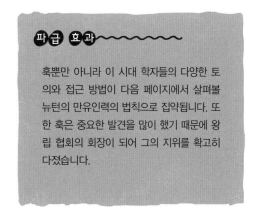

파급 효과 ～～～～～

훅뿐만 아니라 이 시대 학자들의 다양한 토의와 접근 방법이 다음 페이지에서 살펴볼 뉴턴의 만유인력의 법칙으로 집약됩니다. 또한 훅은 중요한 발견을 많이 했기 때문에 왕립 협회의 회장이 되어 그의 지위를 확고히 다졌습니다.

훅이 스프링에 관해 연구한 그림. 스프링 진동의 등시성을 설명했습니다.

뒷이야기 ×××××××××××××××××××××

지금도 남아 있는 훅의 건축물

훅은 대학교 시절부터 친분이 있었던 동창생 렌(p.50)과 함께 1666년 런던 대화재 이후 복원 작업에 설계와 건축 등의 공동 사업에서 활약을 펼쳤습니다. 그의 명성이 널리 알려진 것은 1665년에 출판된 《마이크로그라피아(Micrographia)》였습니다. 이 책에서는 현미경을 가지고 관찰한 기록들이 정밀한 그림으로 묘사되어 있는데 광물, 식물, 동물부터 망원경을 가지고 천체를 관측한 것에 이르기까지 기록 범위를 넓혀 가며 대단히 다채로운 재능을 보여 주었습니다.

훅은 '힘과 탄성의 비례 관계'에 관해 강의하기 이전에 그 요지를 'ceiiinosssttuu*'라는 문자열로 발표했습니다. 그리고 강의의 서두에서 이 문자열을 라틴어 문장으로 변환하여 'Ut tensio, sic vis(탄성은 힘과 비례 관계이다.)'라고 해석했습니다. 이것은 마치 언어유희처럼 느껴질 수도 있겠지만, 실제 이론을 발표하기 전부터 이러한 방법으로 주장하는 이론에 관한 선취권을 미리 획득해 두는 것이 매우 중요했습니다.

렌과 훅이 세운 런던 대화재 기념탑.

*문자열에는 u가 2개 있는데, 라틴어 문장에는 1개밖에 없습니다. 당시의 문법은 지금과는 달라서 u와 v는 발음도 같고, 동일하게 사용했습니다. 지금도 브랜드 이름 중에 BVLGARI(Bulgari / 불가리)에서 이 사례를 살펴볼 수 있습니다.

××××××××××××××××××××××××××

뉴턴
(Isaac Newton, 1642년~1727년) / 영국

뉴턴과 훅의 일생은 닮은 점이 아주 많습니다. 둘 다 유소년 시절에는 몸이 약했고, 공작과 그림방면에서 뛰어났으며, 상류 귀족도 아니고 노동 계급도 아닌 어느 정도 유복한 계층이었습니다. 그래서 고등 교육을 배울 수 있는 기회가 있었습니다. 초기의 활동 장소는 각각 케임브리지와 옥스퍼드였기에 차이가 있었지만, 둘 다 왕립 협회에 소속되었습니다.

"사과도 달도 지구와 끌어당기는 '만유인력'"

**대학교가 폐쇄된
덕분에 만유인력이
발견되었다.**

　뉴턴이 학생일 무렵, 영국에서는 흑사병이 크게 번져서 그가 재학 중이던 케임브리지 대학이 폐쇄되었습니다. 뉴턴은 대학이 폐쇄된 동안 고향으로 돌아가 약 1년간 한가롭게 여러 가지 연구를 하다가 지구의 인력이 지상의 물체뿐만 아니라 달에도 영향을 미치고 있다는 발상을 하게 되었습니다.

　나무에서 떨어지는 사과를 보고 힌트를 얻었다고 하는 이야기는 옛날부터 '뉴턴이 그렇게 말했'고 전해지는 일화이지만, 정확한 사실 관계를 확인하기는 어렵습니다. 그러나 지상의 자연을 주의 깊게 관찰한 것을 바탕으로 하늘에까지 생각의 범위를 넓혀 나가면서 자유롭게 사색한 것이 커다란 발견으로 이어진 것은 분명합니다.

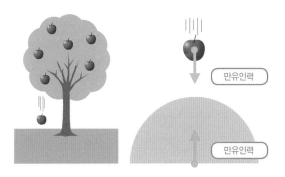

**달에도 작용하는
지구의 인력**

　달에 아무런 힘도 작용하지 않는다면 등속도 직선 운동을 하겠지만, 지구와의 사이에 인력이 작용하기 때문에 힘의 방향으로 운동이 변화해서 지구를 도는 궤도를 그리게 됩니다. 모든 천체의 궤도는 인력의 존재를 전제로 하면 지상의 역학을 그대로 적용해서 설명할 수 있습니다.

　뉴턴은 시골에서 인력에 관한 발상을 떠올린 지 10년 정도 지났을 때에 훅이 조언을 구한 것을 계기로 달에 관한 지구의 인력을 재계산했습니다. 그리고 질량이 있는 물체 간에는 인력이 작용하며, 서로의 인력은 거리의 제곱에 반비례한다는 만유인력의 법칙을 완성했습니다.

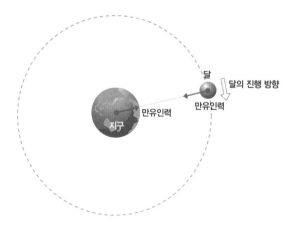

달

달의 진행 방향

만유인력

만유인력

지구

사과와 지구가 끌어당기는 것과 마찬가지로 천체인 달 역시 지구가 끌어당겨 원
궤도를 그리고 있습니다. 인력이 작용하지 않으면 관성의 법칙으로 인해 화살표
방향으로 직진할 것입니다.

**《프린키피아》를
완성하다.**

핼리(1656년~1742년)의 추천, 그리고 선취권을 주장하는 훅(p.48)의 항의
등 우여곡절을 거쳐 뉴턴은 자신의 생각을 총괄한 《프린키피아》를 완
성합니다. 그는 이 책에서 천체가 질량을 가지는 물체에 지나지 않는
다는 것을 언급했습니다. 학교에서 배우는 운동의 법칙도 여기에 설명
되어 있지만, 지금 배우는 교과서와는 다르게 $F = ma$라는 공식이 아
니라 주로 도형을 가지고 문장으로 표현했습니다.

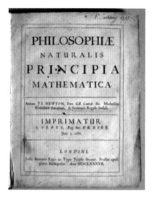

뉴턴의 연구 성과를 모아 놓은 책
《프린키피아》의 표제지.

폭넓은 활약

뉴턴에 관해서는 p.106의 빛에 관한 내용을 다룰 때 다시 이야기하겠습니다. 이 책에서 언급하는 과학자의 대다수가 실제로 폭넓은 분야를 연구했던 사람들이지만, 그중에서도 뉴턴은 물리학의 세계에서 압도적으로 많은 연구를 남긴 거장이었습니다.

파급 효과

케플러(1571년~1630년)의 천체 관측이나 갈릴레이(p.16)에 의해 아리스토텔레스(p.12)의 주장이 부정당한 사건이 발생한 이후 시대에 살았던 뉴턴은 지상의 역학과 천체의 움직임을 통합하여 일관되게 설명하였습니다. 그리고 지금까지 그 존재를 인정받지 못했던, 접촉하지 않고도 작용하는 눈에 보이지 않는 힘인 원격력으로서의 인력의 존재를 명확하게 밝혀내어 다양한 토론을 불러일으킴과 동시에 역학의 새로운 시대를 열었습니다.

뒷이야기 ✕ ✕ ✕ ✕ ✕ ✕ ✕ ✕ ✕ ✕ ✕ ✕ ✕ ✕ ✕ ✕ ✕ ✕ ✕

뉴턴의 사과나무, 그 복제품이 일본에도 존재한다.

뉴턴이 힌트를 얻었을지도 모르는 사과의 품종은 새콤하고 크기가 작으며, 완숙되기 전에 나무에서 열매가 떨어지기 쉬운 품종입니다. 이 사과나무의 복제품이 일본 각지에도 심어져 있습니다. 뉴턴이 《프린키피아》를 완성한 케임브리지의 트리니티 칼리지에서 뉴턴이 거주했던 방이나 동상 등을 견학할 수 있습니다. 그리고 뉴턴이 설계한 수학의 다리는 지금도 학생들이 실제로 그곳을 건너다니고 있습니다.

일본에 있는 뉴턴의 사과나무 중 하나는 고이시카와 식물원에 있습니다.

✕ ✕

캐번디시
(Henry Cavendish, 1731년~1810년) / 영국

화학자이자 물리학자이기도 한 귀족 출신의 캐번디시는 대단한 재력가였지만 아주 검소하게 생활했고, 사람과 만나는 것을 좋아하지 않았으며 연구에 자금을 아낌없이 투자하여 오늘날 과학의 기초가 되는 많은 성과를 남겼습니다. 왕립 협회 등에서 다른 연구자와 약간의 교류가 있기는 했지만, 그마저도 제한적이었기 때문에 미공개였던 기록도 많이 있으며, 그러한 기록이 후대에 밝혀져 높이 평가받고 있습니다.

**"후대 과학자가 그의 측정 결과를
'만유인력 상수'에 사용하다."**

후대에 발견된 것보다 이전에 밝혀냈던 연구도 있었다.

캐번디시가 살았던 시대는 과학의 다양한 분야에서 여러 가지 생각의 전환이 일어났던 시기였습니다. 그러한 와중에 캐번디시는 당시에 주류였던 이론을 옹호, 보강하는 한편 현재까지 이르는 새로운 발상에도 뛰어들었습니다.

미발표된 연구 중에는 선구적인 발상이 많았으며, 전기와 관련된 것이나 기체의 체적 변화에 관한 보고에서는 후대 과학자보다 캐번디시가 먼저 밝혀냈던 것도 있었습니다.

한편, 현재에는 통용되지 않게 된 가설 중 유명한 것으로 **플로지스톤설**(phlogiston theory)이라는 **연소** 현상을 설명하는 가설이 있습니다. 이 가설은 17세기 후반부터 당시의 견해로는 연소 현상을 가장 모순이 없게 설명하는 이론이었습니다. 캐번디시는 이 이론을 강력하게 옹호한 사람 중 하나였는데, 18세기가 되면서 새로운 발견이 계속 이어졌고, 이 가설로는 설명할 수 없는 물질이나 현상이 계속해서 발견되기 시작했습니다. 그리고 19세기에 들어가서야 플로지스톤설이 아닌 새로운 연소 이론이 모두에게 받아들여졌습니다.

캐번디시가 공부했던 케임브리지 대학의 트리니티 칼리지.

비틀림 저울 실험으로 지구의 밀도를 측정하다.

1797년부터 1798년에 걸쳐 캐번디시는 **지구의 밀도**를 측정하기 위해 실험을 했습니다. 지구는 거대하며 땅속은 다양한 것으로 이루어져 있기 때문에 밀도를 측정하는 것은 쉽지 않아 보이지만, 이를 측정할 수 있었던 것은 뉴턴 덕분입니다. 이때 천문학자들은 만유인력의 법칙을 사용해서 지상의 2가지 질량체가 끌어당기는 것을 측정할 수만 있다면 거기에 작용하는 지구의 인력을 조합해서 지구의 질량을 알아낼 수 있다는 것을 깨달았습니다. 이를 실현하기 위해 천문학자 존 미첼(1724년~1793년)이 **비틀림 저울** 장치를 고안했으나, 실험을 끝내지 못하고 세상을 떠나고 말았습니다. 미첼이 세상을 떠난 뒤, 캐번디시가 이 장치를 물려받아 재구축해서 측정에 성공했습니다.

이 장치는 질량이 파악된 납으로 만든 커다란 구를 늘어뜨린 후 그 옆에 납으로 만든 작은 구를 매달고, 이 둘 사이의 인력의 크기를 비틀림 정도로 계측합니다. 이렇게 측정한 값을 가지고 지구에서 작은 구에 작용하는 중력과 비교하여 지구가 큰 구보다 몇 배의 질량을 가지는지를 계산했습니다.

캐번디시의 비틀림 저울 실험의 전체 그림.

바깥쪽 사각형은 건물의 벽이고, 그 옆에 있는 관측 창의 망원경을 통해서 측정자가 내부를 관찰할 수 있습니다. 두 개의 커다란 구는 각각 160kg 정도의 무게이고, 그 옆에 0.7kg 정도의 작은 구를 막대기 끝에 1.8m 정도 거리를 띄워 배치합니다. 작은 구가 붙어 있는 막대기를 상부(F) 측에 매달아서 살짝 비틀어 막대기를 회전 진동시키면 진동 주기는 큰 구와 인력의 영향을 받습니다. 큰 구의 옆에서 회전 방향이 바뀌는 순간은 큰 구에 가장 가까이 끌려갔을 때입니다. 예를 들어, 주기가 30분인 진동의 경우 큰 구에 20cm 정도 다가갔을 때, 작은 구의 위치는 큰 구가 없는 경우와 비교하면 큰 구에 1cm 정도 가까이 있는 것을 확인할 수 있습니다.

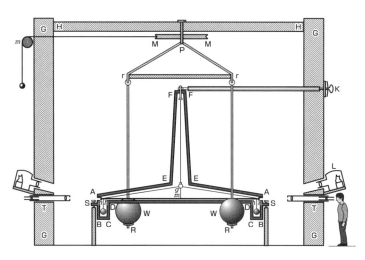

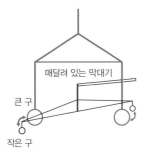

매달려 있는 막대기

큰 구

작은 구

캐번디시는 지구의 질량을 근거로 해서 지구의 밀도를 구하는 것에 성공했고, 이는 물의 약 5.4배 정도였습니다. 지금은 5.5배 정도라고 알려져 있습니다.

아주 미세한 공기의 움직임이 측정의 정밀도를 떨어뜨릴 수 있습니다. 그래서 이 장치는 커다란 건물 안에 제작되었고, 캐번디시는 건물 바깥에서 내부를 관찰하며 측정했습니다. 이 결과는 대단히 정확했으며, 그 후 100년 가까이 이 정밀도를 뛰어넘을 수 없었습니다.

파급 효과

18세기의 천문학에서는 **태양계**를 구성하는 별의 움직임에 관해서 제법 상세하게 측정이 이루어졌으며, 뉴턴의 법칙을 사용해서 한 별의 밀도를 알 수 있다면 다른 별의 밀도도 계산할 수 있다는 것을 알게 되었습니다. 예를 들어, 지구의 밀도를 알 수 있으면 만유인력으로 끌어당기는 관계에 있는 달에 관해서도 알 수 있는 것입니다. 그렇기 때문에 캐번디시의 측정을 통해 지구의 밀도를 구할 수 있었던 것은 매우 의미 깊은 것이었습니다. 더 나아가 그의 실험에는 아주 중요한 한 가지가 있었는데, 바로 인력에 관한 비례 정수를 포함하고 있다는 것이었습니다. 당시에는 그다지 중요하게 여겨지지 않았지만, 정밀도가 매우 높았기 때문에 후에 이를 통해서 만유인력 상수를 계산할 수 있었습니다.

뒷이야기 ✕✕✕✕✕✕✕✕✕✕✕✕✕✕✕✕✕✕✕✕✕

잘 알려지지 않은 캐번디시의 놀라운 업적

캐번디시가 발표하지 않은 놀라운 업적 중에는 쿨롱의 법칙(p.148)이나 옴의 법칙(p.170)에 해당하는 내용도 있었으며, 관련된 실험 역시 정밀도가 매우 높았습니다. 그러나 캐번디시는 자신이 생각을 떠올려서 실험하고 문제를 풀기만 하면 그 자체로 만족했기 때문에, 그에게 발표는 우선순위가 아니었습니다. 그러므로 당시에는 그의 놀라운 성과를 알고 있는 사람이 없었습니다. 그리고 그는 평생 결혼하지 않고 독신으로 지냈습니다.

✕✕✕✕✕✕✕✕✕✕✕✕✕✕✕✕✕✕✕✕✕✕✕✕

모든 것에 작용하는 '만유인력'이란 무엇일까요? 우리 주변의 사례를 바탕으로 생각해 봅시다!

우리 주변에 있는 모든 물체는 지탱하는 것이 사라지면 중력이 작용해서 지상으로 떨어지게 됩니다. 이것은 지구가 그 물체에 만유인력을 작용하게 했기 때문입니다. 물론 지상의 물체뿐만 아니라 우주에 있는 천체 사이에도 이 힘이 작용하고 있습니다.

지구와 나 사이에도 만유인력이 작용하고 있다.

만유인력은 두 물체 사이에 반드시 작용하는 힘입니다. 그 힘의 크기 F는 각 물체의 질량 m_1, m_2의 곱에 비례하며, 거리 r의 제곱에 반비례합니다.

$$F = G[m_1 m_2/r^2]$$

이를 **만유인력의 법칙**이라고 합니다.

G는 **만유인력 상수** ($6.67 \times 10^{-11} [N \cdot m^2/kg^2]$)입니다. 이 10^{-11}이라는 숫자만 보더라도 알 수 있는 것처럼 만유인력은 매우 약한 힘입니다.

그러면 두 물체 사이에 작용하는 힘이라고 했는데, 왜 지상의 물체들은 일방적으로 지구의 중심으로 끌어당겨지는 것일까요? 우선 지구의 질량이 매우 크기 때문에 만유인력은 무시할 수 없을 정도의 크기가 됩니다. 그리고 지상의 물체 질량은 지구의 질량에 비해 너무나 작습니다.

물체는 $F = ma$의 관계에서 가속도 a를 발생시킵니다. 이 식은 힘과 질량과 가속도의 관계를 나타내고 있습니다. 이 식에서 F가 같은 크기일 때, m이 크면 클수록 a는 작아지고, m이 작아질수록 a는 커지게 됩니다. 다시 말해서 m이 막대하게 큰 지구의 경우, 가속도 a가 거의 발생하지 않게 되므로 움직이지 않습니다. 그리고 m이 대단히 작

은 물체에만 가속도 a가 발생해서 낙하하는 것처럼 보이는 것입니다.

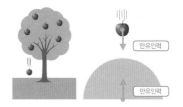

지구의 질량을 $M[kg]$, 사과의 질량을 $m[kg]$이라고 하고, 만유인력이 사과에 작용하는 힘에 관해 운동 방정식을 계산해 봅시다. 단, 지구에서 지상의 물체까지의 거리는 지구의 반경 $R[m]$이라고 합시다. 지상에서 다소 높이에 차이가 있다 하더라도, 이것은 지구의 반경에 비해 매우 작은 값이므로 무시해도 괜찮습니다.

만유인력 $$F[N] = G \frac{M \cdot m}{R^2} \quad ma$$

따라서 $G \dfrac{M}{R^2} = a$라고 쓸 수 있으며, 발생하는 가속도는 사과의 질량에 좌우되지 않습니다. 다시 말해 m이 커지든 작아지든 a는 변하지 않습니다. 이 가속도 a를 **중력 가속도** g라고 합니다.

물체의 질량에 관계없이 지상에서 물체가 떨어질 때의 중력 가속도는 $g = 9.8 m/s^2$입니다.

만유인력과 중력의 차이

지구는 **자전**하고 있습니다. 만약 지구가 자전하고 있지 않은 상태라고 가정하면, 만유인력은 중력만 존재할 것입니다. 그러나 실제로는 지구가 자전하고 있기 때문에 지상의 물체에는 원심력이 작용합니다. 그러므로 만유인력에 의해 끌려가면서, 동시에 지구의 자전에 의해 이 힘이 약해지기 때문에 실제 **중력은 만유인력과 원심력의 합력***이 됩니다. 또한, 원심력은 위도에 따라 크기가 달라지기 때문에 중력 역시 위도에 따라 달라집니다.

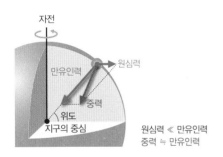

원심력 ≪ 만유인력
중력 ≒ 만유인력

달이 지구 주위를 돌고 있는 이유

어떤 물질이든 지지하는 것이 없으면 지면에 떨어집니다. 하늘을 날아다니는 새 역시도 날갯짓을 멈추면 땅에 떨어집니다. 그러면 달은 왜 떨어지지 않는 것일까요? 사실 달은 계속 떨어지고 있습니다. 그러나 그와 동시에 직선으로 멀리 이동하려고 하고 있기 때문에, 마치 실에 매달려 있는 추처럼 같은 곳을 돌고 있는 것입니다. 지상에서 물건

*합력: 힘의 방향이 다른 두 힘을 동일한 효과를 가진 하나의 힘으로 합친 힘을 의미한다. 힘의 방향과 크기로 정해진다.

을 던지면 아래 그림의 궤도 A처럼 던진 방향으로 똑바로 날아가려고 하지만, 그와 동시에 지상으로 떨어지면서 이윽고 지면에 착지하게 됩니다. 그러면 더 강한 힘으로 던지면 어떻게 될까요? 궤도 B처럼 멀리 떨어진 곳에 착지합니다. 만약 그보다 더 강한 힘을 가해서 던지면, 결국에는 궤도 C처럼 지구를 돌기 시작할 것입니다.

이것이 지구 주위를 도는 **원운동**입니다. 이 원운동을 할 수 있도록 지상에서 물체를 던지는 속도를 **제1 우주 속도**라고 하며, $v = \sqrt{gR}$ [m/s]로 나타냅니다. 인공위성이 지구를 따라 계속 돌 수 있는 것은 이 속도와 관련이 있습니다.

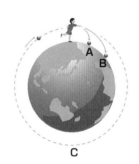

달의 중력은 지구의 6분의 1

물체에는 그것을 구성하고 있는 원자가 가진 질량이 있습니다. 이것은 지상에서든 우주 공간에서든 변화하지 않습니다. 지상에서는 이 질량에 맞는 중력으로 지구에 끌어당겨집니다. 중력의 크기는 $F = mg$ [kg·m/s²] 입니다.

물체를 용수철저울이나 조리용 저울로 측정한 값은 중력의 크기에 해당합니다. 이것을 **무게**라고 합니다.

달에서도 물체의 질량은 변하지 않습니다. 그렇지만 질량에 가해지는 달의 중력의 크기는 지구와는 차이가 있습니다. 달 표면의 중력은 지구의 6분의 1이기 때문에, 달에서의 무게는 지구의 6분의 1이 됩니다.

지구: 60kg.   달: 10kg.

체중 60kg인 사람이 용수철저울에 올라가서 체중을 측정하면 눈금의 값이 이렇게 달라집니다.

우주를 바라보는 시선의 변화

일찍이 인류는 오랫동안 지상의 세계와 별이 있는 하늘에는 서로 다른 원리가 작용하고 있다고 생각했습니다.

고대 인도의 우주관. 옛날 사람이 가지고 있었던 우주관 중 하나는 지구가 거대한 거북이의 등 위에 있으며, 세 마리의 코끼리가 지구를 받치고 있다고 생각했습니다. 그리고 그 중심에는 수미산이 우뚝 솟아 있고, 태양이나 달은 이 산 주위를 돌고 있다고 생각했습니다.

그러나 갈릴레이의 시대를 거쳐 뉴턴과 같은 과학자를 통해 새로운 시점으로 세계를 바라보게 되면서 지상의 운동이든 태양 주변을 돌고 있는 행성의 운동이든 모두 공통적인 법칙에 따라 움직이고 있다는 것이 명확하게 밝혀졌습니다.

지상에서든 하늘에서든 다양한 운동 모두 우주 공간이라는 세계 안에서 일어나는 움직임이며 물체는 별이든 돌이든 생물이든 간에 만유인력이 서로 영향을 미치는 질량을 가지고 있는 물체이고, 그 움직임은 운동의 법칙에 따른다는 것입니다.

'중력'이라는 표현이 번역되기까지

페스트가 유행하면서 대학교가 폐쇄되어 뉴턴이 본가로 돌아가게 된 뒤 뜰에서 사과를 발견했을 즈음 일본에서는 막부와 번의 체제가 굳건해지고, 첫 '네덜란드풍 이야기'(해외의 상황에 관한 정보를 담은 책자)가 발행되었습니다. 이때부터 세계의 정보가 에도로 전달되게 되었습니다. 일본 에도 시대에는 유럽의 과학 지식이 네덜란드를 경유해서 일본에 매우 빈번하게 전달되고 있었던 것 같습니다.

당시 일본의 달력은 중국에서 가져온 지식을 바탕으로 나라 시대부터 계속 사용되고 있었는데, 견당사(역주: 일본 나라 시대부터 헤이안 시대 초기에 걸쳐 일본이 당나라에 파견한 사절)가 폐지된 이후에는 달력이 갱신되지 못해 오류가 발생하기 시작했습니다. 이 점을 지적하며 달력을 개정해야 한다고 주장한 사람이 후에 막부의 천문 연구 기관원이 되는 시부카와 하루미(나이가 일곱 살 차이 나는 훅과 뉴턴의 중간 년도 즈음에 태어났다.)와, 와산(일본 재래 수학)으로 알려진 세키 다카카즈(뉴턴과 같은 해에 태어났다고 알려져 있다.)였습니다. 이 중에서도 시부카와는 에도의 도쿠가와 미쓰쿠니의 후원으로 중국의 달력을 바탕으로 독자적인 달력을 만들고 개량을 거듭했으며, 마침내 1684년에 달력 개량에 성공했습니다. 이 달력은 '죠쿄(貞享)의 개력'이라고 불렸습니다. 이 달력이 사용된 70년 동안, 일식이 거의 예보대로 일어났다고 합니다.

1687년 도쿠가와 츠나요시가 동물 애호령을 지정한 해에 뉴턴은 《프린키피아》를 발간했습니다. 이 당시에 외국어로 쓰인 책의 일부는 일본어로 번역되었습니다. 예를 들어 프린키피아를 바탕으로 쓰여진 존 케일(John Keill, 1671년~1721년)의 《진정한 자연학 및 천문학으로의 입문서》는 네덜란드어판을 시즈키 타다오(1760년~1806년)가 《역상 신서(曆象新書)》*로 번역했습니다. 그중에는 일본어 단어가 존재하지 않는 개념도 있었는데, '중력'이라는 일본어 단어는 시즈키 타다오에 의해 고안되어 사용되었습니다.

시즈키 타다오가 번역한 《역상 신서》의 모습. '중력'이라는 단어는 상권 앞부분에 등장한다. 와세다 대학 도서관 소장.

훅과 뉴턴의 의견이 대립하다.

훅을 가리켜 '잊힌 천재'라고 말한 전기 작가가 있었습니다. 정말이지 이 표현 그대로 우리가 훅의 이름을 들을 수 있는 것은 물리 시간에 용수철에 관해 배울 때(훅의 법칙) 정도뿐일 것입니다. 이에 비해서 뉴턴은 많이 알려져 있기 때문에, 훅은 별다른 연구 결과를 남기지 못했다고 생각하는 사람도 적지 않을 것 같습니다. 그러나 이것은 정말 잘못된 생각입니다.

훅은 실제로 다채로운 실험과 관찰을 바탕으로 정확하고 정교한 연구를 한 과학자입니다. 훅은 뉴턴보다 나이가 일곱 살 많은데, 뉴턴에게도 큰 영향을 미쳤으며 처음에는 뉴턴 스스로도 그 사실을 인정했습니다. 그러나 만유인력이나 광학에 관한 토론이 거세어지면서 연구 내용에서 벗어난 감정적인 면에서 두 사람의 대립이 시작되었습니다. 그리고 훅이 사망한 뒤, 뉴턴이 왕립 협회의 회장이 되고 나서 협회 건물을 이전할 때 훅의 초상화와 그가 제작한 실험 기구를 비롯한 많은 논문이 사라졌습니다.

훅의 초상화는 지금까지도 신뢰성 있는 것이 발견되지 않았습니다. 또한 훅도 뉴턴도 직계 자손을 남기지 않았습니다.

그리스 시대	
기원전 776년	제1회 올림피아 경기(올림픽)에서 역학의 첫걸음이 시작되었다.
기원전 7~6세기경	탈레스 '모든 현상에는 이유가 존재한다'.
기원전 6~5세기경	헤라클레이토스 만물의 근원은 '불'이다.
기원전 5~4세기경	플라톤 아카데메이아에서 교편을 잡다. 아리스토텔레스의 스승이다.
기원전 4세기경	**아리스토텔레스** 철학자이자 최초의 과학자이다.
기원전 3세기경	아르키메데스 부력을 발견했다.

그리스 지식은 7세기경에 아라비아로 전달되며, 11세기 이후부터 서서히 유럽에도 전파되고,
르네상스 시대 이후에 다시 주목받게 됩니다.

1500년경	레오나르도 다빈치(1452년~1519년), 마찰력을 연구했다. 명화 '모나리자'의 작가이다.
1543년	코페르니쿠스(1473년~1543년), 《천체의 회전에 관하여》에서 지동설을 주장했고, 행성의 궤도를 제시했다.
1600년	이탈리아에서는 코페르니쿠스의 지동설을 철저히 옹호한 조르다노 브루노가 화형에 처해졌다.
1609년	요하네스 케플러(1571년~1630년), 《신 천문학》을 발행했다. 행성 궤도의 법칙.
1638년	**갈릴레오 갈릴레이**(1564년~1642년), 경사면의 낙하 실험 등을 통해 발견한 역학 법칙을 《신과학 대화》에 정리해서 발간했다. 아리스토텔레스의 견해를 부정했다. 갈릴레이가 구술한 것을 제자인 토리첼리가 필기했다.
1643년	**에반젤리스타 토리첼리**(1608년~1647년), 수은 기둥 실험을 했으며, 기압계에 관해 보고했다.
1644년	**르네 데카르트**(1596년~1650년), 《철학의 원리》를 간행했다. 다음 시대의 호이겐스(1629년~1695년), 뉴턴, 영(1773년~1829년)과 같은 과학자에게 영향을 주었다.
1647년	**블레즈 파스칼**(1623년~1662년), 《진공에 관한 새실험》을 책으로 만들었다.
1654년	**오토 폰 게리케**(1602년~1686년), 진공에 관한 마그데부르크의 '반구의 실험'을 실시했다.
1660년경	로버트 보일(1627년~1691년), **훅**을 조수로 삼아 기체를 연구했다.
1665년	**로버트 훅**(1635년~1703년), 현미경 관찰 보고서인 《마이크로 그라피아》를 출판했다.
1666년	**아이작 뉴턴**(1642년~1727년), 페스트의 유행으로 케임브리지 대학이 폐쇄되어 돌아온 고향에서 만유인력의 법칙과 그 외에도 많은 수학적 발상을 떠올렸다.
	런던 대화재가 발생했다. 그 뒤 **훅**과 크리스토퍼 렌(1632년~1723년)이 도시 재건 설계에 활약했다.
1678년	**훅**이 탄성체의 복원력에 관해 발표했다.
1687년	뉴턴이 《프린키피아》를 발간했다.

1703년	뉴턴이 왕립 협회 회장이 되었다. 훅의 업적이 소실되었다.
1797년~1798년	**헨리 캐번디시**(1731년~1810년), 지구의 밀도를 측정했다. 이는 뒤에 만유인력 상수를 결정하는데 활용된다.
1879년	제임스 클러크 맥스웰(1831년~1879년)이 〈헨리 캐번디시 전기학 논문집〉을 발간하여 캐번디시의 재평가에 공헌했다.

역사에 한 획을 그은 과학자의 명언❶

멀리 가 보라.
일이 작게 보이고 전체적인 모습을 알게 될 것이다.

– 레오나르도 다 빈치

어려운 문제는 작게 쪼개어 생각하라.

– 르네 데카르트

진리의 큰 바다는 발견되지 않은 채 우리 앞에 펼쳐져 있다.

– 아이작 뉴턴

4장

온도

페르디난도 2세 *The Grand Duke Ferdinand* Ⅱ | 1610년~1670년

"실험 과학에서 필요로 한 '온도계'"

셀시우스 *Anders Celsius* | 1701년~1744년

"공통적으로 사용할 수 있는 '온도 기준'과 '눈금'을 고안했다."

켈빈 경 *1st Baron Kelvin William Thomson* | 1824년~1907년

"열역학적 '온도 개념'을 확립했다."

따뜻함과 차가움을 나타내는 공통 단위 '온도'

따뜻함과 차가움은 기온이나 체온 혹은 버터와 같은 식재료의 상태 등 오랜 옛날부터 생활 속 다양한 방면에서 주목받았지만, 객관적인 측정 대상으로 인식하지는 못했습니다.

오늘날 온도계의 기원이 된 측정 기구를 고안한 사람 중 한 명으로 갈릴레이(p.16)를 들 수 있습니다. 갈릴레이는 '그래도 지구는 돈다.'라는 명언을 남긴 것으로 잘 알려져 있습니다. 그는 과학의 실험과 수학의 중요성, 더 나아가 사고 실험(역주 — 머릿속에서 생각으로 진행하는 실험)과 추상화와 같은 방법론을 후대의 과학자에게 보여 주었다는 점에서 정말로 근대 과학의 아버지라 불릴 만합니다. 이 온도계의 경우에도 단지 하나의 독특한 기구를 발명했다는 것에 그치지 않았습니다. 이 기구는 **토스카나 대공 페르디난도 2세**가 조직한 아카데미아 델 치멘토로 대표되는 세계의 불가사의를 과학적으로 탐구하는 사람들이 '온도'를 '측정하는' 도구로 개량하였으며, **실험의 조건 설정**에 활용되게 됩니다.

그러나 갈릴레이 이후로 한동안 기구를 고안하는데 열중한 것에 비해, 그 배경인 온도의 개념에 충분한 연구가 시행되지 않았기 때문에 그 뒤 세대인 뉴턴(p.52, 106), 파렌하이트(1686년~1736년), **셀시우스**, 레오뮈르(1683년~1757년)와 같은 과학자의 연구를 통해서 누구나 공통적으로 사용할 수 있는 기준점과 정도를 가진 눈금을 수치화하게 되었습니다.

온도계를 통한 측정이 확립됨에 따라 **온도 변화**를 일으키는 '열'의 정체도 명확해졌습니다. 이 배경에는 **증기 기관**이라는 열을 이용해서 운동을 만들어 내는 기술이 사회에서 큰 역할을 수행하면서 빠르게 발달한 것과 관련이 있습니다. 마치 앞서 있는 기술을 뒤따라가는 것처럼 열의 정체가 점차 밝혀지게 됩니다. 열의 정체는 5장 '열역학'에서 언급하는 것처럼, 열소라고 하는 물질이 아니라 에너지를 주고받는 양이며, 이에 따라 분자가 에너지 형태로 변하는 것이 온도 변화인 것입니다. 그리고 **켈빈 경**은 **분자 운동**의 관점에서 새로운 온도의 기준을 세웠습니다.

화씨 눈금과 섭씨 눈금이 표시된 온도계.

페르디난도 2세

(The Grand Duke Ferdinand II, 1610년~1670년) / 이탈리아

갈릴레이(p.16)를 지원했던 제4대 대공 코시모 2세가 세상을 떠나, 11세의 나이에 토스카나 대공이 되었습니다. 통치에는 재주가 없었지만, 과학자나 예술가를 지원해 후대에 귀중한 지적 유산을 남겼습니다. 특히 1657년에 남동생 레오폴드 추기경과 함께 설립한 아카데미아 델 치멘토는 과학자의 연구 및 정보 교환의 장으로서 과학 '학회'의 전신이 되었습니다.

"실험 과학에서 필요로 한 '온도계'"

**학회의 전신인
회합을 설립하다.**

　학회도 없고 학회지도 없었던 시대에 과학적인 성과를 전달하는 데는 편지를 주고받는 방법밖에 없었습니다. 갈릴레이(p.16)가 친구에게 '갈릴레이 식의 온도계를 구해서 뜨거운 정도를 15일 연속으로 조사했다.'는 기록이 담긴 편지가 보존되어 있으며, 이것은 온도 측정과 관련해서 남아 있는 기록 중에 가장 오래된 것이라고 합니다.

　그러한 시대에 그리스의 아카데미아 활동의 부흥이라고도 할 수 있는, 지식의 습득과 탐구를 위한 장소가 이탈리아 피렌체에 등장하게 됩니다. 이 장소가 등장한 시기는 17세기였는데, 실험 혹은 시험이라는 뜻이 담긴 치멘토에 주안점을 둔 아카데미아 델 치멘토(Accademia del Cimento) 역시 그중 하나였습니다.

이탈리아 피렌체의 거리 풍경.

**실험을 중시,
보고서 형식으로
남기다.**

　아카데미아 델 치멘토에서는 실험을 중시했습니다. 다방면에 걸친 실험을 매뉴얼과 같은 상세한 기록으로 정리하고, 그중 많은 내용을 실험 결과와 함께 보고서 형식으로 남겼습니다.

　이 보고서 모음집은 후원자였던 페르디난도 2세에게 헌정한 것인데, 그 당시로서는 매우 드물게도 쓸데없는 장식적인 문체가 전혀 없었고, 준비 방법, 물품을 입수하는 데 관련된 정보, 실험 방법, 데이터와 정리 내용 등을 담담하게 기록했습니다. 이것이 현재의 과학 논문 양식의 시작이 되었다고 볼 수 있습니다. 페르디난도 2세는 실험을 주도하면서 동시에 자신도 직접 연구를 하여 온도계를 제작하는데 활약했습니다.

아카데미아 델 치멘토에서 제작한 실험 기록에 관한 보고서 모음집 표지.

아카데미아 델 치멘토에서 실험을 지켜보는 페르디난도 2세(중앙의 의자에 앉아 있는 흰옷을 입은 인물).

온도계를 개량하기 위해 전력을 다하다.

1650년경, 갈릴레이가 고안한 온도계는 대기의 변동에 영향을 받았기 때문에 외부의 압력을 받지 않는 액체 봉입형 온도계에 관한 연구가 시작되었습니다. 이 형태의 온도계를 고안한 사람 중 한 명이 페르디난도 2세입니다. 아카데미아 델 치멘토에서는 유리관은 가늘게 만들고, 액체가 고이는 부분을 크게 만들어서 온도가 미세하게 변화하더라도 반응할 수 있게 했습니다. 그리고 액체가 고이는 부분이 너무 크면 주위의 **온도 변화**를 즉시 반영하지 못하기 때문에, 액체가 고인 부분이 여러 줄기로 나뉘게 만들어서 외부의 열이 빨리 전달될 수 있게 고안했습니다. 이 외에도 강도나 휴대성을 고려해서 온도계를 개량하는 등 다양한 방법으로 온도와 관련된 연구를 했습니다.

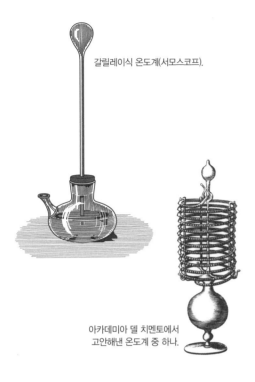

갈릴레이식 온도계(서모스코프).

아카데미아 델 치멘토에서
고안해낸 온도계 중 하나.

파급효과

갈릴레이를 시작으로 실험을 통해서 자연을 탐구하는 자세를 보고서 형식으로 모아 형태가 있는 기록으로 남겨 후대에 전달했다는 것이 매우 중요합니다. 그리고 그 뒤 학회라는 학술 진흥의 거점 형태가 서서히 유럽으로 퍼져 나가게 되었기 때문에, 선구자로서의 가치 역시 다 헤아릴 수 없을 정도입니다.

과학 연구 측면에서는 온도계에 관한 아이디어가 형체를 갖추면서 여기에 사용되는 물질의 팽창 과정 연구가 활발히 행해졌고, **공기 온도계**를 시작으로 알코올 온도계, 수은 온도계, 기압을 고려한 공기 온도계 등이 차례로 등장했습니다.

뒷이야기

지식을 습득하고 탐구하는 장, '아카데미아'

피렌체는 16세기에 레오나르도 다빈치(p.27)가 탄생한 것으로 유명합니다. 17세기 초반에는 이곳에 아카데미아 데 린체이(Accademia dei Lincei)라는 박물학적으로 과학에 관심을 가지고 있는 사람들의 회합이 있었습니다. 린체이는 들고양이라는 뜻인데, 들고양이의 빛나는 눈처럼 '혜안'을 갖춘 사람들의 모임이라는 의미라고 합니다. 갈릴레이도 이곳의 일원으로 소속되어 있었습니다.

아카데미아 델 치멘토는 린체이 회합이 활동을 중단한 때로부터 19세기에 이르러 활동을 시작했으며, 이는 갈릴레이가 사망한 뒤 15년 정도가 지난 때였습니다. 델 치멘토의 멤버 중에는 갈릴레이의 제자도 있었는데, 그들은 온도나 진공과 같이 갈릴레이가 연구했던 분야를 깊이 파고드는 실험을 했습니다.

셀시우스
(Andres Celsius, 1701년~1744년) / 스웨덴

셀시우스의 할아버지 대에서부터 스웨덴의 천문학자였으며, 아버지의 뒤를 이어 1730년에 웁살라 대학의 천문학 교수가 되었습니다. 각국의 저명한 천문학자들의 협력 하에 유럽 각지의 천문대를 방문해 견문을 넓혔습니다. 위도 계측, 오로라 조사와 같은 분야에서 활약했으며 1744년에 결핵으로 사망하기 전까지 계속 천문학 교수로 활동했습니다.

**"공통적으로 사용할 수 있는
'온도 기준'과 '눈금'을 고안했다."**

**천문학자로
활약하다.**

기온이 표시된 숫자 뒤에[℃]라고 쓰고 섭씨 O도라고 읽는 것을 볼 수 있습니다. 이것은 섭씨온도의 제창자인 셀시우스와 연관된 것입니다. 셀시우스는 천문학자로 활약했으며, 온도의 단위에도 자신의 이름을 남겼습니다. 그는 18세기 당시 스웨덴의 천문학 교수였는데, 그 당시 천문학에는 오늘날 지리학의 범주에 속하는 **지리 측정**과 **기상 관측**에 관한 부분도 함께 연구하였습니다. 그리고 셀시우스가 활약했던 시대는 과학의 모든 연구에서 단위의 필요성과 중요성이 점차 강조되던 때였습니다. 길이나 무게를 시작으로 다양한 공통 단위를 찾고 있었으며, 온도와 관련해서도 새롭게 개발되던 여러 온도계에 어떤 기준의 눈금을 넣을 것인지를 두고 다양한 아이디어가 제시되었습니다.

**온도의 기준을
무엇으로
할 것인지가
관건이었다.**

온도계는 수작업으로 제작하는 유리관과 같은 재료를 사용하기 때문에, 완전히 똑같은 정도로 온도가 올라가고 내려가는 것을 표시하는 기기 여러 개를 만드는 것이 쉽지 않았습니다. 그뿐만 아니라 온도의 기준점을 선정할 때 처음에는 정밀도나 객관성보다 손쉽게 확정할 수 있는 것을 선택하려는 경향이 있었습니다. 저온의 기준은 결빙기의 기온이나 지하실 깊은 곳의 온도를, 고온의 기준으로는 소나 사슴의 체온, 버터가 녹는 온도 등을 선택하려 한 것이 바로 그러한 예에 해당합니다.

비등*하고 있는 물의 온도는 일정하다는 것이 1665년에 호이겐스(p.110)에 의해 밝혀졌으며, 응고점을 포함한 물의 특성을 알게 되면서 드디어 이것을 기준으로 삼자는 발상이 등장하기 시작했습니다. 예를 들어, 파렌하이트는 얼음의 융점과 물의 비등점 그리고 사람의 체온을 정점(定点)으로 눈금의 기초를 만든 실용적인 온도계를 제작했습니다. 또한 뉴턴(p.52, 106)은 눈이 녹는 온도를 0도, 물이 비등할 때의 온도를 33도라고 제창했으며, 프랑스의 과학자이자 곤충학자인 레오뮈르는 빙점일 때의 알코올의 부피를 기준으로 눈금을 만들었습니다.

*비등: 액체가 어느 온도 이상으로 가열되어, 그 증기압이 주위의 압력보다 커져서 액체의 표면뿐만 아니라 내부에서도 기화하는 현상을 이른다.

**물의 비등점과
빙점을 사용한
눈금을 제창하다.**

셀시우스는 누구나 납득할 수 있는 기준으로 물이 표준 상태일 때의 비등점을 0도, 빙점을 100도로 하려고 생각했습니다. 그리고 지금 우리가 사용하는 눈금과는 0도와 100도가 반대로 되어 있는 두 점을 기준으로 하는 눈금을 1742년의 논문에서 제창했습니다.

이때 위와 아래의 정점을 정확하게 확정하기 위해서 온도계의 관을 녹기 시작한 눈에 넣는 아이디어를 사용했습니다. 그리고 비등점과 빙점의 두 상태에서 **수은 기둥 높이**의 차이(길이)를 정하고 100등분했습니다. 이와 더불어 비등점과 빙점 양쪽에 눈금을 같은 간격으로 표시하여 0도 이하와 100도 이상의 경우도 측정할 수 있게 했습니다.

온도계는 실생활과 날씨처럼 생활의 전반에서 실용화될 필요가 있었기 때문에 활용 범위가 점점 넓어졌으며, 이윽고 산업 발달과 함께 없어서는 안될 필수적인 도구가 되었습니다.
1768년경에 일본에서도 히라가 겐나이(1728년~1780년)가 네덜란드에서 전해져 온 온도계를 모방한 것에 한열 승강기라는 이름을 붙였습니다. 눈금판에는 '매우 추움, 추움, 시원함, 보통, 따뜻함, 더움, 매우 더움'이라는 글자와 함께 화씨 숫자를 기입했습니다. 온도계 내부의 액체는 알코올이었을 것으로 추측하고 있습니다.

히라가 겐나이가 만든 온도계를 복원한 것.

히라가 겐나이가 만든 온도계에 관한 설명도. 좌우 모두 히라가 겐나이 기념관 소장품.

✕ ✕

화씨와 섭씨

앞의 내용에서 비등점을 0도, 빙점을 100도라고 언급
했을 때 이상하다고 느낀 분이 많이 계실 것입니다.
사실 셀시우스가 사망한 뒤에 눈금의 표시가 반대로
바뀌었고, 그것이 지금까지 이어지고 있습니다. 표시
가 바뀐 이유로는 여러 가지 추측이 존재하는데, 온
도계 제작자인 엑슈트렘(1711년~1755년)이 스웨덴의
생물학자인 칼 폰 린네(1707년~1778년)가 셀시우스 온
도계를 실험에 활용할 때, 보다 편리하게 사용할 수
있도록 고안한 것이라고 합니다.

1741년에 셀시우스가 창립한 웁살라 천문대의 판화.

독일의 파렌하이트가 제창한 온도 기준은 화씨온도
[℉]로, 지금까지 많은 영어권 나라에서 광범위하게
사용하고 있습니다. 화씨는 저온의 경우 얼음과 물과
염화 암모늄의 혼합물 온도를, 고온의 경우 사람 혈
액 온도를 기준으로 해서 만들어진 눈금입니다. 그리
고 화씨 100도는 감기로 인해 열이 났을 때 사람의
체온에 해당합니다. 즉 물이 어는 온도는 32°(섭씨 0°)
이며, 물이 끓는 온도는 212°(섭씨 100°)이므로, 이 사이
의 온도는 180등분됩니다. 화씨 100℉는 섭씨 37.8℃
로 인간의 체온과 비슷합니다.
섭씨와 화씨의 표기는 제창자를 한자로 표기한 것에
서 유래했습니다. 섭씨(攝氏)라는 이름은 셀시우스의
중국 음역어 '섭이사(攝爾思)'에서 유래했고, '화씨(華氏)'
라 이름은 독일인 파렌하이트의 중국 음역어 '화륜해
(華倫海)'에서 비롯되었습니다. 화씨온도에서 섭씨온도
로 변환하기 위한 공식은 ℃=(℉-32)/1.8입니다.

✕ ✕

켈빈 경
(1st Baron Kelvin William Thomson, 1824년~1907년) / 영국

물리학자이며, 본명은 윌리엄 톰슨이나 열역학에서의 업적으로 켈빈 남작이라는 작위를 얻은 뒤로는 거의 켈빈으로 불리웠습니다. 절대 온도의 단위에 켈빈[K]이 남아 있는데 모두 같은 인물입니다. 열역학, 전자기학, 유체 역학 등 많은 분야에서 크게 활약하며 업적을 남겼습니다. 자신과 동시대에 활약했으며 일곱 살 어린 맥스웰(p.184)에게 많은 것을 가르쳤습니다.

"열역학적 '온도 개념'을 확립했다."

**분자 단위의
온도까지 나타낼 수
있는 절대 온도**

케임브리지 대학을 졸업한 후, 파리를 방문한 톰슨은 카르노(p.90)가 '불의 동력 및 이 힘을 발생시키는 데 적합한 기관에 관한 고찰'을 소개한 논문을 읽고 당시에는 그렇게 중요하게 여겨지지 않았던 카르노의 연구에 깜짝 놀랐습니다. 카르노가 소개한 이론은 열역학에 새로운 한 걸음을 내딛게 하는 대단히 중요한 것이었습니다. 톰슨은 카르노의 이론을 전제로 각 물체의 따뜻한 상태와 차가운 상태를 비교할 수 있는 눈금에 지나지 않았던 온도 개념을 더욱 발전시켜, 모든 물질에 공통적으로 적용할 수 있는 개념인 분자 단위의 상태를 표현하기 위해 절대 온도를 정의해야 한다고 제창했습니다.

**온도 중에 가장 낮은
값은 '절대 영도'**

물질을 이루고 있는 분자나 원자는 움직이고 있습니다. 격렬하게 움직이고 있으면 온도가 높은 상태입니다. 온도가 낮아지면 운동 상태가 작아집니다. 이 연장선상에서 생각해 보면, 이론상 분자나 원자가 완전히 정지한 상태가 존재합니다. 바로 그 온도를 절대 영도라고 하며, 분자나 원자의 상태에서는 절대 영도보다 낮은 온도가 존재하지 않습니다. 절대 영도는 0K로 표기하며, 섭씨온도 −273.15℃에 해당합니다. 절대 온도에서 고온 상태에는 상한치가 없습니다.

**수많은 공적으로
작위를 수여받다.**

톰슨은 1892년에 수많은 공적을 인정받아 남작으로 책봉되어 켈빈 경이 되었습니다. 그 외에도 켈빈 경은 옥스퍼드에서 줄(p.94)의 강연을 듣고 '줄의 실험'의 중요성을 인지하여 이를 아주 높이 평가했습니다. 그 뒤, 줄과 협력해서 열역학을 심도 있게 연구하여 '줄 톰슨 효과'를 발표했습니다.

비슷한 시기에 켈빈 경은 열을 역학적으로 변환할 때 반드시 손실이 발생하기 때문에 전체를 온전히 유효하게 활용할 수 있는 것은 아니라고 말했습니다. 이것은 오늘날의 열역학 제2법칙(p.92)에 해당합니다.

〈물과 관련한 3가지 상태의 표〉

	섭씨	화씨	절대 온도	원자·분자의 움직임
기체				
액체	100℃	212°F	373K	
고체(얼음)	0℃	32°F	273K	
	−273.15℃	−460°F	0 K	

글래스고의 켈빈 글로브 공원에 있는 켈빈 경의 동상. 그는 글래스고 대학의 자연 철학(물리학) 교수로 오랜 기간 근무했다.

파급 효과

절대 온도라는 개념이 도입되면서 온도가 단지 사람이 체감하거나, 환경과 관련이 있는 것일 뿐이라는 생각에서 벗어나 모든 물질의 열과 관련한 상태를 나타내는 것이라는 인식으로 바뀌게 되었습니다. 이러한 인식을 통해 실험 조건 설정 중 하나로 온도가 더욱 중요하게 여겨지게 되었습니다. 또한 우주의 상태를 생각하는 기준이 더욱 명확해진 계기가 되었습니다.

뒷 이야기

지구의 나이를 잘못 계산한 켈빈 경

켈빈 경은 열을 연구하면서 열전도에 의한 냉각 속도를 지구에 적용하여, 이를 근거로 지구의 나이를 산출했습니다. 그는 지구 내부의 온도와 크기를 토대로 지구가 탄생 이후 냉각되는 시간을 계산해서 지구의 나이를 추정했는데, 그는 지구의 나이가 많아도 1억 년을 넘지 않으며 약 2천만 년 남짓이라고 계산했습니다.

이러한 계산 결과는 켈빈 경이 살았던 당시에는 지구 내부에 있는 방사성 동위 원소(원자번호는 같으나 질량수가 서로 다른 원소를 동위 원소라 하는데, 이 동위 원소 중에서 방사능을 지니고 있는 것을 말한다.)의 붕괴로 열이 계속 발생하여 지구가 빨리 식지 않는다는 사실이 증명되지 않았기 때문에 벌어진 실수였습니다.

그러나 켈빈 경은 이 계산을 토대로 한 걸음 더 나아가 다윈의 진화론을 설득력이 부족하다고 주장했습니다. 사실 켈빈 경이 지구의 나이를 계산한 이유도 이를 근거로 '지구의 나이가 그리 길지 않기에 이 시간으로는 진화가 일어나기에 필요한 시간이 부족하다.'라는 논리를 내세워 진화론을 반박하기 위함이었습니다. 켈빈 경은 나름대로 합리적인 이유를 찾기 위한 노력이었지만 그도 미처 알지 못한 다른 요소 때문에 결과적으로 잘못된 결론을 내린 것이었습니다. 당시 물리학자를 대표했던 켈빈 경은 생물학의 발전에 폐해를 끼쳤다고 말할 수 있습니다.

'온도'란 무엇일까요?
우리 주변의 사례를 바탕으로 생각해 봅시다!

오른쪽 그림에서 뜨거운 것과 차가운 것 다시 말해 온도가 높은 것과 낮은 것을 찾아봅시다. 아마도 쉽게 찾을 수 있을 것입니다.우리는 성장 과정에서 자연스럽게 우리 주변 물체의 온도에 관한 개념을 이해하게 되었습니다.

지금은 태양 내부의 온도까지 측정이 가능하며, 온도에는 상한치가 존재하지 않습니다. 한편, 차가운 온도의 경우에는 물질을 구성하고 있는 입자(원자나 분자 등)의 거동으로 인해 한계가 존재합니다.

모든 입자가 움직임을 멈춘 상태 즉, 절대 영도보다 차가운 상태는 존재하지 않습니다.

가열하거나 냉각해서 활용

온도는 물질이 '어떤 상태인지'를 나타냅니다. 그리고 우리는 '어떤 상태'를 '다른 상태'로 바꾸는 방법을 활용합니다.

가열하는 방법 중에서 가장 원초적인 것은 '불'입니다. 100만 년보다도 더 오래된 유적에서 불을 사용한 흔적을 발견할 수 있습니다. 냉각시키는 방법으로는 수분의 증발을 이용합니다.

고대 이집트나 인도에서는 옹기 항아리에 물을 넣으면 항아리의 바깥 면에서 수분이 증발하고, 그 기화열로 내부를 차갑게 만들 수 있다는 것을 알고 있었기 때문에 그러한 지식을 활용했습니다. 또한 사막에서는 지금까지도 수분이 많은 과일을 얇게 잘라서 붙인 후 바람을 쐬어 시원하게 하곤 합

니다. 그리고 현대에는 더욱 다양한 방법으로 가열하기도 하고 냉각할 수도 있습니다.

체감이 아니라 온도의 기준치가 필요했다.

그림에서 볼 수 있듯이 체감은 사람에 따라 달라집니다. 그렇기 때문에 실험을 할 때 감각만 가지고 뜨거움과 차가움을 판단한다면 의견이 일치하지 않게 되어 곤란한 상황이 발생합니다. 온도의 기준이 필요하다고 생각하게 된 계기는 먼 옛날, 의사가 사람의 체온을 확인하고 싶어 했던 것이라고 합니다. 그리고 온도계라고 부를 수 있는 것을 처음으로 발명한 것은 공기가 온도의 차이로 팽창

과 수축을 한다는 것을 발견해 낸 갈릴레이였습니다. 갈릴레이는 실험적인 **공기 온도계**라는 장치를 만들었습니다. 일설에 따르면 이것은 이탈리아의 의사 S·상크토리우스(Sanctorilus, 1561년~1636년)의 발명이라고도 합니다. 온도계는 발명 즉시 의학에서 정량적인 계측을 할 때 사용되었고, 실용적인 형태와 눈금으로 개발되었습니다.

온도계로 온도를 측정할 수 있는 원리

차가운 찻잔에 뜨거운 물을 부으면 찻잔 자체가 곧 따뜻해집니다. 차가운 찻잔은 따뜻하게 데워지고, 뜨거운 물은 조금 차가워져서 같은 온도가 되는 것입니다. 이것을 **열평형**이라고 합니다.

이때 차가운 찻잔이 두껍고 큰 형태이고, 뜨거운 물이 소량이라면 **평형 상태**가 되었을 때의 온도가 낮아집니다. 반대로 두께가 얇은 찻잔에 뜨거운 물을 가득 부으면 찻잔이 들어 올리기 힘들 정도로 뜨거워지고, 뜨거운 물도 그다지 차가워지지 않습니다.

온도계 역시 측정하고 싶은 물체 사이에 열평형이 발생하는 원리로 온도를 측정할 수 있습니다. 온도계는 가느다랗고, 측정하고 싶은 물체는 예를 들어 대기처럼 온도계 자체의 영향을 받지 않을 정도로 큽니다. 그렇기 때문에 온도계는 측정하려는 물체의 온도를 변화시키지 않으면서 그 물체의 온도를 표시할 수 있습니다.

한편, 온도계에 의해 측정하려는 대상의 온도가 크게 영향을 받을 정도로 작은 물체의 경우에는 측정이 불가능합니다. 예를 들어, 아주 작은 물방울의 온도는 일반적인 온도계로는 거의 측정할 수 없습니다.

물질마다 융해 온도와 비등 온도가 다르다.

물질마다 융해 온도와 비등하는 온도가 각각 다릅니다. 특히 물의 그러한 성질이 밝혀지고 나서 이것을 온도계의 기준으로 삼자는 의견이 더욱 많아졌습니다.

온도의 단위

	켈빈 온도	셀시우스도	파렌하이트도
절대 영도	0	-273.15	-459.67
파렌하이트의 한계*	255.37	-17.78	0
물의 응점 (표준 상태일 때)**	273.15	0	32
지구 표면의 평균 기온	288	15	59
사람의 평균 체온	309.95	36.8	98.24
물의 비등점(표준 상태일 때)**	373.15	100	212
태양의 표면 온도	5800	5526	9980

*냉각용으로 혼합한 어름을 사용함.   **대기압이 1기압인 장소에서.

온도의 기준점을 이야기할 때, 낮은 온도의 경우는 빙점 및 빙결 시의 공기의 온도를 들 수 있지만 높은 온도의 경우에는 '손을 넣은 상태로 참을 수 있는 가장 뜨거운 온도의 물' 혹은 '소나 나무의 체온', '버터가 녹는 온도', '사람 혈액의 온도' 등 다양한 기준이 언급되었습니다.

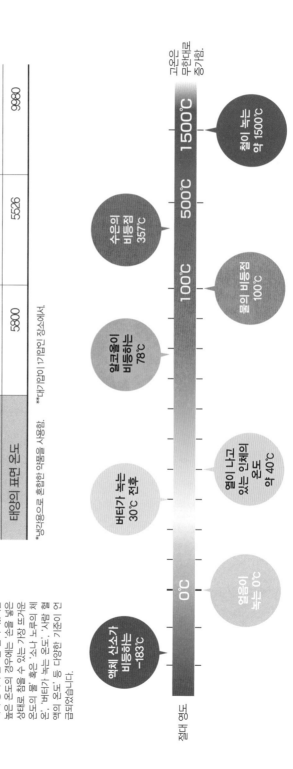

절대 영도

액체 산소가 비등하는 -183℃

얼음이 녹는 0℃

버터가 녹는 30℃ 전후

열이 나고 있는 인체의 온도 약 40℃

알코올이 비등하는 78℃

물의 비등점 100℃

수은의 비등점 357℃

철이 녹는 약 1500℃

0℃   100℃   500℃   1500℃

고온은 무한대로 증가함.

'온도계'가 발전되어 온 역사

공기의 팽창과 수축을 이용하다.

1590년대 갈릴레이 온도계(S·상크토리우스가 발명한 것을 포함)

1600년대 초반 S·상크토리우스가 의료용 구내 체온계를 발명하다.

1615년 조반니 프란체스코 사그레도(1571년~1620년, 이탈리아의 과학자이자 수학자. 갈릴레이의 친구)가 갈릴레이 온도계를 개량해서 눈금을 넣었으며 휴대용 체온계도 발명했다.

공기는 기압에 좌우되므로, 액체를 사용하게 되었다.

1654년 토스카나 대공 페르디난도 2세(p.68)가 밀폐된 관 형태의 유리에 알코올을 사용해서 현존하는 기록 중 가장 오래된 온도 관측 기록을 남겼다. 두 개의 기준 온도를 선택하고 그 사이를 등분하는 방법으로 눈금을 고안했다.

1659년 이스마일 브리오(1605년~1694년, 프랑스의 천문학자이자 수학자. 외국인으로는 최초로 왕립 협회에 선출된 사람 중 한 명이다.)가 눈금이 있는 온도계를 가지고 2년간 온도를 관측한 기록을 남겼다.

1665년에 호이겐스(p.110)가 비등하고 있는 물의 온도는 일정하다는 것을 밝혀냈다.

1694년 카를로 레날디니(1615년~1698년, 이탈리아의 물리학자이자 수학자. 아카데미아 델 치멘토의 정회원.)가 물의 융점과 비등점을 기준 온도로 정했다.

1700년경 뉴턴(p.52, 106)이 얼음이 융해되는 온도를 0도로 하고, 물이 비등하기 시작할 때의 온도를 33도로 정했다.

1702년 올레 크리스텐센 뢰머(1644년~1710년, 덴마크의 천문학자이자 수학자. 빛의 속도의 값을 산출했다.)가 소금물의 응고점을 0도라고 했으나, 후에 물의 응고점을 7.5도, 비등점을 60도로 정했다.
기욤 아몽통(1663년~1705년. 프랑스의 물리학자. 온도와 그 밖의 다른 주제를 연구했다.)이 절대 영도의 개념을 제시했다.

1724년 G.D. 파렌하이트(p.75)가 액체 기둥을 개량해서 알코올 온도계와 수은 온도계를 제작했으며, 화씨 눈금을 제창했다.

1742년 셀시우스(p.72)가 수은을 사용한 온도계로 섭씨 눈금 (지금과는 0과 100이 정반대인 눈금)을 제창했다.

1768년 히라가 겐나이(p.75)가 네덜란드에서 전해진 온도계를 모방해서 화씨 눈금과 '매우 추움, 추움, 시원함, 보통, 따뜻함, 더움, 매우 더움'을 추가하고 한열승강기라는 이름을 붙였다.

1848년 켈빈 경(p.76)이 절대 온도(켈빈 온도)의 개념을 확립했다.

1871년 에른스트 베르너 폰 지멘스(1816년~1892년, 독일의 발명가이자 전기 공학자)가 금속의 전기 저항과 온도의 관계를 이용한 온도계인 저항 온도계를 발명했다.

1886년 르샤틀리에(1850년~1936년, 프랑스의 화학자이며 제련과 연소를 연구했다.), 제베크(1770년~1831년, 독일의 물리학자)가 발견한 두 종류의 금속을 접합한 회로로 온도차를 이용해 기전력을 발생시키는 효과를 활용해서 기전력을 측정하고 온도차를 확인하는 열전대 온도계를 개발했다.

5장

열역학

와트 *James Watt* | 1736년~1819년

"증기 기관을 개량해서 열역학의 기초를 세웠다."

카르노 *Nicolas Léonard Sadi Carnot* | 1796년~1832년

"열에 의한 운동 이론을 확립했다."

줄 *James Prescott Joule* | 1818년~1889년

"열과 에너지의 관계를 밝혀냈고, 열역학을 확립했다."

열역학은 기술과 연계하여 발전했다.

열역학 연구는 열을 동력으로 사용하는 열기관에서 시작됩니다. 물은 수증기가 되면 부피가 커집니다. 그리스 시대에 헤론(기원전 1세기경, 출생 및 사망 미상. 수학자이자 물리학자)은 이 성질을 활용해 물체를 움직이려 했습니다. 그것은 '이올리파일'이라는 장난감(아래의 그림참조)인데, 구체 내부에서 발생시킨 증기가 속이 비어있는 관을 통해 분출되면서 구체를 회전시키는 장치였습니다. 이것은 지금 사용되고 있는 터빈의 원형이라고도 할 수 있습니다.

17세기가 되면서 진공 펌프가 등장하며, 이와 더불어 기체의 압력과 부피에 관한 연구가 진전되었습니다. 그리고 온도계가 발달하면서 온도와의 관계가 명확하게 밝혀져 지금도 사용하고 있는 중요한 법칙을 발견하게 되었습니다. 이러한 성과 역시 활발하게 활용되어 18세기에는 뉴커먼이 증기를 활용해 사람이나 동물의 힘보다 더 큰 동력을 낼 수 있는 증기 기관을 발명했습니다. 와트는 이를 개량하는 과정에서 열역학 이론을 확립했으며, 산업 혁명과 교통 혁명을 통해 사회를 크게 바꾸어 놓았습니다. 지금도 화력이나 지열 발전소에서 사용하는 터빈은 증기를 불어넣어 임펠러를 회전시키는 발전기를 사용하고 있습니다.

그리고 열기관의 효율을 높이기 위한 열역학 이론 발전에 기여한 인물로 **카르노**와 **줄**이 있습니다. 다시 말해, 이론과 기술이 멋지게 접목되면서 2가지가 모두 발전한 것입니다. 그러나 그때 당시 열역학은 연구 그 자체를 목적으로 하는 물리의 다른 분야에 비해 경시되는 경향이 있었으며, 지금도 그러한 경향이 있다는 것은 대단히 애석한 일입니다.

이 장에서는 열역학에 기여한 과학자 3명의 생각과 방법론이 '순수 물리학'에 조금도 뒤떨어지지 않는다는 것을 전달하고 싶습니다. 오늘날 열 현상을 설명할 때 주로 분자나 원자의 운동으로 설명합니다. 그러나 이 과학자들은 아직 분자의 존재 자체가 명확하지 않았던 시대에, 눈에 보이는 변화인 압력과 부피, 온도의 관계를 깊이 있게 고찰해서 열역학을 확립했습니다.

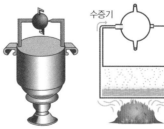

현대에 사용되고 있는 터빈의 원형인 '이올리파일(기력계, Aeolipile)'. 메이지 대학교 경영학부 사노 연구실에서 헤론의 공을 바탕으로 재현한 그림을 참고한 것이다.

와트

(James Watt, 1736년~1819년) / 영국

스코틀랜드에서 태어났으며, 조선업과 건설업을 경영하던 아버지에게서 큰
영향을 받았습니다. 기계 기술자였으며 글래스고 대학 내에 공작소를 가지고
있었습니다. 교수와의 친분으로 증기 기관을 과학적으로 개발하여 산업 혁명
에 크게 기여했습니다. 왕립 협회의 회원이자 글래스고 대학의 법학 박사 등
명예로운 직함을 가진 상태로 생을 마감했습니다.

"증기 기관을 개량해서 열역학의 기초를 세웠다."

**증기의 낭비를
막고 효율화를
꾀하다.**

와트는 글래스고 대학에서 강의에 사용되던 뉴커먼(1663년~1729년)의 증기 기관 모형 수리를 의뢰받았을 때, 증기가 효율적으로 사용되고 있지 않다는 것을 알게 되어 이를 개선하기로 마음먹었습니다.

증기의 성질을 조사한 결과 증기를 응결시키기 위해 실린더를 냉각하는 것이 효율을 떨어뜨리는 원인임을 밝혀냈습니다.

이 발견에 관해 도모나가 신이치로(1906~1979년)는 자신의 저서에서 '와트가 단순한 상인이 아니었다는 것을 여실히 드러내고 있다.'고 말했습니다.

영국 런던 과학 박물관에 전시되어 있는 와트의 증기 기관.

와트의 증기 기관.

뉴커먼의 증기 기관—돔 형 보일러 내의 증기가 상부 실린더로 들어
가고 실린더 상부의 피스톤이 상하로 움직여 동력을 얻는다.

와트의 개선안

와트는 이 문제를 해결하기 위해 증기 복수기와 실린더를 분리하는
아이디어를 생각해 냈습니다. 이렇게 해서 실린더는 고온 상태를 유지
할 수 있고, 효율이 비약적으로 증가했습니다. 그 후에도 계속해서 증
기 기관을 개발했는데, 그 과정에서 열에 의해 동력을 얻는 열기관에
관해 다음과 같은 사실을 발견하게 됩니다.

---

1. 열기관은 '화로'와 '냉각기' 및 '그 사이를 자유롭게 왕래할 수 있는
   작업물질(일반적으로는 물)'의 3요소로 구성된다.
2. 일을 하기 위해서는 고온(화로)뿐만 아니라 저온(냉각기)도 필요하다.
3. 일은 작업물질의 부피가 변화함에 따라 발생한다.

여기서 일이라고 표현한 것은 열을 사용해서 동력을 얻는 것을 의
미합니다. 오늘날 일은 에너지의 변환량을 나타내는 물리량을 의미합
니다(p.96). 에너지는 빛이나 열, 전기 등 다양한 형태가 있는데 공통적

인 단위를 설정하기란 쉽지 않습니다. 그러므로 한 에너지가 다른 형태의 에너지로 변할 때, 그 변환량은 물체를 움직이는 역학적인 물리량으로 정의합니다. 이것이 일입니다.

영국의 기술자 트레비식(1771년~1833년)이 발명한 증기 기관차 'Catch Me Who Can(누가 나를 잡을 수 있나 호)'를 재현한 그림.

파급효과

와트는 기관의 성능을 비교하기 위해 실제로 말이 물체를 끌 때 발생하는 힘, 이동 거리, 걸린 시간의 평균값을 구해서 그동안 애매했던 '마력'을 1분에 33000피트 파운드(약 4500kgf/m)*라고 정의했습니다. 이를 기념하기 위해 **일률**의 단위로 와트[W]를 사용하게 되었습니다. 와트가 발견해 낸 세 가지 내용은 다음 페이지에서 등장하는 카르노에 의해 이론화됩니다. 카르노는 자신의 저서에서 '와트는 증기 기관의 거의 모든 위대한 개량에 성공했으며 오늘날에 이르러서도 넘어서기 어려울 정도로 기관을 완성한 인물이다.'라고 말합니다.

*kgf kgf = kgw = 중량 킬로그램. 무게 및 힘의 단위.

뒷이야기 × × × × × × ×

산책 중에 새로운 아이디어를 떠올리다.

와트는 뉴커먼의 증기 기관을 개량하려는 생각이 들었을 때를 다음과 같이 회상합니다. '어느 맑은 안식일 오후에 나는 산책을 하러 나갔다. 샬로트 거리 아래의 출입문을 나서서 광장으로 걸어 들어가 오래된 작은 세탁소 옆을 지나갔다. 나는 증기 기관에 관해 계속 생각하면서 목축을 하는 작은 집까지 걸어왔다. 바로 그때였다. 한 발상이 머리에 떠오른 것이다. 그 발상은 이러하다. 증기는 탄성체이므로 진공 안으로 쇄도할 수 있다. 만약 실린더와 배기펌프가 연결된다면 증기는 그쪽으로 쇄도할 것이고 실린더를 냉각하지 않아도 그곳에서 응결할지 모른다.'

× × × × × × × × × × × ×

카르노
(Nicolas Leonard Sadi Cranot, 1796년~1832년) / 프랑스

파리에서 태어났으며, 부친은 나폴레옹과 흥망성쇠를 함께한 정치가이자 군인이고 과학 기술자이기도 했습니다. 에콜 폴리테크니크에 입학하여 열에 의한 운동을 연구했으며 1832년 당시 유행하던 콜레라에 걸려 36세의 나이로 세상을 떠났습니다. 콜레라로 사망했기 때문에 그의 연구 성과가 기록된 서류 대부분이 소각되었습니다.

"열에 의한 운동 이론을 확립했다."

평가받지 못한 카르노의 원리

1815년 나폴레옹이 실각한 후, 영국과의 국교가 회복되면서 와트가 개량한 영국의 증기 기관에 관한 정보가 프랑스에도 들어오기 시작했습니다. 카르노는 1824년에 열기관의 효율을 향상시키기 위해 열기관의 본질을 탐구하여 《불의 동력에 관한 고찰》 (우측 사진)을 발표했습니다. 그러나 당시에는 이 논문이 기술상의 문제를 다루는 것으로 여겨져 학회의 관심을 거의 끌지 못한 채 잊히고 말았습니다.

《불의 동력에 관한 고찰》

카르노의 연구는 '열에 의한 운동을 산출하는 것이 지금까지도 충분히 연구되지 않고 있다.'는 우려에서 시작되었습니다. 그리고 와트가 증기 기관을 분석한 것을 가지고 '열의 최대 동력은 이를 취출하기 위해 사용된 작업물질에 관계없이 열이 이동하는 고온 열원과 저온 열원의 온도로 결정된다.'라는 '카르노의 원리'를 이끌어 냈습니다.

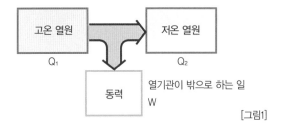

[그림1]

열기관 '카르노 사이클'

카르노는 카르노 원리의 결론에 이르는 고찰을 위해서 기체를 사용한 이상적인 열기관(카르노 사이클)을 고안했습니다. 카르노 사이클은 다음의 네 과정을 통해 성립합니다. 이러한 일련의 사이클 속에서, 고온 열원에서 열을 받고 저온의 물체에 그 열의 일부를 방출한 후 팽창과 압축을 통해 열기관의 일을 합니다. 이 카르노 사이클 그림에서 파란선으로 둘러싸인 부분은 '압력(힘/면적) × 부피' 다시 말해 '힘 × 거리'이

기 때문에, 이 면적이 넓을수록 많은 일을 할 수 있게 되며, 열기관의
효율은 고온 열원의 온도 t_H와 저온 열원 t_L로 결정된다는 것을 알 수
있습니다.

---

❶ 등온 팽창(온도가 일정한 상태에서 부피가 증가하는 변화)에 의해 고온 t_H로 유지
　된 '열원'에서 기체가 열을 흡수한다.

❷ 단열 팽창(열의 출입이 없는 상태에서 부피가 증가하는 변화)으로 인해 기체의 온도
　가 t_L로 낮아진다.

❸ 등온 압축(온도가 일정한 상태에서 부피가 감소하는 변화)에 의해 저온 t_L로 유지
　된 열원에 기체가 열을 방출한다.

❹ 단열 압축(열의 출입이 없는 상태에서 부피가 감소하는 변화)에 의해 기체가 처음의
　고온 t_H로 돌아간다.

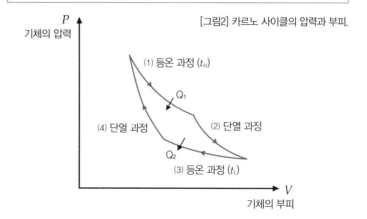

[그림2] 카르노 사이클의 압력과 부피.

**열효율에는
한계가 있다.**

　카르노는 열기관 내부 열의 흐름을 분석해서 **열효율**에 최대치가 존
재한다는 것과, 그 최대치가 반드시 100%보다 작다는 것을 증명했습
니다. 다시 말해 열기관을 사용해서 일정량의 열을 역학적 에너지로 전
환할 때 얻을 수 있는 역학적 에너지는 반드시 상한치가 있으며, 열기
관에 사용된 것이 물이든 공기이든 혹은 다른 어떠한 물질이든 상한치
를 초과할 수 없다는 것입니다. 이 연구는 후에 '**열역학 제2 법칙**'으로
정식화됩니다. 열효율은 현재 다음과 같은 식으로 구할 수 있습니다.

$$열효율 = \frac{열기관이\ 외부로\ 하는일}{고온\ 열원의\ 열량} \times 100$$

p.91 [그림1]의 기호를 사용하면

$$= \frac{W}{Q_1} \times 100$$

$$= \frac{Q_1 - Q_2}{Q_1} \times 100$$

$$= \left(1 - \frac{Q_2}{Q_1}\right) \times 100$$

$Q_2 = 0$이면 열효율이 100%가 되겠지만, 그렇게 되면 고온 열원에서 저온 열원으로 이동하는 열이 없어지므로 열기관도 동작하지 않게 될 것입니다. 따라서 열효율이 100%인 열기관은 존재하지 않는다고 할 수 있습니다.

파급 효과

카르노는 생전에 전혀 평가받지 못하고 젊은 나이에 세상을 떠나 잊혀갔지만, 에콜 폴리테크니크의 동급생인 클라페롱이 그를 구했습니다. 클라페롱은 1834년에 발표한 논문 중에서 카르노가 구두로 언급했던 이론을 수학적으로 정리했습니다. 또한 클라페롱의 논문은 영어와 독일어로 번역되어 독일인인 클라우지우스, 영국인인 톰슨(이후 켈빈 경)에게 영향을 주었으며, 이 둘은 열역학을 크게 발전시키는 데 기여하게 됩니다.

뒷 이야기 × × × × × × × × × ×

'영구 기관'을 꿈꾸며 발전한 열역학

아무것도 공급하지 않아도 계속 움직일 수 있는 기관이 있다면 얼마나 멋지겠습니까. 이런 기계를 영구 기관이라고 합니다. 화학이 연금술에 의해 발전한 것처럼, 열역학은 영구 기관을 꿈꾸며 발전했습니다. 그러나 애석하게도 열역학의 두 법칙에 의해 영구 기관을 만드는 것이 불가능하다는 것을 깨닫게 됩니다.

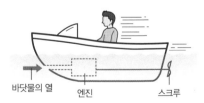

바닷물의 열   엔진   스크루

× × × × × × × × × × × × × × ×

줄

(James Prescott Joule, 1818년~1889년) / 영국

잉글랜드 북서부 부유한 양조업자의 집에서 태어나 가정교사에게 교육을 받았습니다. 그의 가정교사 중 한 명이 돌턴(1766년~1844년)이었습니다. 줄은 자택을 실험실로 개조하였고, 그 당시 아무도 만들어 내지 못했던 실험 장치를 제작했으며 몇 가지 법칙을 발견했습니다. 열역학을 확립한 것은 줄의 재력 덕분이라고 표현해도 과언이 아닐 정도입니다.

"열과 에너지의 관계를 밝혀냈고, 열역학을 확립했다."

**줄의 법칙을
발견하다.**

줄은 패러데이(p.180)의 영향을 받아 정상 전류에 의해 도체 내에 발생하는 열량을 정밀하게 측정했습니다. 이때 발생하는 열을 '줄 열'이라고 합니다. 그는 이렇게 해서 단위 시간 중에 발생하는 열량은 전류와 전압을 곱한 것이 된다는 '줄의 법칙'을 발견했습니다.

**열의 정의 그리고
열과 시간의 관계**

줄은 '열이란 무엇인가'라는 문제에 관해 생각하게 됩니다. 줄은 열이 열소라고 하는 물질이 아니라 에너지의 일종이 아닐까 추측했습니다. 줄은 다음 그림과 같은 장치를 사용해서 추를 들어 올린 높이와 물의 온도 상승을 반복 측정하여, 추의 위치 에너지와 물의 온도를 상승시키는 열량의 관계를 계산했습니다. 그 결과 4.2[J]⁽줄⁾의 위치 에너지가 임펠러의 회전이라는 운동 에너지로 바뀌어서, 임펠러가 회전하면 1[cal]⁽칼로리⁾의 열이 발생한다는 것을 밝혀냈습니다. 1[cal]의 열이 4.2[J]의 일에 해당하며, 이 비율을 열의 일 해당량이라고 합니다.

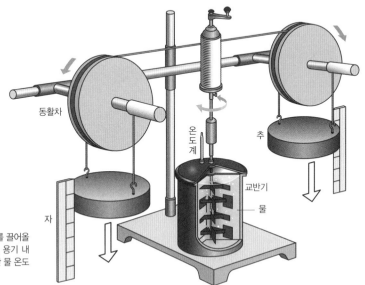

줄의 실험 장치.

위의 핸들을 돌려서 좌우의 추를 끌어올립니다. 추를 끌어올린 높이와, 용기 내부의 교반기가 회전해서 상승한 물 온도를 측정합니다.

동활차

온도계

추

교반기

물

자

**에너지와
일의 단위에
사용되다.**

일을 열량으로 변환하는 것이 항상 일정하다는 줄의 법칙은 당시 과학자에게 처음부터 쉽게 받아들여지기는 힘든 것이었습니다. 하지만 그 중요성을 켈빈 경(p.76)이 높이 평가하였고, 에너지 보존 법칙으로 이어졌습니다. 또한 독일의 마이어(1814년~1878년)도 줄과 마찬가지로 '열은 에너지다.'라고 주장했지만, 기발한 발상이라는 이유로 당시 어느 잡지도 마이어의 논문을 게재하지 않았으며 그의 논문이 세상에 알려지게 된 것은 줄의 실험을 통해 이 생각이 옳다는 것을 증명한 이후였습니다. 열의 일 해당량을 발견한 것은 '내부 에너지의 변화는 행해진 일과 들어오고 나가는 열량의 합이다.'라는 **열역학 제1 법칙**으로 이어졌습니다.

줄의 실험이 인정받으면서, 에너지와 일의 단위에 그의 이름이 사용되어 1[J] = 1[N·m]입니다. 1[N]의 힘으로 그 힘 방향에 1[m]를 이동시키면 1[J]의 일을 한 것이 됩니다.

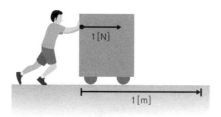

열량의 단위로는 일찍이 [cal]이 널리 사용되고 있었습니다. 1(cal)은 물 1(g)의 온도를 1(℃) 상승시키기 위해 필요한 열량입니다. 지금은 이 단위를 거의 사용하지 않습니다. 영양학에서 사용되는 Cal(칼로리)는 1[cal] = 1000[cal]인데, 혼동되기 때문에 일반적으로 Kcal로 표기합니다.

파급효과 ～～～～～

줄은 윌리엄 톰슨(켈빈 경. p.76)과 친분이 있었습니다. 톰슨은 줄에게 압축한 기체를 급격히 팽창시키면 기체의 온도가 내려간다는 그의 생각을 이야기했습니다.

줄은 실제 실험을 통해 이를 증명했는데, 이 현상은 '줄-톰슨 효과'라고 불리게 됩니다. 이 이론은 오늘날 액체 질소를 만들 때 응용되고 있습니다.

액체 질소를 만드는 원리는 질소와 산소를 통해 공기를 만드는 것입니다.

공기를 압축한 후 급격하게 팽창시키면 온도가 내려가는데, 그 과정에서 질소보다 액화점이 높은(-183℃) 산소가 먼저 분리되고 그 후 액체 질소(-196℃)가 만들어집니다.

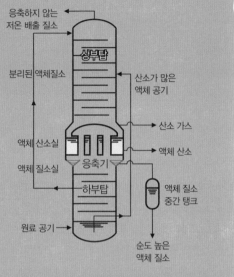

응축하지 않는
저온 배출 질소

상부탑

분리된 액체질소

산소가 많은
액체 공기

산소 가스

액체 산소실

액체 산소

응축기

액체 질소실

하부탑

액체 질소
중간 탱크

원료 공기

순도 높은
액체 질소

액체 질소를 만드는 장치이다. 하부에 원료가 되는 공기를 넣으면 산소와 분리된 고순도 액체 질소만 액체 질소실에 모이고, 우측 중간 탱크로 이동한다.

뒷이야기 ×

재산을 다 탕진할 정도로 연구에 몰두하다.

줄은 오랜 기간 동안 실험 장치를 만드는 데 막대한 비용을 사용했기 때문에 전 재산을 탕진했습니다. 그래서 1878년 이후에는 정부에서 200파운드의 연금을 받고, 왕립 협회에서 연구비를 받아 실험을 계속했습니다.

줄의 무덤에 세워진 묘비 상단에는 열의 역학적 등가량은 줄 상수'772.55'가 새겨져 있습니다. 이것은 줄이 1878년 마찰을 이용해 마지막으로 측정한 값이기도 합니다.

× ×

열역학이 어떻게 발전했는지 알아봅시다!

열역학이라는 학문 분야는 보일을 필두로 하는 기체의 법칙(압력과 부피와 온도의 관계)에 관한 탐구가 없었다면 탄생할 수 없었을 것입니다.

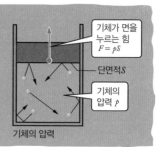

기체의 압력

기체의 연구를 통해 탄생한 분야

보일은 1660년에 〈공기의 탄성과 그 효과를 다루고 있는 새로운 물리-역학적 실험〉이라는 논문에서 공기에는 스프링과 같은 탄성이 있다고 설명합니다. 그리고 1662년에 발표한 개정판 논문에서 정말 유명한 보일의 법칙, 즉 기체의 부피와 압력을 곱한 값은 일정하다(기체의 부피와 압력은 반비례한다.)는 법칙을 발표했습니다.

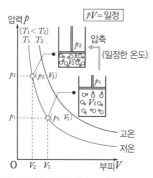

기체의 압력과 부피의 관계. 보일의 법칙.

1802년에 게이 뤼삭은 '모든 기체 및 증기는 그 밀도나 양에 관계없이 열과 동일한 정도로 팽창한다.'고 말했습니다. 이때 그는 샤를의 미발표 데이터를 사용했기 때문에 이 법칙을 샤를의 법칙이라

고 이름 지었으며, 오늘날에도 동일하게 불리우고 있습니다. 혹은 보일의 법칙과 샤를의 법칙을 합쳐서 보일-샤를의 법칙이라고도 합니다.

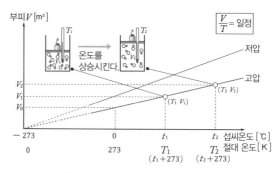

기체의 압력과 부피의 관계. 샤를의 법칙.

열의 정체는 분자 단위의 운동

한편 뉴커먼이나 와트에 의해 증기 기관 기술이 점차 발달하고 있었는데, 이 효율과 관련해서도 열이라는 개념이 중요해지기 시작했습니다. 처음에는 열소(칼로릭)라는 물질의 움직임이 온도 변화의 원인이라고 생각했습니다.

19세기를 목전에 둔 무렵에 럼퍼드는 대포알이 포신을 통과할 때 마찰로 인해 열이 발생하는 현

상을 통해 열이 물질이 아니며, 열 현상은 분자 단위의 운동에 의한 것이라고 제창했습니다. 비슷한 시기에 데이비 역시 진공 상태에서 얼음을 마찰시키면 얼음이 녹는다는 현상을 예로 들면서 럼퍼드와 같은 주장을 했습니다.

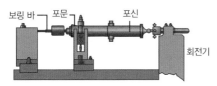

보링 바 포문 포신 회전기

럼퍼드가 사용한 포신을 깎는 실험 장치.

오늘날 우리는 열을 분자의 운동으로 설명할 수 있습니다. 물을 예로 들자면, 고체 상태인 얼음은 분자끼리 단단히 결합하면서 조용히 진동하고 있는 상태입니다. 얼음을 가열하면 분자의 진동이 점차 격렬해지고, 결합 상태가 뚝뚝 끊어진 상태의 액체인 물이 됩니다. 열을 더욱 가하면 분자가 자유롭게 움직이고 있는 상태인 기체가 됩니다.

온도는 분자의 운동 상태가 어떠한지, 운동 에너지의 크기를 나타내는 것이라고 할 수 있습니다. 얼음이 물로 바뀔 때, 열을 가하더라도 온도는 한동안 변화하지 않습니다.

물이 수증기가 될 때도 마찬가지입니다. 열은 분자끼리의 결합을 끊기 위해 사용하는 것이며, 분자의 운동 에너지는 변하지 않습니다. 분자의 결합이 없는 기체 상태가 되면 열을 가할수록 온도가 상승합니다.

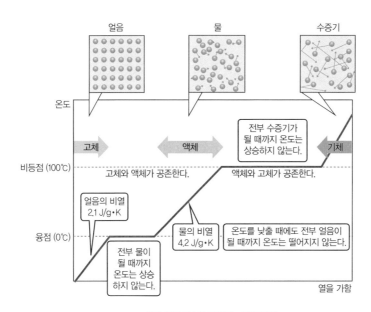

물의 온도 상승과 가해지는 열의 관계.

고온의 물질과 저온의 물질이 만나면 이윽고 비슷한 온도가 됩니다. 이것은 고온의 물질에서 저온의 물질로 열이 이동했다고 말할 수 있는데, 분자의 운동을 가지고도 설명할 수 있습니다. 접촉한 부분에서 분자가 충돌하고, 운동 에너지를 주고받는다는 것입니다.

열을 분자의 운동으로 설명할 수 있기 때문에 열과 온도의 관계도 명확해졌습니다. 온도는 추위와 더위를 표시하는 기준이고 분자의 운동이 얼마나 활발한지를 나타내는 것이라고도 생각할 수 있습니다.

분자의 운동 상태는 눈에 보이지 않지만 온도가 높으면 분자의 운동은 활발하고, 온도가 낮아지면 낮아

고온 물체 저온 물체

열평형 상태

분자 운동 모델 그림.

질수록 분자의 운동이 느려집니다. 이윽고 온도의 하한치가 되면 모든 분자가 정지한 상태가 됩니다. 온도의 하한치는 −273℃로 굉장히 낮은 값은 아닙니다. 이 수치는 샤를의 법칙 그래프를 온도가 마이너스인 방향으로 늘려 보면 구할 수 있습니다.

열역학 제1 법칙

헬름홀츠(1821년~1894년)는 1847년에 발표한 논문에서 '영속적인 동력을 무에서 창조해 내는 것은 불가능하다.'라고 단언하면서 영구 기관을 부정했습니다.

그 후에 p.94의 줄과 마이어의 견해가 합쳐져 열역학 제1법칙이 확립되었습니다.

열역학 제2 법칙

열효율이 100%인 열기관은 존재하지 않는다는 카르노의 견해에서 더 나아가, 1852년에 켈빈 경은 **'열역학 제2 법칙'**을 일반화했습니다. 이것은 자연계에는 에너지가 흩어져 있거나 혹은 열화해 가는 보편적인 경향이 있다는 법칙입니다. '열역학 제2 법칙'은 '열에 관한 현상은 모두 불가역 변화.'라고도 말할 수 있습니다. **불가역 변화란 스스로** 반대 방향으로 돌아갈 수 없는 변화를 의미합니다.

물속으로 퍼져 나가고 있는 잉크.

예를 들어, 움직이고 있는 물체가 마찰에 의해 열이 발생해 정지할 수는 있습니다. 그러나 정지해 있는 물체가 스스로 열을 흡수해서 움직이기 시작할 수는 없습니다. 이것을 불가역 변화라고 합니다.

움직이고 있는 물체는 마찰에 의해 정지한다.

정지해 있는 물체가 스스로 열을 흡수해서 움직이기 시작할 수는 없다.

새로운 개념 '엔트로피'의 등장

무질서와 관련이 있는 개념

열역학은 기체의 법칙, '열역학 제1 법칙', '열역학 제2 법칙'을 토대로 해서 오늘날에는 압력, 부피, 온도처럼 실제로 관측할 수 있는 거시적인 세상과, 분자의 운동처럼 눈으로 볼 수 없는 미시적인 세상을 종횡무진으로 활보하는 정말 흥미로운 학문 분야입니다.

그리고 여기에 새로운 개념이 더해져서 더욱 흥미를 끌고 있습니다. 켈빈 경이 주장한 열역학 제2 법칙(열에 관한 현상은 모두 불가역 변화이다.)을 지지하려고 1865년에 클라우지우스 (1822년~1888년, 독일의 물리학자)가 엔트로피라는 새로운 개념을 도입했습니다. 엔트로피는 물리적으로 수식화하여 정의할 수 없지만 무질서와 결합된 개념이라고 표현할 수 있습니다.

가지런한 상태에서 마구 흩어져 가는 정도, 혹은 노화되어 가는 정도라고 생각하는 것이 그 개념에 더 가까울지도 모르겠습니다. 엔트로피가 커지면 일로 변화하는 에너지는 작아집니다. 엔트로피가 커지는 법칙은 모든 변화가 불가역이고, 외부로부터 에너지가 투입되지 않는 한 마구 흐트러진다는 것을 의미합니다.

누군가가 방을 정리하지 않는 한, 방은 점점 엉망이 되어갈 것입니다. 바로 이 예에서 우리는 엔트로피가 증가하는 법칙을 느낄 수 있습니다. 엔트로피 증가의 법칙을 거슬러서 엔트로피를 낮추기 위해서는 방을 청소해야만 하는 것입니다.

물리를 잘 알고 있는 부모를 둔 자녀라면, '엄마는 엔트로피를 낮추기 위해서('정리를 한다.'는 것은 외부로부터의 에너지가 투입되는 일이기에) 존재하는 사람이 아니란다!'라는 표현으로 혼이 날 수도 있겠습니다.

호킹과 열역학

'휠체어를 탄 천재' 스티븐 윌리엄 호킹(1942년~2018년)은 그의 유작에서 '연구 결과, 중력과 열역학 사이에는 예상치 못한 깊은 연결 고리가 있음이 밝혀져 30년간 별다른 진전 없이 논쟁을 계속해 온 역설이 해소되었다.'라고 말했습니다.

호킹은 블랙홀의 엔트로피를 식으로 나타내었고, 그 식을 가지고 블랙홀이 '무엇이든 다 삼켜 버리는' 것이 아니라, 열적인 방사를 한다는 점을 증명했습니다. 그는 저서에서 '이 방사는 호킹의 방사라고 불릴 것이며, 이 발견을 대단히 자랑스럽게 생각한다.'라고 말했습니다.

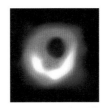

2019년 4월 10일에 발표된 블랙홀의 모습.

1590년대	갈릴레오 갈릴레이(1564년~1642년), 공기 온도계를 만들었다.
1620년	프란시스 베이컨(1561년~1626년), 열 그 자체가 운동이라고 표현했다.
1657년 ~1667년	**토스카나 대공 페르디난도 2세**(1610년~1670년)가 조직한 아카데미아 델 치멘토(실험 아카데미)에서 알코올 온도계를 제작했고, 가장 높은 온도 관측을 기록했다. 기준 온도 2개를 선정한 다음 그 사이를 등분했다.
1660년	로버트 보일(1627년~1691년), 기체에 관한 보일의 법칙. 물체를 두드리면 온도가 상승하는 이유는 타격으로 인해 물체의 입자가 강하게 움직였기 때문이라고 생각했다.
1665년	로버트 후크(1635년~1703년), 과학자 가상디(1592년~1655년)의 원자론이 부활한 것에 영향을 받아 열의 분자 운동론을 제창했다.
1700년	아이작 뉴턴(1642년~1727년), 온도의 기준을 세웠다. 눈이 녹는 것을 '0도', 비등점을 '33도'로 정했다.
1712년	토마스 뉴커먼(1663년~1729년), 최초의 실용적인 대기압 양수 기관과 증기 기관을 제작했다.
1720년	가브리엘 다니엘 파렌하이트(1686년~1736년), 온도계의 화씨 눈금을 고안했다.
1730년	르네 앙투안 페르숄 드 레오뮈르(1683년~1757년), 온도계의 레오뮈르도(온도의 단위. °Ré, °Re, °R 등으로 표시하고 1기압에서 물의 어는점을 0°Re, 끓는점을 80°Re로 정의한다. 그러므로 0°Re는 0℃와 같다.)를 고안했다.
1742년	**안데르스 셀시우스**(1701년~1744년), 물의 비등점을 0도, 물의 빙점을 100도로 하는 섭씨온도를 제창했다.
1950년경	셀시우스 온도계의 눈금을 반대로 해서 비등점을 100℃로 만들었다. 제작자는 엑슈트렘 혹은 생물학자인 린네라고 말하지만 정확하지 않다.
1760년 ~1762년	조지프 블랙(1728년~1799년), 열용량의 개념과 열소 칼로릭 잠열의 개념을 생각해 냈다.
1765년	**제임스 와트**(1736년~1819년), 증기 기관을 상품화했다.
1768년	히라가 겐나이(1728년~1780년), 네덜란드에서 전해져 온 온도계를 모방했으며, 한열승강기라고 이름을 붙였다.
1788년	앙투안 로랑 드 라보아지에(1743년~1794년), 근대적인 원소의 개념을 확립했다. 열소도 그중 하나에 포함된다.
1798년	럼퍼드(1753년~1814년), 본명은 벤저민 톰프슨. 열의 운동론을 제창했다.
1799년	험프리 데이비(1778년~1829년), 열은 물질이 아니라고 주장했다.
1802년	조지프 루이 게이 뤼삭(1778년~1850년), 모든 기체 및 증기는 그 밀도나 양에 관계없이 열과 동일한 정도로 팽창한다.
1804년	리처드 트레비식(1771년~1833년), 최초의 증기 기관차 'Catch Me Who Can(누가 나를 잡을 수 있나 호)'를 제작했다.
1824년	**니콜라 레오나르 사디 카르노**(1796년~1832년), 열역학에서 카르노 사이클 개념을 확립했다.

1840년	**제임스 프레스콧 줄**(1818년~1889년), 줄의 법칙 (전류의 열작용)을 발견했다.
1842년	율리우스 로베르트 폰 마이어(1814년~1878년), 작업량은 열량에 상응한다는 것을 발견했다. 에너지 보존 법칙을 제창했다.
1843년	**줄** 열의 일 해당량을 확정했다.
1847년	헤르만 폰 헬름홀츠(1821년~1894년), 〈힘의 보존에 관하여〉란 논문에서 에너지 보존의 법칙(열역학 제1 법칙)을 제창했다. '아무것도 없는 상태에서 동력을 만들어 낼 수는 없다'
1848년	**윌리엄 톰슨 켈빈 경**(1824년~1907년), 절대 온도(켈빈 온도)의 개념을 확립했다.
1849년	나카무라 젠에몽(1806년~1880년), 양잠용 온도계를 제조하고 판매했다.
1850년	루돌프 클라우지우스, 열역학 제2 법칙을 제창했으며 엔트로피 개념을 도입했다.
1852년	**켈빈 경** '역학적 에너지의 산일'

역사에 한 획을 그은 과학자의 명언 ❷

모든 진리는 일단 발견하기만 하면 이해하기 쉽다.
중요한 것은 그것을 발견하는 것이다.

- 갈릴레오 갈릴레이

가고 싶은 곳을 마음 내키는 대로 가고
평생 자신을 자유롭게 하는 것이 행복이다.

- 히라가 겐나이
(1728년~1780년 / 일본에서 온도계를 제작했다.)

자연에는 비약이란 없다.

-칼 린네
(1707년~1778년 / 스웨덴의 생물학자.
셀시우스 눈금의 0과 100을 현재 사용되고 있는 형태로 바꾸었다.)

6장

빛 I
(파동의 탐구)

뉴턴 *Isaac Newton* | 1642년~1727년

"빛에 관한 중요한 발견을 후대에 남겼다."

호이겐스 *Christiaan Huygens* | 1629년~1695년

"빛의 파동설의 막을 열었다."

영 *Thomas Young* | 1773년~1829년

"빛의 파동설을 확립했다."

빛이나 소리는 물결처럼 움직이는 파동 현상이다.

빛의 다양한 현상은 고대 그리스 시대부터 주목받았는데, 이때 빛의 직진성과 반사 법칙이 발견되었습니다. 기원전 300년경 유클리드의 저술에 따르면, 그 당시에 이미 빛의 반사를 이용해서 오목 거울을 태양으로 향하면 발화한다는 사실을 알고 있었다고 합니다. 그리고 올림픽 성화 채화에 사용되는 것으로도 잘 알려져 있습니다. 유클리드(기원전 330년경~기원전 260년경/ 고대 그리스 수학자이자 천문학자)는 빛이 모이는 오목한 면의 초점에 관해 설명했습니다. 이 원리는 오늘날 파라볼라 안테나에 이용되고 있으며, 초점에 수신기를 배치해서 전파를 효율적으로 포착합니다. 또한 그리스 프톨레마이오스(2세기)는 빛이 물에 들어가 굴절할 때의 법칙도 발견했습니다.

8세기경에는 그리스와 인도의 철학과 과학을 흡수한 아라비아가 지식의 선구자였습니다. 아라비아의 알하젠(965년경~1038년경/ 이슬람권의 수학자이자 천문학자, 물리학자, 의학자)은 매우 직접적인 이름인 《광학서》라는 책을 남겼습니다. 그는 광학의 제반 원리를 발견한 것뿐만 아니라, 렌즈나 거울을 사용한 굴절과 반사 실험 방법을 고안했습니다. 오늘날 이과 실험에서 사용되는 광학용 수조와 거의 비슷한 것을 발명했으며, 프톨레마이오스 빛의 굴절 법칙의 오류를 지적했습니다. 알하젠은 다양한 곡면의 거울이 반사하는 빛을 연구했으며, 더 나아가 태양이나 달이 지평선 가까운 위치에서 크게 보이는 이유가 착시임을 주장했고 그 이유도 명확하게 설명했습니다.

시대가 흘러, 만유인력으로 잘 알려진 **뉴턴**이 백색광은 일곱 색상의 빛이 모여서 만들어진 것임을 발견하는 등, 빛과 관련된 연구 분야에서도 큰 공적을 남기게 됩니다. 더 나아가 빛이란 대체 무엇인가라는 의문에 관해 그는 입자라고 생각했습니다. 그리고 **호이겐스**는 같은 질문에 관해 파동 현상이라고 생각했으며, **영**은 그 생각을 확고부동한 것으로 확립했습니다. 과연 입자인지 파동인지, 빛의 정체에 관한 의문은 20세기에 아인슈타인이 등장하면서부터 비로소 답을 알게 되었습니다.

성화를 채화하는 장면.

뉴턴
(Isaac Newton, 1642년~1727년) / 영국

역학을 체계화하고 만유인력의 법칙을 발견했으며, 미적분, 광학 등의 공적으로 잘 알려져 있으나 실제로는 물리학 저서보다 신학 저서를 더 많이 남겼다고 합니다. 또한 연금술에 관련된 기록도 많이 남겼습니다. 과학계의 대표로서 정치에도 연관이 있었으며, 조폐 국장으로 취임한 뒤에는 위폐를 찾아내는 데 힘을 쏟았고 지폐를 고안해 내는 등 평생 동안 다양한 방면에 업적을 남겼습니다.

"빛에 관한 중요한 발견을 후대에 남겼다."

백색광은
일곱 가지 색이
모여서
만들어지는 것

뉴턴은 사과 이야기로 유명한 '만유인력의 법칙'으로 잘 알려져 있지만, 그는 빛에 관해서도 깊이 사색했습니다. 그 내용은 1704년에 출판된 《광학》이라는 책에 집대성되어 있습니다. 그는 그 이전에도 빛에 관한 연구 성과를 계속 발표했지만, 대립 관계였던 로버트 훅이 사망한 뒤에 《광학》을 출판했습니다. 이 책의 서문에서 그는 "내 목적은 가설이 아니라 추론과 실험을 기반으로 빛의 성질을 설명하고 실증하는 것이다."라고 말했습니다.

빛에 관한 뉴턴의 연구 중 가장 큰 성과는 태양과 같은 광원체의 백색광이 일곱 가지 색상의 빛이 모여서 만들어진 것임을 실험적으로 증명한 것입니다. 뉴턴은 어두운 방에서 작은 구멍으로 들어오는 빛을 프리즘이라는 삼각형의 유리에 통과시켜 벽에 투영한 후, 이것이 몇 가지 색상으로 분산되어 퍼지는지 관찰했습니다.

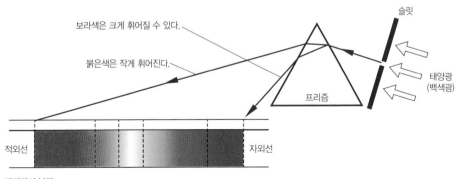

보라색은 크게 휘어질 수 있다.
붉은색은 작게 휘어진다.
슬릿
태양광
(백색광)
프리즘
적외선
자외선

백색광의 분광.

빛의 정체는
입자일까?
아니면 파동일까?

뉴턴은 빛의 정체를 입자라고 생각했습니다. 빛이 반사되거나 굴절되는 현상은 빛이 입자이기 때문에 마치 탄환이 날아가는 것처럼 움직이며, 그러한 움직임을 통해 빛이 입자라고 생각했습니다. 이것을 '빛의 입자설'이라고 합니다.

그러나 훅을 필두로 한 다른 과학자는 빛이 물결과 같은 현상이라고 생각했습니다. 이것을 '**빛의 파동설**'이라고 합니다.

뉴턴도 파동설이 타당할 수 있다는 고민을 한 적이 있는 것 같습니다. 평평한 유리 위에 얇은 볼록 렌즈를 올려 두고 위에서 빛을 쏘면 원의 형태를 볼 수 있는 실험에서, 뉴턴은 이 현상을 상세히 실험한 후 입자설 만으로는 완벽하게 설명할 수 없다는 점을 인정했습니다. (뉴턴 링, 아래 그림)

무엇보다 뉴턴이 파동설을 받아들이지 않았던 가장 큰 이유는 파동설로는 **빛의 직진성**을 명확하게 설명할 수 없었기 때문입니다. 또한 그의 라이벌인 훅이 파동설을 지지하는 것에 관한 반발심도 있었기 때문에 입자설을 철회할 수 없었습니다.

뉴턴이 파동설을 인정할 수밖에 없게 만든 현상에 뉴턴 링이라는 이름을 붙인 것은 아이러니한 일이기도 합니다.

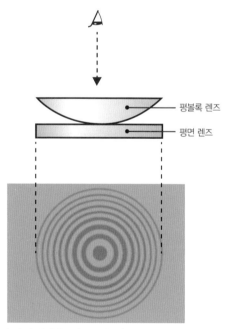

뉴턴 링. 위에서 보면 볼록 렌즈의 아랫면과 평면 렌즈의 윗면에서 반사된 2개의 빛이 간섭하여 강해진 곳은 밝아지고 약해진 곳은 어두워집니다.

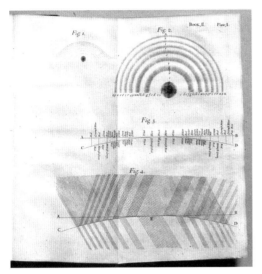

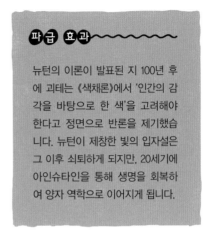

파급 효과

뉴턴의 이론이 발표된 지 100년 후에 괴테는 《색채론》에서 '인간의 감각을 바탕으로 한 색'을 고려해야 한다고 정면으로 반론을 제기했습니다. 뉴턴이 제창한 빛의 입자설은 그 이후 쇠퇴하게 되지만, 20세기에 아인슈타인을 통해 생명을 회복하여 양자 역학으로 이어지게 됩니다.

뉴턴의 저서 《광학》에 있는 뉴턴 링에 관한 그림.

뒷이야기 ✕

뉴턴에게 헌정된 시

뉴턴의 활약은 시인들의 마음도 사로잡은 것 같습니다.
당시에 뉴턴에게 헌정된 시에는 7가지 색상의 빛이 등장합니다.

가장 먼저 불타오르는 듯한 붉은색이 생생하게 춤추듯 등장한다. 그다음은 주황색이다.
그리고 아름다운 노란색이 보이며, 그 옆에는 선명한 녹색의 부드러운 빛이 존재한다.
그리고 가을 하늘로 퍼져 나가는 맑은 파란색이 경쾌하게 춤춘다.
그다음으로 외로운 듯한 짙은 남색이 나타난다.
무겁게 드리워진 땅거미가 서리와 함께 찾아드는 것처럼.
마침내, 굴절광의 최후의 반짝임이 은은한 보라색 속으로 사라져 간다.

(1727년, 제임스 톰슨 작)

호이겐스
(Christiaan Huygens, 1629년~1695년) / 네덜란드

수학자, 물리학자이자 천문학자. 천문학 분야에서 커다란 업적을 남겼습니다. 직접 제작한 망원경으로 토성의 위성인 타이탄을 발견했고, 토성의 고리 형상을 확인했으며 최초로 오리온 대성운의 스케치를 남겼습니다. 진자시계와 헤어스프링 밸런스 시계를 제작하고, 등시 곡선 문제를 해결했으며 세계 최초로 화약을 사용한 왕복형 엔진을 발명하는 등 다방면에 걸쳐 연구했습니다.

"빛의 파동설의 막을 열었다."

**빛은 탄환과
같은 입자가 아니다.**

호이겐스는 뉴턴의 입자설을 정면으로 반박한 빛의 이론을 1678년에 발표했으며, 이를 《빛에 관한 논술》이라는 책으로 정리하여 1690년에 출판했습니다. 호이겐스는 서로 다른 장소에서 출발한 빛이 정반대 방향에서 출발해 서로 부딪히더라도 방해하는 일 없이 그대로 직진하는 현상을 통해 빛은 뉴턴이 말한 탄환과 같은 입자가 아님을 주장했습니다. 빛의 성질은 소리나 수면 위 물결의 성질과 비슷하기 때문에 빛은 매체의 내부로 퍼져 나가는 진동이라고 말하는 빛의 파동설을 주장했습니다.

호이겐스의 원리

호이겐스는 실험이 아닌 이론적인 고찰을 통해서 이 원리를 확립했습니다. 따라서 실험으로 도출해 낸 '법칙'이 아니라 '원리'인 것입니다.

호이겐스는 광원에서 나온 빛이 그것을 전달하는 물체 안에서 둥글게 퍼지며, 여기에서 생성된 구체 윗부분의 점이 새로운 광원이 되어 차례차례 퍼져 나간다고 생각했습니다. 우리가 일상에서 볼 수 있는 빛의 현상인 반사나 굴절을 호이겐스의 원리로 설명할 수 있으며, 오늘날에도 '호이겐스의 원리'를 배우고 있습니다.

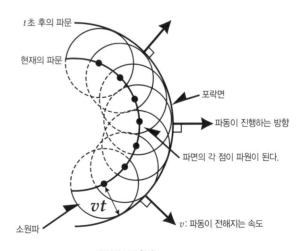

t초 후의 파문

현재의 파문

포락면

파동이 진행하는 방향

파면의 각 점이 파원이 된다.

vt

소원파

v: 파동이 전해지는 속도

호이겐스의 원리.

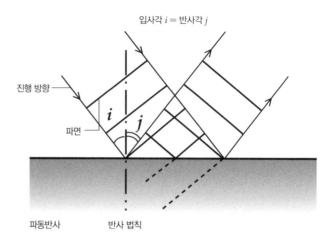

입사각 i = 반사각 j

진행 방향

파면

파동반사   반사 법칙

$$\frac{sin\ i}{sin\ r} = n_{12} = \frac{v_1}{v_2} = \frac{\lambda_1}{\lambda_2}$$

n_{12} : 매질 1에 관한 매질 2의 굴절률

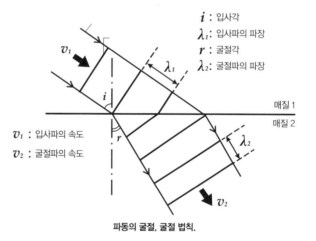

i : 입사각
λ_1: 입사파의 파장
r : 굴절각
λ_2: 굴절파의 파장

매질 1
매질 2

v_1 : 입사파의 속도
v_2 : 굴절파의 속도

파동의 굴절, 굴절 법칙.

**빛은 입자일까?
파동일까?**

　　　뉴턴 자신이 입사설과 파동설 사이에서 혼란스러워 한 것과는 모순
되게도, 뉴턴은 '신이 보낸 자'라고 불렸을 만큼 카리스마적인 존재였기
때문에 입자설이 압도적으로 지지를 받게 되었고, 파동설은 거의 100

호이겐스가 직접 제작한 망원경으로 관측한 토성의 스케치. 2005년 1월 14일에 발견자를 기리기 위해 호이겐스라고 명명한 탐사기가 토성의 위성 타이탄 착륙에 성공해 사진과 관측 데이터를 송신했습니다. (왼쪽)

호이겐스의 진자시계. (오른쪽)

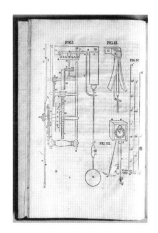

년 가까이 빛을 보지 못했습니다. 뉴턴 자신도 이렇게 되기를 바라지 않았을 수 있습니다. 다만 호이겐스는 편광이나 회절과 같은 현상이 존재한다는 것은 잘 알고 있었지만 이러한 현상을 충분히 설명하지는 못했습니다. 파동에 관한 호이겐스의 견해는 연속적인 파장이 아니라 단독적인 것에 그쳤기 때문에 진정한 의미의 파동설은 아니었습니다. 진동수, 파장, 주기와 같은 개념이 전혀 없었기 때문입니다.

파급 효과

호이겐스의 파동설은 오랜 기간 계속 명맥을 이어가, 100여 년이 지난 후 영의 간섭 실험을 통해 드디어 빛을 보게 되었습니다.
호이겐스는 그의 저서 《빛에 관한 논술》에서 다음과 같이 말합니다. "이 책을 시작으로 해서 이 수수께끼를 나보다 더욱 깊게 파고들어 줄 사람이 나타나기를 기대합니다. 이 연구 과제는 아직 충분히 탐구되지 않았기 때문입니다." 호이겐스의 사상은 약간의 시간이 걸리기는 했지만 착실하게 다음 세대의 과학자에게 계승되었습니다.

뒷 이 야 기 ✕ ✕ ✕ ✕ ✕

데카르트는 호이겐스의 성공을 예견했다.

데카르트(p.20)는 호이겐스의 최초 수학 정리를 자세하게 검토한 뒤, 향후에 큰 성공을 거둘 것이라고 예견했습니다. 또한 호이겐스는 프랑스 루이 14세의 설득으로 1666년부터 1681년까지 파리에 머물렀습니다. 뉴턴이나 라이프니츠와 같은 동시대의 위인들과 마찬가지로 호이겐스도 결혼을 하지 않았습니다.

✕ ✕ ✕ ✕ ✕ ✕ ✕ ✕ ✕

영

(Thomas Young, 1773년~1829년) / 영국

물리학자이지만 처음에는 런던에서 의학을 공부하고 병원을 개업했습니다. 그 후 왕립 연구소의 자연학 교수가 되어 난시와 색채에 관한 지각 등 시각과 관련된 연구를 시작했고, 광학 연구도 시작했습니다. 또한 탄성체 역학의 기본 정수인 영의 계수에 이름을 남겼습니다. 그 외에도 에너지(energy)라는 용어를 처음으로 사용하고, 그 개념을 도입했습니다.

"빛의 파동설을 확립했다."

영의 간섭 실험

파동설은 19세기가 되고 나서야 토머스 영에 의해 겨우 숨을 돌리게 되었습니다. 영은 하나의 광원에서 나온 빛이 2개의 틈을 빠져나가면 그 너머의 스크린에 줄무늬를 만드는 현상을 발견했습니다. 이것은 수면에서 생성된 2개의 파동이 겹쳐졌을 때 만들어지는 물결과 아주 흡사합니다. 틈을 빠져나간 빛이 퍼지면서 스크린에 도달하는 거리의 차이에 따라 빛의 파동의 마루와 마루가, 그리고 골과 골이 겹쳐진 곳은 파동이 커져 강한 빛이 되기 때문에 밝아집니다. 빛의 파동의 마루와 골이 겹쳐진 곳은 파동의 움직임이 상쇄되어 어두워집니다. 이처럼 틈새를 빠져나온 파동이 퍼지는 현상을 회절, 파동이 강해지거나

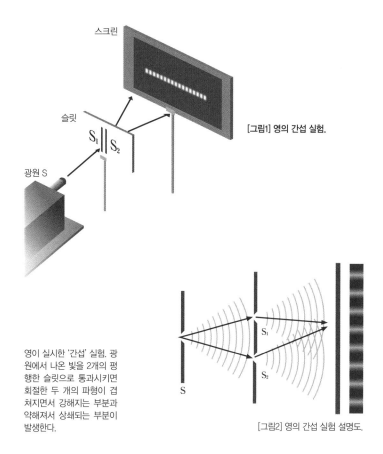

[그림1] 영의 간섭 실험.

영이 실시한 '간섭' 실험. 광원에서 나온 빛을 2개의 평행한 슬릿으로 통과시키면 회절한 두 개의 파형이 겹쳐지면서 강해지는 부분과 약해져서 상쇄되는 부분이 발생한다.

[그림2] 영의 간섭 실험 설명도.

약해지는 현상을 **간섭**이라고 합니다. 스크린 상에 생긴 줄무늬는 빛의 파동설로는 충분히 설명할 수 있지만, 입자설로는 설명할 수 없다는 것이 명확해졌습니다.

영의 실험은 광원 하나의 빛을 2개로 나누었다는 점에서 뛰어납니다. 간섭을 일으키기 위해서는 2개의 빛의 **위상**이 합쳐져야만 합니다. 위상이란 파동이 마루나 골이 되는 시점을 이야기합니다. 2개의 광원을 사용하면 위상이 다른 경우가 많아 간섭이 제대로 발생하기 어렵습니다. 1개 광원의 빛을 사용하면 이를 2개로 나누더라도 위상이 같기 때문에 간섭이 뚜렷하게 발생합니다.

파동설이 승리하다.

뉴턴 스스로 파동설이 일리가 있음을 이미 언급했음에도 불구하고 영이 이 성과를 1801년~1803년에 발표했을 당시, 뉴턴의 추종자들은 맹렬히 반대했습니다. 그러나 1818년 프랑스의 프레넬이 수학적으로 도출한 파동설을 발표한 이후, 파동설이 점진적으로 받아들여지기 시작했으며 19세기 중반에는 파동설의 승리가 거의 확정되었습니다.

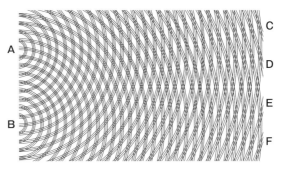

영의 그림을 재현했다. 한쪽 눈만 뜨고 그림의 오른쪽 끝에서 대각선으로 보면 간섭 형태를 뚜렷하게 확인할 수 있다.

틈새의 차이에 의해 회절 정도가 변화합니다.

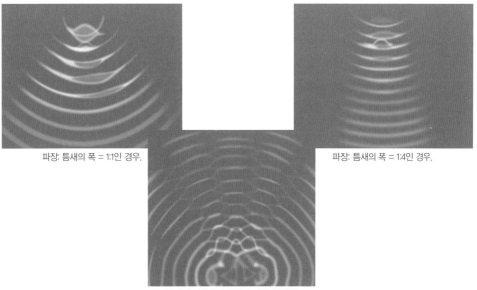

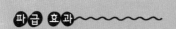
파장: 틈새의 폭 = 1:1인 경우.

파장: 틈새의 폭 = 1:4인 경우.

두 개의 파원에서 발생한 파동의 '간섭'.

파급 효과 〜〜〜〜〜

맥스웰은 전기와 자기의 관계에서 전자파(전파라고도 함)가 발생하는 이론을 수식으로 표현했으며 그 식을 통해 전자파가 퍼져 나가는 속도를 도출했습니다. 이것이 빛의 속도와 일치하기 때문에 빛이 전자파와 비슷한 부류라는 것이 명확해졌으며, 빛의 파동설이 반석과 같이 확고하게 자리 잡게 되었습니다. 그러나 빛에 관한 탐구는 20세기에 들어서 아인슈타인(p.236)의 등장으로 놀랄만한 국면을 맞게 됩니다.

뒷이야기 ✕ ✕ ✕ ✕ ✕ ✕ ✕

영은 언어에도 뛰어난 재능을 지녔다.

영은 13세의 나이에 라틴어, 그리스어, 프랑스어, 이탈리아어를 읽을 수 있었습니다. 그리고 14세 때는 독학으로 히브리어, 칼데아어, 시리아어, 아라비아어, 페르시아어, 터키어, 에티오피아어 등 여러 중동 지방의 고대어와 근대어도 공부하기 시작했습니다.

이 일은 뒤에 그가 로제타 스톤의 이집트 상형문자를 해석하고 이집트 연구에 뛰어난 업적을 남길 수 있도록 도움이 되었습니다.

✕ ✕ ✕ ✕ ✕ ✕ ✕ ✕ ✕ ✕ ✕

우리 주변의 사례를 바탕으로 불가사의한 빛의 현상에 관해 생각해 봅시다!

빛이나 소리는 바다나 연못의 물결과 비슷한 움직임을 보이기 때문에 파동 현상이라고 불립니다. 파동 현상을 짧게 '파'라고도 합니다. 파동은 어느 한 점의 진동이 그 주변으로 전달되는 현상입니다. 파동의 마루에서 마루까지의 거리를 **파장**이라고 합니다. 파동이 한 번 진동하는데 걸리는 시간을 **주기**라고 하며, 1초 동안 진동하는 횟수를 **진동수**라고 하고, 진동의 크기를 **진폭**이라고 합니다.

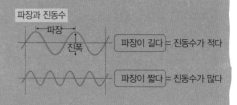

파형과 기본 용어

처음으로 진동한 한 점을 **파원**이라고 합니다. 빛의 경우에는 광원이라고 하고 소리라면 음원이라고 합니다. 진동을 전달하는 것은 **매질**이라고 합니다. 물의 파동의 매질은 당연히 물이며, 소리의 매질은 주로 기체인 공기이지만 고체나 액체 안에서도 전달됩니다. 그럼 빛의 매질은 과연 무엇일까요. 이것은 물리 분야에서 매우 큰 문제였습니다. 그리고 이 문제를 해결하기 위한 여정에서 물리 분야는 새로운 국면을 맞게 되었습니다. 그렇지만 이 내용은 13장의 '빛 제2부(파동과 입자의 이중성)'에서 살펴보기로 하고, 우리 주변 일상생활 속의 즐거운 빛의 세계를 탐험해 보겠습니다.

볼 수 있다는 것은……

빛이 광원에서 나와 눈에 도착하면 '볼 수 있는' 상태가 됩니다. 그렇지만 자체적으로 빛을 내고 있지 않은 물체도 볼 수 있습니다. 먼 옛날 많은 사

람들은 그 원리에 관해 현대인이 생각하기에는 다소 우스꽝스러운 사고를 하기도 [그림1] 했습니다. '보이는' 것에 관해서 처음으로 과학적인 설명을 한 것은 알하젠 [그림2]이었습니다.

눈에서 무엇인가가 나와 물체에 접촉한 뒤 돌아와 눈으로 들어가서 볼 수 있다는 이론.

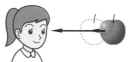

물체에서 껍질과 같은 것이 벗겨져서 눈으로 들어와 볼 수 있다는 이론.

[그림1] 고대 사람들의 견해.

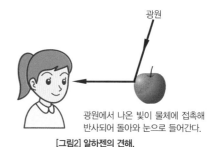

광원에서 나온 빛이 물체에 접촉해 반사되어 돌아와 눈으로 들어간다.

[그림2] 알하젠의 견해.

빛의 반사와 굴절

빛은 **반사**되거나 **굴절**하면서 우리를 즐겁게 해 줍니다. 거울이나 잘 연마된 금속면, 수면 등에서 반사를 관찰할 수 있습니다. 굴절은 빛이 물이나 유리처럼 투명한 물질에 들어가거나 나올 때에 확인할 수 있습니다.

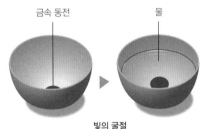

금속 동전   물

빛의 굴절
물을 넣으면 바닥의 금속 동전을 볼 수 있습니다.

푸른 하늘과 석양이 질 때의 붉은 하늘

태양광에서 푸른 빛은 파장이 짧기 때문에 대기 중의 공기 분자나 티끌, 먼지와 만나게 되면 경로를 쉽게 바꿉니다.

따라서 하늘 전체에 퍼져 있는 푸른 빛이 눈에 들어와 하늘이 파랗게 보이게 됩니다. 저녁이 되면 태양의 고도가 낮아지기 때문에 빛이 눈에 도달하려면 두터운 대기층을 통과해야만 합니다.

대기층을 통과하는 동안 파장이 짧은 색상의 빛은 산란하고, 파장이 긴 붉은 빛은 공기의 분자나 티끌, 먼지 사이를 빠져나와 눈에 도달합니다. 그러므로 노을이 질 때는 하늘이 붉게 보이는 것입니다.

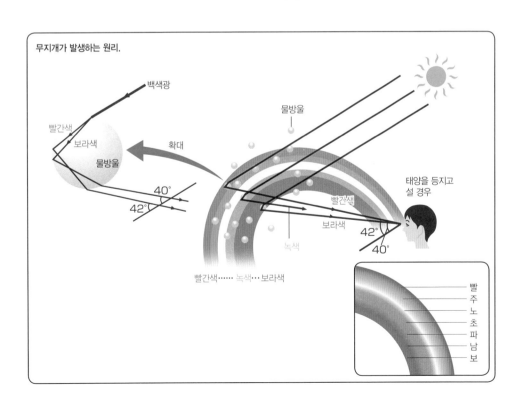

무지개가 발생하는 원리.

백색광

빨간색
보라색
물방울

확대

40°
42°

물방울

빨간색
녹색
보라색

태양을 등지고 설 경우

42°
40°

빨간색⋯⋯ 녹색⋯보라색

빨
주
노
초
파
남
보

푸른 하늘과 석양이 질 때의 붉은 하늘

태양광에서 푸른 빛은 파장이 짧기 때문에 대기 중의 공기 분자나 티끌, 먼지와 만나게 되면 경로를 쉽게 바꿉니다.

따라서 하늘 전체에 퍼져 있는 푸른 빛이 눈에 들어와 하늘이 파랗게 보이게 됩니다. 저녁이 되면 태양의 고도가 낮아지기 때문에 빛이 눈에 도달하려면 두터운 대기층을 통과해야만 합니다. 대기층을 통과하는 동안 파장이 짧은 색상의 빛은 산란하고, 파장이 긴 붉은 빛은 공기의 분자나 티끌, 먼지 사이를 빠져나와 눈에 도달합니다. 그러므로 노을이 질 때는 하늘이 붉게 보이는 것입니다.

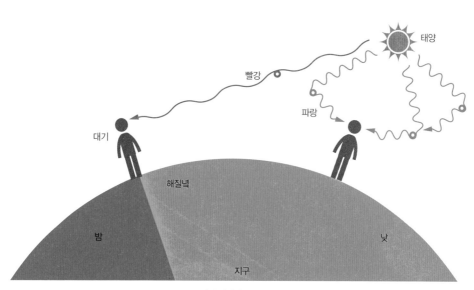

빛의 산란과 공기의 색상.

광섬유와 북극곰의 털

빛이 직진할 때는 공기와 물, 공기와 유리와 같은 경계면에서 반사와 굴절 현상이 일어납니다. 그러나 물이나 유리 안의 빛이 공기를 향해서 직진하더라도 모두 반사되어 버리는 경우가 있습니다. 이 현상은 빛의 굴절각이 90도를 초과한 경우에 발생하며 **전반사**라고 합니다. 광섬유는 이러한 현상을 이용해 만들어졌습니다.

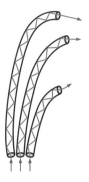

광섬유. 관을 통과한 빛이 아래에서 위를 향해 전반사를 계속 반복하여 파이프처럼 한데 묶여져 있는 빛이 됩니다.

① 입사각이 임계각보다 작은 경우에는 반사와 굴절이 발생합니다.

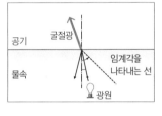

② 입사각이 임계각과 같아지면 굴절각은 90도가 됩니다.

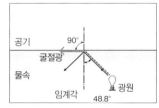

③ 입사각이 임계각을 초과하면 전반사가 일어납니다.

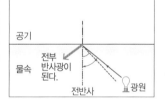

한편, 북극곰의 신체에도 빛의 전반사를 잘 이용한 특징이 있습니다. 북극곰의 털은 빨대처럼 속이 텅 비어 있습니다. 북극의 약한 태양빛을 피부에 제대로 닿게 하기 위해서 털 안에서 전반사를 반복하기 위함입니다. 북극곰은 태양의 온기를 흡수하기 위해 검은색의 피부를 가지고 있습니다. 그러나 동물원에서는 종종 피부가 녹색인 북극곰을 보게 되는 경우도 있는데, 그 이유는 털의 텅 빈 부분에 수초가 번식했기 때문입니다.

검은색 피부

빨대 형상의 구멍

북극곰의 털

7장

소리

푸리에 *Jean Baptiste Joseph Fourier* | 1768년~1830년

"파동에 관해 설명하는 '푸리에 급수 전개'를 고안했다."

도플러 *Christian Johann Doppler* | 1803년~1853년

"소리가 들리는 방식의 변화를 과학적으로 설명했다."

마흐 *Ernst Mach* | 1838년~1916년

"음속을 초월하면 발생하는 '충격파'를 실험으로 증명했다."

소리에 관한 연구는 멈추지 않았다.

물리라는 학문은 물체의 운동처럼 객관적으로 관찰할 수 있는 것을 대상으로 합니다. 그러나 소리는 우리 귀에 도달해 '소리'라고 인식되어야만 비로소 '소리'라고 할 수 있는 것입니다. 다시 말해서, 들려야만 '소리'라고 할 수 있는 것입니다. 따라서 우리가 들을 수 있는 영역에 있는 소리가 전부이고, 우리가 들을 수 없는 소리는 단순한 진동에 지나지 않습니다. 음원의 경우, 예를 들면 커다란 북의 가죽이 진동하면 주변 공기를 눌러 압축하거나 퍼뜨려서 진동이 전달됩니다. 이러한 공기의 진동이 귀의 고막까지 전달되어 고막을 진동시키면 '들렸다'라고 할 수 있는 것입니다.

공기 중을 이동하는 소리의 속도(음속)를 처음으로 측정한 것은 프랑스의 수학자 마랭 메르센입니다. 1640년경 메르센은 어떠한 거리에서 발생한 반향이 음원까지 되돌아오는 시간을 측정하여 공기 중의 음속이 초속 316m라고 했습니다. 이것이 최초로 공기 중의 음속을 측정한 사례입니다.

1660년경에는 이탈리아의 보렐리와 비비아니가 대포 소리가 관측자에게 도달하기까지 걸린 시간에 근거하여 보다 정확한 음속 측정법을 고안했습니다. 더 나아가 1708년에는 영국의 윌리엄 더럼이 바람의 효과까지 계산에 포함하여 이 방법을 더 정교하게 발전시켰습니다. 그는 측정을 반복한 후, 그 결과의 평균을 가지고 기온 20도에서 매초 343m라는 오늘날의 이론값 (매초 343.5m)에 가까운 측정값을 구했습니다.

소리의 이론적인 연구 성과는 다른 분야에도 크게 도움이 되었습니다. 푸리에는 어떤 복잡한 소리의 진동이든 간에, 단순한 진동의 조합으로 구성된 것이라고 생각했으며 이는 푸리에 해석이라는 수학의 중요한 기법이 되었습니다. 도플러는 음원이 이동하면 소리의 높이가 바뀌는 현상에 관해 분석했습니다. 이 현상은 여러 레이더에 응용되었습니다. 마흐는 음속보다도 빨리 이동할 때 발생하는 충격파에 관한 이론을 도출했습니다. 이 이론을 바탕으로 하여 초음속 비행기도 개발될 수 있었습니다.

음파
공기의 파동이 전달한다.

푸리에

(Jean Baptiste Joseph Fourier, 1768년~1830년) / 프랑스

프랑스 태생으로 재봉소를 운영하는 집 아홉 번째 아들로 태어나 10살에 아버지를 여의었으며, 수도회에서 고등 교육을 받았습니다. 프랑스 혁명 이후 파리의 고등 사범학교에서 공부했고 에콜 폴리테크니크의 교수가 되었습니다. 이집트의 고고학 조사에 참가한 후, 나폴레옹은 그를 도지사에 임명했습니다. 푸리에는 직무를 수행하면서도 시간을 내어 수학과 물리를 계속 연구했습니다.

"파동에 관해 설명하는 '푸리에 급수 전개'를 고안했다."

**많은 사람에게
잘 알려져 있는
'푸리에 급수 전개'란
무엇일까?**

　푸리에는 열전도 연구에서《열의 해석적 이론》이라는 책을 발표했습니다. 푸리에는 이 책에서 열전도 방정식을 풀 때 그래프로 나타내면 복잡하게 보이는 함수라 할지라도 몇 개의 주기 함수(일정한 주기로 반복되는 함수)를 가지고 분해할 수 있으며, 반대로 주기 함수를 중첩시키면 어떤 복잡한 함수라도 표현할 수 있다고 말했습니다. 이것을 '푸리에 급수 전개'라고 합니다.

　'푸리에 급수 전개'를 파동 현상인 소리에 적용하여 생각해 보면 바이올린이나 사람의 목소리처럼 복잡한 소리에도 비교적 간단하게 규칙적인 파동으로 분해할 수 있음을 알 수 있습니다. 또한 파동 현상에서는 2개의 파동이 만나서 중첩되었을 때, 만난 곳의 파동 크기는 각 파동의 크기를 합산한 것이라는 '파동의 중첩 원리'가 있습니다. 혹은 파동은 중첩될 수는 있지만 서로 다른 파동의 진행을 방해하거나 영향을 미칠 수는 없다는 '파동의 독립성'이라는 성질도 존재합니다.

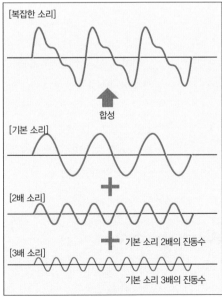

파동의 중첩.

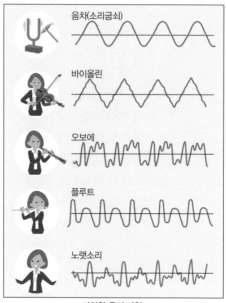

음차(소리굽쇠)

바이올린

오보에

플루트

노랫소리

다양한 음의 파형.

**푸리에 급수 전개로
소리의 합성이
가능해졌다.**

　이러한 점을 통해 '푸리에 급수 전개'는 특히 소리와 관련된 분야에서 전자 악기라는 획기적인 악기의 개발에 공헌하였습니다.
　전자 악기를 만들기 위해서는 먼저 일반 악기와 동물의 울음소리를 샘플링하고, 그 파형을 '푸리에 급수 전개'합니다. 그다음으로는 반대로 전개한 파형을 합성하여 원래의 음을 재현할 수 있게 합니다. 이것이 전자 악기입니다.

파급효과

　푸리에 급수 전개나 이것을 발전시킨 푸리에 변환은 전자기학의 맥스웰 방정식(p.184)이나 양자 역학의 슈뢰딩거의 파동 방정식(p.262) 등을 풀기 위한 가장 유효한 수단으로 활용되었습니다. 푸리에 급수 전개와 푸리에 변환을 합쳐 **푸리에 해석**이라고 합니다. 현대 과학의 발전에 푸리에 해석은 엄청난 기여를 했다고 할 수 있습니다.

'온실 효과'를 발표한 푸리에

태양광이 지구에 쏟는 에너지의 양이 얼마인지는 이미 1830년대에 밝혀졌지만, 이것을 온도로 환산하면 지구의 평균 기온은 대략 −18℃ 정도가 되기 때문에 실제 값보다는 훨씬 낮다는 것을 알게 되었습니다. 이 사실은 물리학자들에게 대단히 흥미 있는 문제였습니다.

이 의문점에 관해 생각하기 시작한 선구자가 바로 푸리에입니다. 그는 열전도식이나 푸리에 해석을 사용하여, 1824년에 지표면에서 우주로 빠져나가는 열에 관해 대기가 마치 온실 유리와 같은 역할을 하고 있지 않을까라는 주장을 펼친 '온실 효과'를 발표했습니다.

당시에는 '온실 효과를 일으키는 가스'에 관해서는 알지 못했습니다. 1860년경 틴들은 이산화탄소가 적외선을 흡수하는 것을 발견했으며, 그는 '틴들 현상'의 발견으로도 잘 알려져 있습니다. 또한 1896년에 아레니우스는 대기권의 적외선 관측을 바탕으로 해서 이산화탄소와 온실 효과의 관련성을 지적했는데 이로 인해 이른바 온난화 가스라고 하는 개념을 탄생시킨 아버지가 된 것입니다.

1980년 말에 기상 변동이 주목받게 되자 그들의 발견은 과학에 국한되지 않고 환경 문제를 연구하는데 크게 공헌하게 되었습니다.

온실 효과를 일으키는 가스 현상.

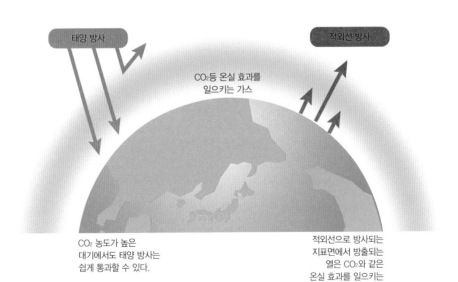

태양 방사

적외선 방사

CO_2등 온실 효과를 일으키는 가스

CO_2 농도가 높은 대기에서도 태양 방사는 쉽게 통과할 수 있다.

적외선으로 방사되는 지표면에서 방출되는 열은 CO_2와 같은 온실 효과를 일으키는 가스에 흡수되기 쉽다.

도플러
(Christian Johann Doppler, 1803년~1853년) / 오스트레일리아

잘츠부르크 출신. 왕립 공학 연구소(지금의 빈 공과대학)에서 물리학과 수학을 배
웠고, 프라하 공과대학(지금의 체코 공과대학)에서 교수가 되었습니다. 1842년에
별이 지구에 접근하거나 멀어지는 것에 따라 색상이 변한다는 것을 발표했습
니다. 이 현상은 '도플러 효과'라고 불리며, 이듬해인 1843년에 음파로 검증
되었습니다. 유전 법칙으로 잘 알려져 있는 멘델의 스승이기도 합니다.

"소리가 들리는 방식의 변화를 과학적으로 설명했다."

구급차의
사이렌 소리가
달라진다?

사이렌 소리를 내고 있는 구급차와 스쳐 지나갈 때면 사이렌 소리가 엇박자처럼 들린다고 느낄 때가 있습니다. 이것은 기분 탓이 아니라 실제로 우리 귀에 들리는 사이렌 소리의 높이가 달라진 것입니다.

구급차처럼 음원이 이동하며 관측자에게 다가가는 경우, 관측자에게 도달하는 음파는 파장이 짧아지게 되고 진동수가 증가합니다. 그렇기 때문에 관측자에게는 원래의 음보다 더 높은 음이 도달합니다.

반대로, 음원이 관측자에게서 멀어지는 경우에는 파장이 길어지고 진동수가 줄어들기 때문에 관측자에게는 낮은 소리가 들립니다. 이것을 **도플러 효과**라고 합니다.

파원이 움직임에 따라 진동수가 변화한다고 하는 도플러 효과는 빛이나 소리에서 발견할 수 있습니다. 도플러가 처음에 관측했던 별의 경우, **진동수**가 달라져 빛의 색상이 변한 것입니다. 다만 소리가 들리는 방식이 변화하는 것은 도플러 효과에 의한 음의 높낮이뿐만 아니라 실제로는 소리의 크기와도 관련이 있습니다. 음원이 가까워지면 소리가 커지고, 멀어지면 작아지기 때문입니다. 음원은 움직이지 않고 관측자가 이동하는 경우와 음원과 관측자가 모두 이동하는 경우 모두 도플러 효과를 관측할 수 있습니다.

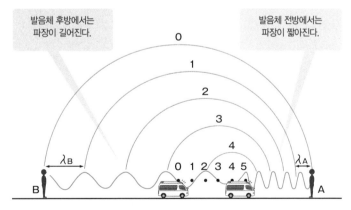

발음체 후방에서는
파장이 길어진다.

발음체 전방에서는
파장이 짧아진다.

0
1
2
3
4

λ_B

0 1 2 3 4 5

λ_A

B

A

관측자는 정지해 있고 음원이 이동하는 경우의 도플러 효과.

**멀리 있는 별이
더 붉게 보이는
'적색 편이'**

　도플러 효과는 빛에도 적용됩니다. 빛의 색상은 진동수로 결정되므로 빛의 움직임은 색상의 변화를 통해 확인할 수 있습니다. 지구에서 멀어지고 있는 별에서 방출되는 빛은 도플러 효과에 의해 진동수가 줄어들어 빨갛게 보입니다. 이것을 적색 편이라고 하며, 허블은 멀리 있는 별일수록 적색 편이가 크다는 현상을 발견해 이를 허블의 법칙이라고 이름 지었습니다. 이 발견은 우주의 시작 즉, 빅뱅 이론의 막을 열었습니다.

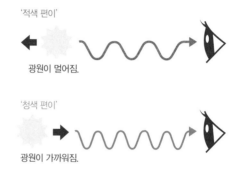

'적색 편이'

광원이 멀어짐.

'청색 편이'

광원이 가까워짐.

멀어지고 있는 은하계의 별들.

도플러 효과를 사용해서 개발된 것 중에 도플러 레이더가 있습니다. 관측 대상을 향해 전파를 보낸 후, 보낸 전파의 주파수(전파의 경우, 진동수를 주파수라고 말합니다.)와 반사되어 돌아온 전파의 주파수 차이를 가지고 도플러 효과 이론에 따라 관측 대상이 어느 정도의 속도로 가까워지고 있는지 혹은 멀어지고 있는지를 파악하는 원리입니다.

하늘을 향해 전파를 보내면 도플러 레이더에 의해 구름 내부에 있는 물의 이동 속도를 관측할 수 있습니다. 그러면 바람의 거동을 파악할 수 있고 비구름의 움직임을 알 수 있기 때문에 기상 관측에도 널리 사용되고 있습니다. 동일한 방법으로 토네이도에 관한 대책을 세울 수 있습니다.

그리고 프로 야구 선수의 구속을 측정하는 스피드 건에도 역시 도플러 레이더가 활용됩니다.

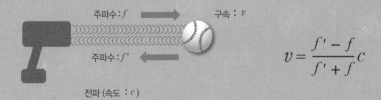

스피드 건을 사용할 때는 날아오는 공을 향해 전파를 쏩니다. 쏘아 보낸 전파의 주파수와 볼에 반사되어 돌아오는 전파의 주파수를 도플러 효과에 근거해 변화시킵니다. 바로 이 변화를 통해 구속을 산출할 수 있습니다.

악기 연주에서 확인할 수 있는 도플러 효과

도플러 효과는 깜짝 놀랄만한 방법으로 확인되었습니다. 악기 연주자가 열차에 탑승한 후 같은 높이의 음을 계속 연주하고, 음정을 정확하게 파악할 수 있는 음악가가 지상에서 음의 높이의 변화를 구분하는 실험입니다. 열차의 속도를 바꾸기도 하고, 열차가 가까워지는 경우와 멀어지는 경우를 비교해 본 결과 도플러 효과가 훌륭하게 증명되었습니다.

마흐

(Ernst Mach, 1838년~1916) / 오스트리아

지금의 체코 공화국이 있는 모라비아 지방에서 태어났습니다. 아버지가 교사였기 때문에 14세가 될 때까지 학교에 가지 않고 아버지에게 어학과 역사, 수학을 배웠습니다. 15세에 학교에 편입했고 1855년에 빈 대학에 입학했습니다. 성장한 뒤에 그라츠 대학과 프라하 대학에서 교수직을 역임했습니다.

**"음속을 초월하면 발생하는
'충격파'를 실험으로 증명했다."**

충격파 촬영에 성공하다.

마흐는 공기나 물과 같은 유체에 관한 연구를 하면서 공기 안을 이동하는 물체의 속도가 음속을 초월했을 때 **충격파**라는 파동이 발생한다는 것을 발견했고, 이것을 사진으로 남겼습니다.

도플러 효과에서도 언급한 적이 있는데(p.128) 점의 파원이 있고 파원이 정지해 있는 경우에는 [그림1]처럼 원을 만들며 퍼져 나가지만, 움직이게 되면 전방의 파장은 짧아지고 후방의 파장은 길어집니다. 만약 파원의 속도가 [그림3]처럼 파동의 속도보다 커지게 되면 파동의 마루와 그에 이어지는 골이 겹쳐져 서로 상쇄하게 됩니다. 그렇지만 파면의 공통 접선은 예외이며, 이 선상에서는 강해집니다. 그 결과 [그림4]와 선박의 항적에 관한 그림에서 볼 수 있는 것처럼 이동하는 파원에서 쐐기 모양으로 강해지는 선이 퍼져 나가게 됩니다. 이렇게 강해지는 선이 충격파의 정체입니다.

마흐는 충격파 파면의 각도(마하각)와 물체 속도나 음속으로 표현할 수 있는 관계를 발견했습니다. 음속을 초월한다는 것은 소리가 공기 중으로 전달되기 전에 소리를 내는 물체가 다가온다는 것을 의미하므로, 공기가 강하게 눌려 충격파를 생성합니다. 충격파는 강한 파괴력을 가지고 있으며 초음속 비행기가 만들어 내는 충격파가 지상으로 전달되어 주택의 유리창이 깨지는 것과 같은 현상이 발생할 수 있습니다.

[그림1] 파원이 정지해 있는 경우.

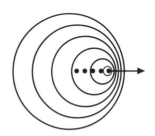

[그림2] 파원이 움직이는 경우.

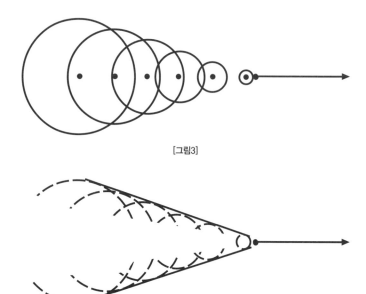

[그림3]

[그림4] 파동이 전달되는 속도보다 파원이 더 빨리 움직이는 경우.

배의 항적(선박이 지나간 자취).

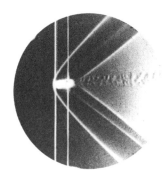

1887년, 마흐가 촬영한 충격파 사진.

음속의 단위 '마하'   마흐의 업적을 기리는 의미에서 음속을 '1'로 하는 속도의 단위에 그의 이름을 사용합니다. 공기 중을 이동하는 소리의 속도는 기온에 따라 바뀌지만, 거의 340[m/s]일 때 마하 1680[m/s]일 때 마하 2라고 합니다. 마하 1은 시속 1224km입니다.

제2차 세계 대전 중에 비행기의 비행 속도가 음속에 가까워짐에 따라 추락하는 사고가 연이어 발생했습니다. 따라서 이 문제를 해결하는 것은 2차 세계 대전 후 각국의 항공학에서 가장 중요한 목표 중 하나가 되었습니다. 각국의 연구를 통해 비행기가 내는 소리의 속도에 비행기 자체가 근접하게 되면 압축된 공기의 견고한 벽인 충격파가 발생하여 이에 부딪히는 것이 원인임을 알게 되

었습니다. 그래서 음속을 단숨에 뛰어넘을 수 있는 초음속기를 개발하기 시작했습니다. 최초로 음속의 벽을 허문 것은 미국의 척 예거 대위였습니다. 1947년 10월 14일에 예거 대위는 로켓 엔진을 탑재한 비행기로 음속을 초월한 비행에 성공했습니다.

뒷이야기

'마흐주의'라고 불리는 마흐의 자세

마흐는 사물을 관찰할 때 관찰한 '물체'가 반드시 그곳에 존재한다고는 말할 수 없으며 어디까지나 관찰한 사람의 감각으로 파악한 것에 지나지 않는다고 생각했습니다. 게다가 관찰을 할 수 없는 것은 실제로 존재한다고 할 수 없다고 하면서 원자나 분자의 존재를 인정하지 않았습니다. 볼츠만(1844년~1906년)은 열과 온도를 원자나 분자의 운동으로 설명했는데, 마흐는 이를 부정했으며 에너지로 생각하려고 했습니다. 마흐는 아인슈타인의 상대성 이론을 인정하려고 하지 않았습니다. 오늘날에는 원자론이나 상대성 이론이 불변의 진리로 알고 있지만 이를 받아들이지 않았던 마흐의 역할은 과학적인 사고방식에 있어서 큰 의미가 있습니다. '역학의 형이상학적 애매함에 반대한다.'라는 마흐의 사고는 '마흐주의'라고 불립니다. 뉴턴은 운동에서 절대적인 기준이 있다고 생각한데 반해, 마흐는 상대적인 것일 뿐이라고 생각했습니다. 이러한 깊은 사색을 통해 마흐는 말년에 빈 대학의 철학 교수가 되었습니다.

소리의 성질에 관해 우리 주변의 사례를 바탕으로 생각해 봅시다!

우리 일상은 다양한 소리로 가득 차 있습니다. 큰 소리, 작은 소리, 위험을 알리는 소리, 동물의 울음소리 등 매우 다양한 소리가 존재합니다. 이러한 소리를 과학적으로 설명하면 3가지 요소와 관련이 있습니다.

소리의 3가지 요소는 높이, 세기, 음색이다.

우리는 특정한 소리가 다른 소리와 다르게 들린다는 것을 인식할 때 어떻게 분류할까요? 분류 방법에는 '높이', '세기', '음색'이라는 3가지 요소가 관련됩니다.

공기의 진동이 전달된다.

음파

① 소리의 높이

소리의 높이는 음원이 1초 동안 몇 번 진동하는지에 따라 결정됩니다. 음원이 1초 동안에 진동하는 횟수를 진동수라고 합니다.

단위는 Hz(헤르츠)입니다. 연주를 할 때 기준이 되는 A(라)음은 440[Hz]입니다. 사람은 대략 20[Hz]에서 2만[Hz]정도까지 들을 수 있습니다. 사람이 들을 수 없는 큰 진동수를 가진 소리를 초음파라고 합니다.

초음파를 잘 활용하는 예로 날아다니는 박쥐를 들 수 있습니다. 박쥐는 초음파를 발산하고 그 초음파가 반사되는 것을 감지해 어두운 동굴 안을 날아다닐 수 있습니다.

② 소리의 세기

소리의 세기는 진동의 진폭 크기와 진동수로 결정됩니다. 진동의 폭이 크고 진동수가 많을수록 강하고 큰 소리가 됩니다. 소리의 세기는 소리가 가진 에너지의 크기라고도 할 수 있습니다.

③ 음색

소리를 기계로 분석하면 각각 고유의 파형을 가지고 있다는 것을 확인할 수 있습니다. 이 파형으로 음색이 결정됩니다. 파형에 의해 악기의 소리도, 동물의 울음소리도, 사람이 말하는 소리도 분간할 수 있는 것입니다.

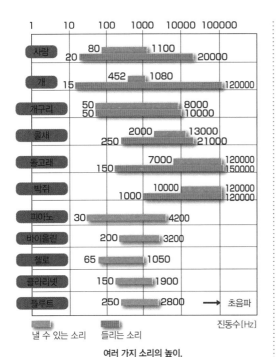

여러 가지 소리의 높이.

	1	10	100	1000	10000	100000
사람		20	80	1100		20000
개		15	452	1080		120000
개구리			50 / 50		8000 / 10000	
울새			250	2000	13000 / 21000	
돌고래			150	7000		120000 / 150000
박쥐				1000	10000	120000 / 120000
피아노		30		4200		
바이올린			200	3200		
첼로		65	1050			
클라리넷		150	1900			
플루트		250	2800 → 초음파			

진동수[Hz]

■ 낼 수 있는 소리 ■ 들리는 소리

[dB]*

- 140
- 130 — 비행기 엔진 소리
- 120
- 110 — 아주 시끄러운 경적 소리
- 100 — 고가 도로 가이드 아래
- 90 — 지하철 차량 내부
- 80 — 번화한 거리의 점심시간
- 70 — 전철 차량 내부
- 60 — 일상적인 대화(1m 거리)
- 50 — 사무실(평균)
- 40 — 조용한 공원 주택지
- 30 — 진자시계 소리(1m 거리)
- 20 — 낮게 속삭이는 소리(1m 거리)
- 10
- — 겨우 들릴 정도의 소리

*[dB] 데시벨이라고 하며, 소리의 세기를 나타내는 단위이다.

소리는 반사된다.

우리 입에서 나온 소리는 마치 호수 위의 물결처럼 공기의 파동으로 전해진다. 눈에 보이지 않는 이 공기의 파동을 '음파'라고 한다. 이 음파가 콘크리트로 지은 건물의 벽처럼 단단하고 평평한 곳에 부딪히면 어떤 일이 일어날까? 이때 음파가 지닌 에너지의 일부는 벽을 지나가거나 흡수가 되지만 대부분의 소리는 반사되어 돌아온다.

학교 강당에서 입학식을 하거나 학예회를 할 때 우리는 사실상 두 가지 소리를 듣는 것이다. 하나는 직접 들리는 소리이고, 다른 하나는 벽에서 반사되는 소리이다.

산 정상에서 '야호~'를 외칠 때 듣게 되는 산울림 현상, 곧 메아리는 소리의 반사를 잘 보여 주는 예이다. 강당이나 공연장에서 반사되는 소리를 없애려면 어떻게 해야 할까? 메아리는 벽의 재질과 소리가 나는 곳에서부터 벽까지의 거리에 영향을 받는다.

예를 들어 강당 뒤쪽에 커튼을 치면 메아리는 더 이상 들리지 않게 된다. 커튼이 대부분의 소리를 흡수하고 아주 조금만 반사하기 때문이다. 이처럼 반사되는 벽면의 재질을 바꾸면 메아리를 줄이거나 없앨 수 있다.

또 소리의 반사는 벽이 얼마나 멀리 떨어져 있는가에 따라서도 영향을 받는다. 소리를 낸 다음 0.1초 후에 반사된 소리가 도달할 때, 자신이 낸 소리와 반사된 소리를 구분하여 메아리를 들을 수 있다.

소리의 속력은 초속 340m이므로 0.1초 동

안 34m를 이동한다. 따라서 소리가 벽에서 반사되어 사람의 귀에 도달하는 시간이 0.1초가 되려면 반사되는 벽과 소리를 낸 사람 사이의 거리가 최소 17m 이상 되어야 한다.

소리는 굴절한다.

또한 소리의 파동은 진행 속도가 바뀌면 굴절해서 나아갑니다. 소리의 속도는 기온에 따라서도 변하기 때문에 낮에 지표면 온도가 따뜻하고 상공이 차가운 경우와, 밤에 지표면 온도가 차갑고 상공이 따뜻한 경우의 굴절 상태가 다르며, 소리 전달 상태도 다릅니다.

겨울의 추운 밤에는 소리가 멀리서 들려오는 듯한 느낌이 드는 것은 기분 탓이 아니라 소리의 굴절과 관련되어 있는 것입니다.

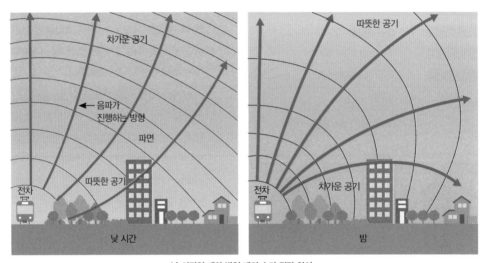

낮 시간일 때와 밤일 때의 소리 전달 차이.

쇠망치 소리에서 힌트를 얻어 음계를 발견한 피타고라스

그리스의 수학자로 잘 알려진 피타고라스(기원전 582년경~기원전 497년)는 대장간에서 철을 두드리는 소리를 듣고 음계를 발견했다고 합니다. 쇠망치에서 들리는 몇 종류의 서로 다른 음을 통해 무게의 비율이 2:1인 2종류의 쇠망치에서 나오는 소리가 1옥타브 차이가 난다는 것을 발견한 것입니다. 그리고 이 사실에서 진동수의 비율이 1:2일 때 옥타브, 2:3일 때 완전 5도, 3:4일 때 완전 4도라는 음정이 된다는 것을 발견했습니다. 이것을 협화 음정이라고 합니다.

그리스 시대에는 현악기의 현을 조음할 때 경험에 의존했습니다. 그러나 이 발견을 통해 현의 길이를 조절해서 진동수를 변화시켜 조음할 수 있게 되었습니다. 피타고라스는 이 발견을 통해 음계 상에서 각각의 음을 발생시키는 현의 길이는 현 전체의 길이에 관한 비율로 나타낼 수 있다고 말했습니다.

피타고라스는 어떤 현이 C의 음을 낸다면, 그 15분의 16 길이의 현은 다음의 낮은 B음, 15분의 18 길이의 현은 A음, 15분의 20 길이의 현은 G음을 내는 식으로 음계가 내려간다고 했습니다. 음정과 진동수의 관계를 음률이라고 하는데, 피타고라스가 발견한 음률은 피타고라스 음률이라고도 불립니다.

위의 내용처럼 전해져 내려오고 있긴 하지만, 실제로는 피타고라스가 직접 기록으로 남긴 것이 없기 때문에 진위 여부에 관해서는 과학 사학자 간의 의견이 서로 다릅니다. 오늘날 피타고라스 음계는 많이 사용되고 있지 않으며, 1옥타브를 가지고 인접해 있는 음의 진동수 비가 같아지도록 등비급수로 12등분한 12평균율 음계를 표준으로 사용하고 있습니다.

진공 상태에서 소리를 들을 수 있을까?

우리는 공기 중에 살고 있기 때문에 소리가 공기를 통해서 전달된다는 것을 이미 알고 있지만, 소리는 고체를 통해서나 액체를 통해서도 전달됩니다. 한적한 곳에서는 열차의 모습이 아직 보이지 않을 때에도 선로에 귀를 대고 덜컹덜컹하는 소리를 들으면 열차가 접근하고 있다는 것을 알 수 있었습니다. 또한 잠수한 상태에서도 소리를 들을 수 있다는 것을 보면 소리가 액체를 통해서 전달된다는 점을 이해할 수 있습니다. 그러면 진공 상태일 때는 소리를 들을 수 있을까요? 진공 상태에서는 소리를 들을 수 없다는 것을 로버트 보일(1627년~1691년)이 실제로 증명했습니다. 1660년경 보일은 진공 유리병 안에 가느다란 실로 알람 시계를 매달아 넣은 후 내부 공기를 빼내는 실험을 했습니다. 그는 그 실험에 관해 다음과 같이 기록했습니다.

'우리는 알람 시계가 울리기 시작할 때 숨죽이며 기다렸다……. 그리고 알람 소리가 전혀 들리지 않는다는 결과에 만족했다. 그런 다음 공기를 조금씩 넣으면서 귀를 기울이자 알람 소리가 들리기 시작했다.'

보일이 제작한 공기 펌프.

B.C.500년경	피타고라스(기원전 582년경~기원전 497년), 피타고라스 음계를 고안했다.
B.C.300년경	유클리드(기원전 330년경), 빛의 반사에 관해 기술했다.
100년경	프톨레마이오스(140년경 활약), 빛이 물속에 들어갈 때의 입사각과 굴절각이 정비례한다고 했다.
1000년경	알하젠(965년경~1040년경), 빛에 관한 다양한 연구를 했다.
1609년	갈릴레이(1564년~1642년), 굴절 망원경을 제작했다.
1621년	빌레브로르트 스넬(1591년~1626년), 빛의 굴절 법칙을 발견했다.
1640년경	메르센(1588년~1648년), 음속을 측정했다.
1660년	그리말디(1618년~1663년), 빛의 굴절 현상을 발견했다.
1660년경	보일(1627년~1691년), 진공 상태인 병 안에서는 소리가 전달되지 않음을 실험으로 증명했다.
	이탈리아의 보렐리(1608년~1679년), 비비아니 (1622년~1703년), 대포 소리를 가지고 음속을 측정하는 방법을 고안했다.
1666년	**아이작 뉴턴**(1642년~1727년), 빛의 분산을 연구했다.
1675년	**뉴턴** 뉴턴 링을 발견했다.
	뢰머(1644년~1710년), 목성을 관찰해 빛의 속도를 최초로 측정했다.
1678년	**크리스티안 호이겐스**(1629년~1695년), 빛의 파동설을 주장했다.
1704년	**아이작 뉴턴** 《광학》을 집필했다.
1708년	플램스티드(1646년~1719년), 핼리(1656년~1742년), 음속을 측정했다.
1727년	브래들리(1693년~1762년), 광행차를 발견했다.
1800년	허셜(1738년~1822년), 적외선을 발견했다.
1801년	리터(1776년~1810년), 자외선을 발견했다.
	토머스 영(1773년~1829년), 빛의 파동설, 빛의 간섭 현상을 설명했다.
1807년	**장 바티스트 조제프 푸리에**(1768년~1830년), 열전도에 관한 최초 논문에서 푸리에 급수 전개를 발표했다.
1808년	말뤼스(1775년~1812년), 편광을 발견했다.
1812년	**푸리에**, 현상 논문인 〈열의 해석적 이론〉에서 푸리에 급수 전개를 다시 한 번 제창했다.
1814년	프라운 호퍼(1787년~1826년), 태양 스펙트럼의 암선을 발견했다.
1817년	영, 프레넬(1788년~1827년), 빛이 횡파임을 실증했다.
1842년	**크리스티안 요한 도플러**(1803년~1853년), 도플러 효과
1849년	피조(1819년~1896년), 지상의 실험에서 최초로 광속 측정에 성공했다.
1861년	키르히호프(1824년~1887년), 태양 스펙트럼을 분석했다.

1873년	맥스웰(1831년~1879년), 빛의 전자파설을 제창했다.
1887년	에른스트 마흐(1838년~1916년), 충격파를 실험하고 사진을 촬영했다.

많은 단어로 적은 것을 말하지 말고
적은 단어로 많은 것을 말하라.

– 피타고라스

자연을 깊이 연구하는 것이야말로
가장 비옥한 수학적 발견의 원천이다.

– 장 바티스트 조제프 푸리에

사고하면서 사실을 모사할 때, 우리는 사실을 그대로 모사하지 않고
우리에게 중요한 것만을 모사한다.

– 에른스트 마흐

8장

자기와 전기

길버트 *William Gilbert* | 1544년~1603년

"'정전기'와 '자기'의 차이를 설명했다."

쿨롱 *Charles Augustin de Coulomb* | 1736년~1806년

"'전기'를 띤 물체 주변에 작용하는 힘을 측정했다."

가우스 *Carl Friedrich Gauss* | 1777년~1855년

"'전기'와 '자기'의 단위를 통일했다."

끌어당기는 힘인 자기와 전기에 관해 밝히다.

정전기는 이미 그리스 시대의 철학자 탈레스(기원전 625년경~547년경)가 호박을 문지르면 작은 물체가 호박에 붙는 현상을 기록으로 남겼습니다. 한편, 자석이 철을 끌어당기는 현상도 그리스와 고대 중국 등 여러 나라에서 이미 알고 있었습니다. 자석이 지구의 자기(지구 자기장)와 만나서 방위를 표시하는 것을 이용해 일찍이 항해 시에 사용하는 나침반도 만들어졌습니다.

이러한 '끌어당기는 힘'에 관해 본격적으로 그 성질과 법칙성을 연구한 것이 16세기에 등장한 길버트입니다. 그는 호박 이외에도 여러 종류의 물체를 문질러 정전기를 발생시키고, 그 결과를 통해서 자석이 끌어당기는 힘과 호박을 문질러서 발생하는 힘이 완전히 다르다는 결론에 도달했으며 후자에 '전기력'이라는 이름을 붙였습니다. 이때부터 '전기'는 많은 귀족의 본격적인 연구 대상이 되었습니다.

그 후 18세기에 큰 정전기를 모을 수 있는 라이덴병(18세기 중순경)이 등장했습니다. 모인 정전기를 방전하면 번개가 치는 현상을 통해 미국의 발명가인 벤저민 프랭클린(1706년~1790)은 번개의 정체에 관해 생각하게 되었습니다. 그는 연을 가지고 실험을 해서 벼락의 전기를 라이덴병에 모으는 데 성공했습니다. 또한 전기에는 2종류의 형태가 있다는 것을 언급했는데, 이것은 지금의 플러스마이너스 전하라는 전기 개념으로 이어집니다.

이러한 발견을 토대로 18세기 후반에는 쿨롱이 멀리 떨어져서 작용하는 전기나 자기의 힘의 크기가 거리의 제곱에 반비례한다는 사실을 발견했습니다. 그후, 전기력은 전지가 발명되면서 그 성질이 전류라고 밝혀졌으며, 패러데이 (p.180)에 의해 전기와 자기의 상호 관계가 밝혀짐에 따라 통신이나 조명, 모터, 발전기 등 현대에 이르기까지 다양한 분야에 이용되고 있습니다. 그리고 이와 비슷한 시기에 수학에서도 천재로 명성을 떨쳤던 가우스가 정밀한 지구 자기장과 자기의 법칙에 관해 연구했으며 전자기의 '단위'가 통일되었고, 전자파의 존재도 검증되었습니다.

길버트
(William Gilbert, 1544년~1603년) / 영국

영국에서 태어나 케임브리지 대학을 나와 런던에서 의사로 활동했습니다. 엘리자베스 1세나 제임스 1세를 담당하는 의사로 일하기도 했습니다. 물리학자이자 철학자였으며 자신의 재산을 쏟아부어 많은 업적을 남겼습니다. 그중 하나가 1600년에 《자석론》을 출판한 것인데, 그가 전기와 자기에 관한 실험을 근거로 연구한 것은 현대 전자기학의 여명을 밝히게 됩니다.

"'정전기'와 '자기'의 차이를 설명했다."

**동서의 지혜가
합쳐진
실험 과학이
싹을 틔우다.**

기원전 그리스에서 시작된 천문학, 의학, 수학 등의 다양한 과학 분야는 로마를 거쳐 7세기부터 이슬람교의 발전과 더불어 **아라비아**를 필두로 하는 **동방 문화권**에 흡수되었습니다. 연금술처럼 과학과는 다소 거리가 있는 연구가 포함되어 있기는 했지만, 아리비아의 학술 연구는 실험 과학으로서의 싹을 틔웠습니다. 11세기부터 13세기에 걸쳐 서유럽에서는 그리스도교 가톨릭교회가 절대적인 힘을 가졌고, 여러 나라는 성지 예루살렘을 이슬람교에서 되찾기 위해 **십자군** 원정을 하게 됩니다.

그 결과, **서유럽**과 동방 문화권이 관련을 갖게 되며 그리스나 아라비아의 다양한 과학적 견해가 서유럽으로 다시 유입되어 중세 그리스도교 사회에 씨를 뿌렸습니다. 동쪽과 서쪽의 교역 상인들도 다양한 정보를 가져오게 되며 이 씨는 이윽고 12세기 서유럽에서 시작해서 14~16세기에 융성해진 **르네상스** 문화의 영향을 받아 싹을 틔우게 되었습니다. 그리고 그것은 근대 과학의 개화로 이어지게 됩니다.

그러한 와중에 13세기 영국에서 철학자 로저 베이컨(1219년경~1292년)이 실험 과학을 제창했고, 16세기 말에 이르기까지 길버트는 실험을 기초로 한 구체적인 과학적 성과를 남겼습니다. 그중에는 오랜 기간 미신으로밖에 여겨지지 않았던 자석이나 정전기에 관한 연구도 포함되어 있습니다.

자석에 관한 연구

길버트가 남긴 업적 중에서 앞서 언급했던 흔히 《자석론》이라고 줄여서 말하는 이 책의 라틴어 정식 명칭의 부제에는 '실험으로 논증되었다.'라는 표현이 포함되어 있습니다. 이 책에서 길버트는 스스로 실험을 통해 확증한 여러 발견에 중요도를 나타내는 대, 소 표시를

길버트의 저서 《자석론》(1600년)에서는 지구 자기장에 관해 설명했다.

하고 자기 분야에 관해서도 따로 정리하여 전체를 살펴볼 수 있게 했습니다.

이 책에서는 자석이 특정한 물질을 끌어당길 때의 거동이 정리되어 있고. 뒤에 언급될 '장'을 연상할 수 있는 **오르비스**라는 개념을 설명하며, 다른 자성체가 그 범위에 들어오면 영향을 받는다고 설명합니다. 그는 지구가 커다란 자석이라고 분명히 언급했으며, **지구 자기장의 편각과 복각***에 관해서도 연구의 폭을 넓혔습니다.

한편 길버트는 지구 자기장의 원인이 지구의 **자전**이라고 생각했는데, 현대 과학은 이 내용을 부정합니다. 또한 길버트는 천동설에 관해 부정적인 견해를 가지고 있었고, '자석론' 6장에서 천체의 운동을 자기력으로 설명하는 것이 코페르니쿠스의 지동설을 지지하는 증거가 될 수 있다고 이야기했습니다. 그리스도 교회를 염두에 두었기 때문에 세심한 주의를 기울여 발표했지만 그럼에도 불구하고 문제를 제기하는 사람이 많았기 때문인지 지금은 사본 6권 대부분이 사라진 상태입니다.

---

*지구 자기장의 편각과 복각　지구가 자전하는 극과 지구 자기장의 극이 완전히 일치하지는 않기 때문에 자침이 가리키는 북쪽은 완전한 북쪽과는 차이가 있다. 편각이란 어긋나는 각도를 의미하며 장소나 시간에 따라 달라진다. 자침은 그 중심에서 지지한다 하더라도 수평을 이루지 않는다. 복각이란 수평면에서 어긋나는 각도를 의미하며, 위도가 바뀌면 달라진다.

검전기를 고안, 정전기와 자기를 구별

자기력과 정전기력은 오랜 기간 동안 명확하게 구분되지 못했습니다. 길버트는 자석과는 별개로 정전기의 성질을 조사하기 위해 나침반과 비슷하게 회전하는 바늘을 이용한 **검전기**를 고안해서 다양한 물질이 대전할 때의 전기적인 경향을 조사했습니다.

《자석론》 2권에서는 자기력은 떨어져 있어도 끌어당기는 힘이며 물질이 전달하는 것이 아니라 공간을 거쳐 원격으로 작용하는 힘이고, 한편 전기력은 동일해 보이지만 물질적으로 발산하는 것이 전달되어 작용하는 힘이라고 설명합니다. 또한 이에 대한 이유를 들어 명확하게 다른 작용을 한다고 구별하고 있습니다. 2개의 힘을 명확하게 구분 짓기 시작한 것은 바로 이때부터입니다.

파급 효과

천체의 움직임에 자력이 영향을 받고 있다는 길버트의 생각은 오늘날에는 받아들여지지 않습니다. 태양과 행성이 끌어당기는 것은 자력 때문이 아닙니다. 그러나 천체에서 눈에 보이지 않는 원거리의 힘에 관해 가정하는 발상은 후대의 만유인력을 발견하는 토대가 되었을 것입니다.

또한 전기력과 관련해서 물질적인 매개가 있다고 생각한 점도 지금은 받아들여지지 않습니다.

미신과 경험으로만 치부되던 자기와 전기에 관한 현상을 실험을 기반으로 하여 논리적으로 해석하고 이 2개의 힘을 서로 구분했다는 것은 대단히 중요하며, 후대 전자기력의 시대를 열었다고 해도 과언이 아닙니다.

뒷 이야기 ✕

Electricity(전기)의 어원은 그리스어

전해 내려오는 말에 따르면 그리스의 철학자 탈레스는 호박석을 문지르면 작은 먼지들을 끌어당기는 현상을 발견해 기록으로 남겼다고 합니다. 호박석은 그리스어로 ήλεκτρον([elektron])이라고 하며, 불타는 태양이라는 의미도 있습니다. 길버트는 자신의 저서에서 호박처럼 물체를 끌어당기는 성질을 나타내는 단어로 그리스어를 어원으로 한 라틴어 신조어인 electricus를 사용했습니다. 이것은 후에 영어에서 전기를 의미하는 단어 electricity가 되었습니다.

엘리자베스 1세에게 자기(磁氣) 실험의 성과를 설명하고 있는 길버트.

✕ ✕

쿨롱
(Charles Augustin de Coulomb, 1736년~1806년) / 프랑스

프랑스의 유복한 공무원 가정에서 태어나고 자랐으며, 수학을 배워 물리학자이자 기술자가 되었습니다. 육군 사관 학교에서 측량에 종사했고, 크게 활약하던 시기에 프랑스 혁명이 발발하여 직업을 잃었습니다. 그러나 혁명 정부의 새로운 도량형 제정에 초빙되어 비틀림 저울을 사용해 대전된 물체 간에 작용하는 힘을 측정했습니다. 그의 업적을 기리기 위해 전하의 단위를 쿨롱으로 사용하고 있습니다.

"'전기'를 띤 물체 주변에 작용하는 힘을 측정했다."

**전기에 관한
연구가 활발해지다.**

　길버트를 시작으로 한 전기 연구가 17세기에 각 나라 귀족과 부유층의 연구 욕구를 자극했습니다. 18세기에 접어들면서 마찰로 인해 발생하는 전기에 서로 다른 성질을 지닌 2종류가 존재하며, 다른 종류는 서로 끌어당기고 같은 종류는 밀치는 것이 확인되었습니다. 이 성질은 자석과 비슷해 보이지만 자석과는 다른 점이 있습니다. 전기의 경우에는 서로 다른 종류를 대전하고 있는 물체끼리 접촉하면 전기적인 작용이 사라진다는 사실 또한 밝혀졌습니다.

**정전기 실험이
살롱에서
인기를 얻다.**

　한편, **마찰 전기**를 모으는 방법인 라이덴병이 네덜란드에서 발명되어 전기를 모으거나 방전시키는 연구가 활발하게 진행되기 시작했습니다. 전기를 모은 뒤에 접촉하면 머리카락이 삐쭉 솟아오르거나 찌르르한 느낌이 들기 때문에 정전기 현상은 순수한 연구 목적 이외에도 살롱에서 인기 있는 구경거리로 퍼져 나갔습니다.

　산소를 발견한 것으로 잘 알려져 있는 조지프 프리스틀리(1733년~1804년)가 자신의 실험에 입각해 전기의 역사와 현상을 조감한 책을 18세기 후반에 발간했습니다. 이것은 많은 연구자에게 자극제가 되었습니다. 이 책에서는 동일한 원격의 힘인 중력에 근거해 전기력의 성질도 거리의 제곱에 반비례하는 것이 아닐까 하고 추론했습니다.

**자기에 관한
연구도 활발해지다.**

　쿨롱의 시대에는 정전기와 함께 자기에 관한 연구도 활발히 이루어졌습니다. 일례로 1752년에 영국 과학자 존 미첼(1724년~1793년)과 존 캔턴(1718년~1772년)이 **인공 자석**을 만드는 방법과 실험에 관한 개론을 출판했습니다.

　길버트가 전기와 자기를 구별하기는 했지만, 공통적인 현상도 많았기 때문에 적지 않은 과학자가 병행해서 연구를 진행하고 있으며, 쿨롱도 그중 한 명이었습니다. 쿨롱은 전기 또는 자기의 힘과 거리의 관계를 정량적으로 측정했고, 1785년부터 1789년에 걸쳐 이에 관한 7권의 논문을 발표했습니다.

**쿨롱의
비틀림 저울 실험**

쿨롱이 실험에 사용한 '**비틀림 저울**'이란 아래의 그림과 같은 형태였습니다. 통 안쪽에 가늘고 긴 절연체 봉을 매달아 두었고, 봉 끝에는 작은 구가 달려 있어서 반대쪽 끝의 추와 균형을 맞추어 수평을 잡습니다. 대전시킨 이 작은 구에 대전된 다른 작은 구를 가까이 가져다 대면 2개의 구 사이에 전기력이 작용하여 움직이기 시작하며 봉이 회전해서 실이 꼬이게 됩니다. 이를 통해 2개의 구 사이에 작용하는 정전기력의 크기를 비교할 수 있습니다.

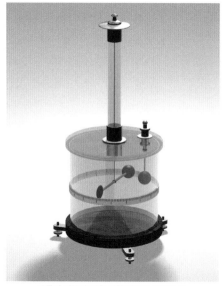

쿨롱의 비틀림 저울 실험 장치를 재현한 것.

이러한 방법을 통해 정전기력은 2개의 구 사이 거리를 제곱한 것에 반비례하며, **전기량**의 곱에 비례한다는 점을 이끌어 냈습니다. 이것을 **쿨롱의 법칙**이라고 합니다. 정전기력은 이처럼 전기를 띤 작은 구뿐만 아니라, 일반적으로 전하를 띠고 있는 입자 간에서는 반드시 발생하는 상호 작용입니다.

이 실험과는 서로 다른 방법으로 같은 결론에 도달했지만 그 결과를 즉시 공표하지 않은 사람도 있었습니다. 그중에는 영국의 물리학자이자 수학자인 존 로빈슨(1739년~1805년)이나, 독일의 천문학자이자 물리학자인 프란츠 에피누스(1724년~1802년), 캐번디시(p.56)가 있습니다.

에펠 탑 1층 발코니 아랫부분에 프랑스 과학자 72명의 이름이 새겨져 있다. 쿨롱은 남동쪽에, 앙페르(p.166)는 북서쪽 면에 이름이 새겨져 있다.

 파급 효과 ～～～～

이때는 많은 사람이 여러모로 흥미를 끄는 전기나 자기의 현상을 시험하던 시기였습니다. 쿨롱 전후에도 전기력과 거리의 관계를 구하려고 한 사람은 많이 있었습니다. 그중에서 쿨롱은 전기 현상으로 발생하는 작용을 정량적으로 측정했고, 더 나아가 관계성도 수학적으로 표현했습니다. 이것은 현상을 관찰하고 기록하기만 했던 과학에서 수식으로 표현하여 일반화하는 과학으로 발전하는 흐름의 한 줄기가 되었습니다.

뒷 이 야 기 ✕ ✕ ✕ ✕ ✕ ✕ ✕ ✕ ✕ ✕ ✕

쿨롱도 설레었을지 모르는 최초의 열기구 유인 비행

쿨롱이 파리에 있을 무렵에 종이 제조업자의 아들인 몽골피에 형제가 파리에서 열기구를 날리는데 성공했습니다. 교회에서는 사람이 열기구를 타고 비행하는 것을 신에 대한 모독이라고 주장했지만 당시 국왕이자, 기구 실험이 있은지 5년 뒤에 프랑스 혁명에서 처형되는 루이 16세에게 비행 허락을 받았습니다. 열기구 승선에 도전한 다란데스 후작과 로제라는 이름의 청년, 이렇게 2명을 태우고 300ft(피트) 고도로 상승했으며 불로뉴 숲에서 5.5mile(마일) 떨어진 곳까지 25분간 비행했다고 기록되어 있습니다. 이때 파리에 있었던 쿨롱이나, 같은 시대에 활약했고 이후 프랑스 혁명에서 희생당한 화학자 라부아지에(1743년~1794년) 역시 모두의 이목을 끌었던 이 실험에 관해 들어보았을 것입니다. 위 실험은 성공했으며 두 사람은 왕으로부터 훈장을 받았습니다. 오늘날 위 실험이 있었던 6월 5일은 열기구의 날로 지정되어 있습니다.

✕ ✕ ✕ ✕ ✕ ✕ ✕ ✕ ✕ ✕ ✕ ✕ ✕ ✕ ✕ ✕

가우스

(Carl Friedrich Gauss, 1777년~1855년) / 독일

수학, 천문학, 물리학자인 가우스는 벽돌공의 자녀로 독일에서 태어났습니다. 그는 유소년 시절부터 수학적으로 천재적인 재능을 발휘했으며 관계자들의 지원과 장학금으로 대학에 진학했습니다. 현대 실험 데이터 처리에 없어서는 안 될 최소 제곱법 발견을 시작으로, 수론과 해석학, 복소수 평면 등의 중요한 연구를 다수 남겼습니다. 그리고 광범위한 분야에서 가우스의 이름을 따 명명한 법칙과 기법을 발견할 수 있습니다.

"'전기'와 '자기'의 단위를 통일했다."

**천문학자에
뜻을 둔 가우스**

가우스는 수학에 대단히 뛰어났으며 폭넓은 연구 분야에서 활약했지만, 한편으로는 사회에 더욱 기여할 수 있는 천문학자에 뜻을 두고 1807년에 괴팅겐 천문대의 장이 되었습니다.

18세기부터 19세기에 걸친 기간에 천문대는 별을 관측하는 것뿐만 아니라 오늘날 지리학의 범주에 속하는 지리 측정과 기상 관측도 실시했습니다. 여기서 가우스는 행성의 운동에 관한 법칙뿐만 아니라 지리 분야에서도 관측 측정 장치를 개발하고 지도 투영법 등을 고안했습니다. 또한 괴팅겐에 **지구 자기장 관측소**를 설립했으며, 그 이후 독일은 지구 자기장 연구의 첨단을 달리게 되었습니다.

**지구 자기장
연구에 이르기까지**

그가 지구 자기장을 연구하게 된 계기가 된 것은 독일의 자연 과학자이자 탐험가이기도 한 알렉산더 폰 훔볼트(1769년~1859년) 때문입니다.

그는 1799년부터 5년 정도에 걸쳐 중남미를 탐험했고, 지구 자기장의 강도가 장소에 따라 다르다는 것을 발견했습니다. 지구 자기장의 강도는 극지에서 적도로 향함에 따라 감소한다는 현상을 발견한 것입니다. 그와 친분이 있었던 가우스와, 나이가 더 어리고 후배인 물리학자 빌헬름 에두아르트 베버(1804년~1891년)가 훔볼트와 상의한 끝에 연구를 시작하게 되었습니다. 가우스는 오차가 작은 지구 자기장 측정 방법을 고안했으며, 수학적인 처리를 해서 자기의 강도를 단위계로 표현하는 데 성공했습니다. 다시 말해서 자침을 움직이게 하는 자기의 강도를 길이, 질량, 시간이라는 단위계로 측정할 수 있는 **물리량**으로 만든 것입니다.

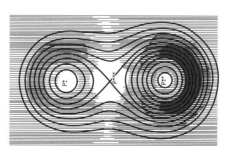

자극을 나타내는 그림. 가우스가 그린 2개 자극 주변 자력선의 형태와 모습을 재현했다.

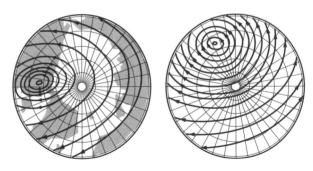

북극과 남극의 자극선. 가우스가 생각한 지구의 북극과 남극 주변에 자력선이 분포된 모습.

**자기의 단위를
통일하기 위해
힘쓰다.**

이 시대부터 여러 분야에서 단위의 필요성과 중요성을 실감하게 되었고, 길이나 무게를 시작으로 다양한 공통 단위가 모색되었습니다. 셀시우스(p.72)가 온도계를 만들고 온도 눈금을 설정한 것도 18세기 전반입니다. 가우스는 베버와 함께 지구 자기장 연구를 바탕으로 전자기의 단위계를 통일하기 위해 노력했습니다. 1881년에 파리 국제 전기회의에서 **절대단위계**(오늘날의 CGS 단위)를 도입하기로 결정한 것은 가우스가 사망한 지 26년째 되던 해였습니다. 볼트, 암페어, 옴과 같이 친숙

1881년 개최된 파리 국제 전기 박람회에서 스테레오를 듣고 있는 사람들. 이때 많은 학자가 모인 국제 전기 회의가 개최되었고, CGS 단위계가 채택되었다.

한 단위가 이 회의에서 결정되었습니다. 가우스보다 나이가 한참 어렸던 베버는 그 당시에 생존해 있었습니다. 그는 이 회의에 참석했고, 자속 밀도의 단위로 가우스를 제안했으며 그의 제안이 채택되었습니다. 그리고 자속의 단위는 웨버[W]가 채택되었습니다.

수학의 거인, 가우스

가우스의 이름은 많은 정리와 기법에 남아 있습니다. 가우스는 공간을 수식으로 표기하는 재능이 뛰어났으며, 숫자를 다루는 면에서는 그와 견줄 사람이 없을 정도였습니다. 물리학에서도 자신의 특기인 수학을 구사해서 전자기학을 시작으로 액체의 거동에 관해 많은 현상을 설명했으며, 법칙성을 명확하게 밝혔습니다. 최소 제곱법을 사용해 흩어져 있는 많은 데이터 중에서 의미가 있는 근사치를 구하는 것은 오늘날 물리학 실험에서 빼놓을 수 없는 방법입니다. 또한 확률이나 통계를 다루는 면에서 데이터가 분포되어 있는 형태가 가우스 분포(정규분포)라는 형태를 띤다는 것 역시 그에 의해 더욱 명확해졌습니다.

파 급 효 과～～～～

가우스는 이미 다양한 연구 성과가 충분히 쌓여 있던 전기와 자기 분야에서 자신의 강점인 수학을 사용해 많은 법칙을 도출하는 성과를 이룩했습니다. 이것은 뒤에 맥스웰(p.184)의 전자파 방정식으로 이어집니다.

뒷 이 야 기 ✕ ✕ ✕ ✕ ✕ ✕ ✕ ✕ ✕ ✕ ✕

공적을 인정받아 독일의 옛날 마르크 지폐에 등장

가우스는 가장 사랑한 부인과 둘째 아들, 가우스에 필적할 재능을 가지고 있다고 칭송받던 장녀를 젊은 나이에 잃었습니다. 재혼 상대 역시 오랜 기간 투병하다가 먼저 세상을 떠났기 때문에 가족과 사별하는 아픔을 많이 겪었습니다. 그가 남긴 수학 업적인 정규 분포 그래프와 그의 초상화가 독일의 예전 마르크 지폐에 사용되기도 했습니다.(우측의 그림은 지폐 일부를 확대한 것입니다.)

✕ ✕ ✕ ✕ ✕ ✕ ✕ ✕ ✕ ✕ ✕ ✕ ✕ ✕ ✕ ✕ ✕

정전기와 자석의 차이는 무엇일까요?
우리 주변의 사례를 바탕으로 생각해 봅시다!

건조한 겨울에 문의 손잡이를 잡으려고 할 때 발생하는 '정전기'는 어린이도 잘 알고 있는 현상일 것입니다. 이 '정전기'와 '자석'의 힘이 실제로는 '전자기력'이라는 동일한 힘의 범주 내에 있다는 것이 밝혀지기까지 오랜 세월이 걸렸습니다.

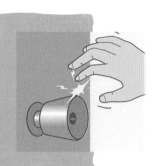

자석의 성질에 관해 알아봅시다.

자석에는 N극과 S극이 있습니다. N-S가 세트를 이루는 것이 특징이며, 막대자석의 한가운데를 자르면 각각 끝부분에 극이 생성되기 때문에 N극만 존재하는 자석은 없습니다.

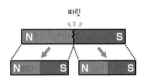

자석 주위에는 자력이 작용하는 공간이 있으며, 이것을 **자기장(자계)**이라고 합니다. 자석의 힘을 표현하는 화살표를 그려 보면 N극에서 시작해 S극으로 들어가는 호의 형태가 그려집니다. 이 모양은 자석 주변에 철가루를 뿌려 보면 관찰할 수 있습니다. 이것을 **자력선**이라고 하며, 자력선이 촘촘하게 분포된 곳이 자력이 강한 곳입니다. 일정한 면적의 자력선을 합한 것을 **자속**이라고 하고, 단위 면적당 자속(자속 밀도)은 가우스(G)나 테슬라(T)를 단위로 하며 자기장의 강도를 나타냅니다.

자석은 서로 다른 극끼리는 당기고, 같은 극끼리는 밀어냅니다. 나침반의 바늘도 자석이며 N극

이 빨간색으로 칠해져 있고, 자기장 안에 있으면 자기장을 형성하는 것의 극과 당기기도 하고 밀어내기도 하면서 결과적으로 자력선의 방향에 따라 정지합니다.

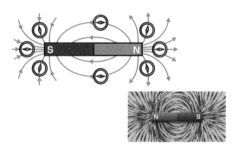

지구는 그 자체가 자석이다.

지구 전체가 자석입니다. 그렇기 때문에 옛날부터 **나침반**을 사용해서 일정한 방향을 확인할 수 있었습니다.

지구의 북극(North)은 지금 S극이기 때문에 나침반의 N극이 이에 이끌려 빨간색으로 칠해진 N이 북쪽을 가리킵니다.

지층을 연구한 결과, 지구의 극은 과거에도 몇 번이나 바뀌었다는 것이 밝혀졌습니다.

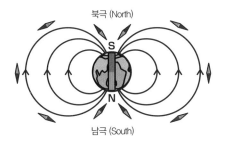

북극 (North)

S

N

남극 (South)

태양도 자석이다.

태양도 거대한 자석입니다. 또한 특정한 부분만 온도가 낮은 흑점 역시 극이 될 수 있으며, 시시각각으로 변하

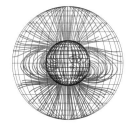

는 복잡한 자력선을 추정할 수 있습니다.

전류가 흐르면 자석이 되는 전자석

초등학교 때 코일에 전류를 흘려보내면 자석이 된다는 것을 배웠습니다. 철심을 한가운데에 넣으면 보다 강력한 자석이 됩니다.

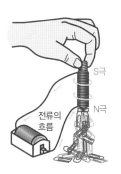

S극

N극

전류의 흐름

폐기물 처리 장소의 풍경.

자석을 이용한 탑승 기구

리니어 모터카(자기 부상 열차)는 자석을 구동 장치에 사용한 탑승 기구입니다.

먼저 같은 극의 자력끼리 밀어내는 힘을 통해 부상합니다. 그러나 일단 부상하고 나면 바퀴로 지면을 누르게 되고, 그 마찰력(p.27)을 이용해 반동으로 앞으로 나아갈 수 없습니다. 그래서 앞으로 나아가기 위한 아이디어를 적용합니다. 한 자석의 N극 쪽에 다른 자석의 N극을, S극 쪽에 또 다른 자석의 N극을 접촉시키면 N극 쪽에서는 서로 밀어낼 것이고 S극 쪽에서는 당기는 힘이 발생해, 원래의 자석은 S극 쪽으로 엄청난 기세로 움직일 것입니다.

이처럼 밀어내는 힘과 당기는 힘을 활용해서 차량을 앞으로 이동하게 합니다. 그리고 자력의 발생원에는 자석과 전자석이 사용됩니다.

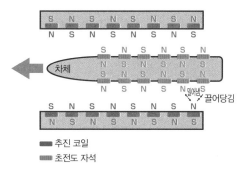

차체

N 밀어냄S

끌어당김

■ 추진 코일

▥ 초전도 자석

정전기의 성질

빨대가 들어 있는 종이 포장지에서 빨대를 꺼낼 때 혹은 염화비닐 파이프로 만들어진 장난감 정글짐에 합성 섬유 스웨터를 입은 아이가 다가가 오

르락내리락하며 놀면 정전기가 발생합니다. 이것은 빨대와 종이, 염화비닐 파이프와 화학 섬유처럼 서로 다른 물체끼리 마찰이 있었기 때문입니다.

이때 + (플러스, 정)의 전기를 띤 것과 - (마이너스, 부)의 전기를 띤 것이 발생합니다. 같은 성질의 전기끼리는 밀어내고, 다른 성질의 전기를 띠고 있는 경우에는 끌어당깁니다.

정전기는, 전기가 흐르기 쉬운 물체에 접촉하면 모여 있던 전기가 한순간에 흐르는 것입니다. 그러한 물체를 가까이 가져간 것만으로도 공기 중에 번개가 치게 됩니다. 이것은 원래 전기가 흐르기 힘든 성질을 지닌 기체 속을 전기가 이동하는 **방전**이라는 현상이며, 불꽃이 터지거나 소리가 나면서 한순간에 **큰 전류**가 흐르게 됩니다.

구름이 많이 발생할 때, 그 속에서 작은 얼음 결정이 부딪히면서 구름에 플러스와 마이너스를 띠는 부분이 생기고, 구름 속에서 혹은 지면 사이로 전기가 방출되는 방전 현상을 **벼락**이라고 합니다. 0.001초 정도의 시간에 수천에서 수억 볼트에 이르는 거대한 에너지가 순식간에 빛과 열이 되는 것입니다.

번개의 원리.

정전기를 이용

정전기가 작은 물체를 끌어당기는 성질을 이용한 것 중에서 자동차 도장과 복사기를 예로 들 수 있습니다. 정전기가 어떻게 활용되는지 꼭 한 번 알아보기 바랍니다. 또한 반대로 불필요한 정전기를 제거하는 방법도 있습니다. 건조한 곳에서는 정전기가 발생하기 쉽고, 습도가 높으면 정전기가 발생하지 않는다는 것에서 힌트를 얻어 어떠한 방법으로 정전기를 제거할 수 있는지도 생각해 보기 바랍니다.

귀족들도 푹 빠져 있었던 정전기

살롱에서 인기가 있었던 퍼포먼스

정전기를 띤 문의 손잡이를 잡으면 따끔한 느낌이 들어 누구나 깜짝 놀라게 됩니다. 18세기에 정전기를 일으키는 장치와 정전기를 모을 수 있는 라이덴병이 널리 알려지기 시작하면서 전기를 연구하는 과학자뿐만 아니라 그 당시 호기심이 왕성했던 사람들 사이에서 정전기를 체험하는 것이 유행이었던 것 같습니다.

17세기 중반을 지나는 1663년경에 게리케(p.38)가 **마찰 기전기**를 발명했습니다. 유황을 넣은 구를 회전축에 부착한 후 핸들로 문질러 전기를 발생시켰습니다. 그 후 마찰 기전기는 뉴턴에 의해 유리로 만든 구를 사용한 장치로 개량되었고, 회전을 더 빠르게 하거나 문지르는 물체를 모직물로 바꾸는 등 다양한 아이디어를 적용해 더욱 많은 정전기가 발생하게 했습니다.

그리고 전기가 빠져나가지 않도록 **절연**을 한 도체를 가까이 접근시켜 전하를 모으는 방법도 고안되었습니다. 이 도체는 반드시 물체여야만 하는 것은 아니며 도체가 절연대에 서 있는 사람인 경우, 그 사람에게 많은 전하가 쌓이게 됩니다. 지금 시대에도 정전기를 발생시키는 밴더그래프라는 장치에 접촉한 사람에게 전기를 모은 후 머리카락을 삐죽삐죽 세우거나, 그 사람에게 접촉하게 해서 접촉한 사람이 전기의 찌릿함을 느끼는 체험을 하곤 합니다.

밴더그래프 발전기는 고무와 같이 유연한 절연체로 된 벨트가 서로 다른 재질의 금속 롤러에 걸려 있는 구조로 되어 있습니다. 서로 다른 금속으로 된 롤러의 전자 친화도가 다르기 때문에 롤러가 돌아가며 발생된 정전기 전하는 음전하와 양전하로 나뉘어 몰리게 됩니다. 덮개의 모양은 꼭 구형일 필요는 없지만 전하는 뾰족한 곳에 몰리는 성질을 지니므로 되도록 부드러운 곡면이어야 합니다. 밴더그래프 발전기가 낼 수 있는 최대 전위차는 덮개의 지름과 전기장의 크기를 곱한 값입니다.

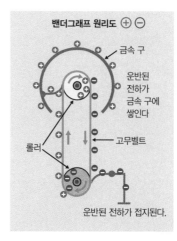

밴더그래프 원리도 ⊕ ⊖

금속 구
운반된 전하가 금속 구에 쌓인다
롤러
고무벨트
운반된 전하가 접지된다.

상하의 롤러와 고무벨트로 마찰이 발생해 대전한다. 상하 롤러는 소재가 다르기 때문에 각각 다른 극에 대전한다.

밴더그래프 발전기.

9장

전류

 볼타 *Alessandro Giuseppe Antonio Anastasio Volta* | 1745년~1827년

"'볼타 전지'의 발명으로 전기에 관한 실험이 가속화되었다."

 앙페르 *André-Marié Ampère* | 1775년~1836년

"전류와 그 주변 자계의 관계를 해명했다."

 옴 *Georg Simon Ohm* | 1787년~1854년

"'옴의 법칙'을 통해서 '저항'과 '전압'의 개념을 확립했다."

'전지'를 만든 것은 대단한 발명이었다.

학교에서 전기에 관해 공부하면 반드시 볼트[V], 암페어[A], 옴[Ω]이라는 단위를 보게 됩니다. 이 단위는 모두 전기의 성질을 밝히는데 중요한 역할을 한 사람의 이름을 딴 것입니다. 지금은 **전기 회로**가 우리에게 친숙하지만, 사실 이것은 사람들이 발명해서 만들어 낸 것입니다. 자연계에서 우리가 확인할 수 있는 **전기 현상**의 대다수는 **정전기**의 발생으로 인한 것입니다.

정전기가 특정한 물체를 문질렀을 때 발생한다는 것은 옛날부터 잘 알려져 있었으며, 18세기에는 발생한 정전기를 라이덴병에 모을 수 있게 되었습니다. 그러나 많이 모아 둔 전기를 방전시키면 불꽃이 튀고 큰 소리가 나는 정도의 힘이 발생하면서 순식간에 흩어져 버립니다. 전기를 연구하거나 이용하기 위해서는 순간적인 힘이 아니라 계속해서 전기를 추출해 내는 방법을 찾아야만 했습니다. 지금은 전지를 당연하게 일상적으로 사용하고 있지만, 사실 전지는 1800년이 되어서야 발명되었습니다.

자유 연구 실험에서 레몬 전지를 만들어 본 사람도 있을 것입니다. 레몬 전지를 만들었을 때 2종류의 금속판을 레몬에 꽂은 후 레몬즙에 담근 과정을 혹시 기억하십니까.

볼타는 소금물에 2종류의 금속을 꽂아 넣으면 전기가 발생한다는 것을 확인했고, 소금물을 머금은 종이를 2종류의 금속으로 끼워서 쌓은 전지를 만들어 냈습니다. 전지의 등장으로 '**전류**'를 도선에 흘려보낼 수 있게 되자, 전지의 강도와 전류의 강도 그리고 전류가 흐르는 방식과 같은 성질에 관한 연구가 진행되었습니다. 그리고 **앙페르**는 도선을 타고 흐르는 전류와 그 주변에 발생하는 자계의 관계와 작용을 명확히 밝혀냈으며, 이후 패러데이(p.180)의 발견으로 이어지게 됩니다. **옴**은 금속선의 전류를 조사해서 전류의 크기와 금속 길이(저항값에 해당한다.)의 곱이 일정하다는 옴의 법칙을 만들었습니다. 이러한 과정을 거치면서 전기의 특성은 점차 명확해졌습니다.

볼타
(Alessandro Giuseppe Antonio Anastasio Volta, 1745년~1827년) / 이탈리아

이탈리아 알프스의 산기슭, 산수의 경치가 너무나 맑고 아름다운 코모 호 부근의 유복한 가정에서 태어났습니다. 그는 물리학자이자 화학자였으며 후에 코모대학의 물리학 교수가 되었습니다. 정전기 실험에서 당시의 기전기보다 간단하게 전기를 발생시킬 수 있는 전기 쟁반을 고안해 냈으며, 지금의 콘덴서에 해당하는 성질도 연구했습니다. 볼타 전지(전퇴*, p.165 참조)를 발명해 나폴레옹에게 백작 지위를 수여 받았습니다.

**"'볼타 전지'의 발명으로
전기에 관한 실험이 가속화되었다."**

**전기는 어디에서
오는 것일까?**

전지를 발명하게 된 것은 이탈리아의 의사이자 물리학자인 갈바니
(1737년~1798년)가 발단이었습니다. 그는 개구리를 해부하던 중에 2종류
의 금속을 도선으로 연결한 후 근육에 접촉시키자 전기적인 자극이
가해졌을 때처럼 다리가 떨리는 현상을 발견했습니다. 그리고 그 전기
는 근육이나 신경처럼 동물 자체의 내부에 존재하는(동물 전기) 것이라
고 생각했습니다.

많은 사람이 이 현상을 파악하기 위해 연구했고, 전기가 어디서 오
는지를 둘러싸고 다양한 의견을 펼쳤습니다. 훔볼트(p.153)는 갈바니의
주장을 지지했으며, 볼타 역시 처음에는 그 주장을 받아들였지만 실
험을 계속한 결과 전기는 2종류의 금속과 습기가 있는 물질에 관련되
어 있다고 생각하게 되었습니다.

**나폴레옹도
볼타의 전퇴에
주목했다.**

볼타는 이 개념을 발전시켜 2종류의 금속을 아연판(마이너스극)과 동
판(플러스극)으로 정하고, 그 사이에 끼울 습기가 있는 물질로는 젖은 천
이나 종이를 선택해 실험을 거듭했습니다. 그리고 계속해서 다량의 전
기를 낼 수 있는 액체를 찾기 위해 노력했으며 여러 겹으로 쌓여 있는
전퇴를 고안해 냈습니다. 볼타는 1800년에 이탈리아에서 영국 왕립
협회에 보고 및 발표를 했으며, 프랑스 황제 나폴레옹 보나파르트(1769
년~1821년)에게 파리로 초대받아 실험을 설명했습니다. 이 실험에 사용
된 전지를 볼타 전지(볼타의 전퇴와 갈바니의 전지**모두를 의미함. p.165 참조)라고 부
릅니다.

나폴레옹에게 전퇴를 사용한 실험을 설명하는 볼타.

**연구를 거듭해
'기전력'에 도달하다.**

    그 뒤에도 볼타는 전기를 더 많이 얻기 위해 용기의 액체 안에 아연과 동판을 붙인 것을 여러 개 연결하기도 하고, **금속판**의 종류나 간격을 변경하는 실험을 계속 실시했습니다. 볼타에 의해서 전기를 발생시키는 '전지'는 조건에 따라 얻을 수 있는 전기의 크기가 달라진다는 사실에 이목이 집중되었으며, 이윽고 '기전력'이라는 개념이 형태를 갖추기 시작했습니다. 볼타를 기념해서 전압과 기전력의 단위로 볼트[V]를 사용하고 있습니다.

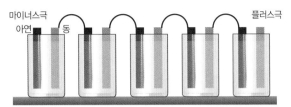

p.161의 레몬 전지와 비교해 보기 바랍니다. 금속판의 연결 방법이나 전체 구조가 비슷하다고 느낄 것입니다. 볼타는 각종 금속판과 액체를 조합해 보기도 하고, 연결 방법을 여러 가지로 바꾸어 가며 실험을 거듭했습니다.

볼타의 전퇴.

유럽이 통일되기 전 이탈리아의 1만 리라 지폐(위의 그림은 일부분을 확대한 것입니다.)에 볼타와 전퇴가 그려져 있습니다.

＊전퇴(pile, 電堆)
금속판을 겹쳐 쌓은 볼타 전지를 가리킨다. 퇴(堆)는 쌓아 올린다는 의미이며, 볼타 전지의 형상을 시사하고 있는 pile의 약어이다.

＊＊갈바니 전지
2종류의 금속을 연결해, 화학 변화를 이용해서 전기를 얻는 전지를 통칭하여 갈바니 전지라고 부른다. 볼타 전지도 이에 해당하며, 이후에 플러스극과 마이너스극을 서로 다른 액체에 담그는 다니엘 전지 역시 갈바니 전지에 포함된다.

파급 효과

이렇게 변함없이 전기를 얻을 수 있게 되자, 전기에 관한 실험 범위가 놀랄 정도로 확장되었습니다. 그리고 시기적절하게도 물을 전기 분해하기 시작한 것 역시 근대 과학의 발전에 기여했습니다. 그러나 한편으로는 볼타 전지는 크고 무거울 뿐만 아니라, 내부의 용액이 새는 현상이 있어 실용적이지 못했습니다. 그래서 이후 편리하게 사용할 수 있는 다양한 전지가 연구되었습니다. 볼타는 여러 가지 금속을 가지고 실험했는데, 이것은 현재 **이온화 경향** 연구의 발단이 되었습니다.

뒷이야기 ✕

일본에서 만든 전지 '야이 건전지'

액체를 사용하는 볼타 전지와는 달리, 시계 기술자였던 야이 사키조가 액체를 사용하지 않는 건전지(볼타 이후 액체를 이용한 것은 습전지라고 한다.)를 발명했습니다. 야이는 원래 모든 시계에 동일한 시각을 표현하는 '전기 시계'의 전원에 기존의 액체 전지를 사용했습니다. 그러나 겨울이 되면 액체가 얼어붙는 등 실용적이지 않았기 때문에 개량을 거듭했습니다. 그리고 1887년에 세계 최초로 사용이 편리한 '야이 건전지'를 완성했습니다. 그러나 자금이 없어서 발명을 완성한지 7년 후에야 특허를 신청하니 이미 외국에서 특허를 출원해 버린 뒤였습니다.

야이 사키조.

야이 건전지.

✕ ✕

앙페르

(André-Marié Ampère, 1775년~1836년) / 프랑스

프랑스 출신의 물리학자이자 수학자이며, 어렸을 때부터 수학에 특출한 재능을 보였습니다. 프랑스 혁명 이후 공포 정치 기간에 공무원이었던 아버지를 잃는 등, 파란만장한 청년기를 보냈으며, 후에 리옹대학에서 교편을 잡았습니다. 그는 전류와 자계의 관계를 폭넓게 연구했습니다.

"전류와 그 주변 자계의 관계를 해명했다."

**전류 주변에
발생하는 자계를
연구했다.**

볼타가 전지를 발명한 이후 도선에 계속해서 전기를 흘려보낼 수 있게 되자, 전류의 성질에 관한 연구가 활발하게 이루어졌습니다. 덴마크의 물리학자인 한스 크리스티안 외르스테드(1777년~1851년)는 전류를 흘려보낼 때마다 옆에 있는 나침반의 바늘이 움직이는 현상을 보고 전류가 자침에 작용한다는 것을 발견해 전류와 자침의 관계를 확인하기 위한 실험을 실시했습니다. 그 결과, 전류가 흐르고 있을 때 도선 주위에 원형의 자계가 형성된다는 것을 발견하게 됩니다. 앙페르는 이 연구 결과를 듣고 난 뒤 연구를 거듭해 1820년에 '두 전류의 상호 작용에 관해서'라는 보고를 발표했습니다.

**자계의 방향은
전류의 방향으로
결정된다.**

앙페르는 나침반이 가리키는 방향은 전류가 흐르고 있는 방향으로 결정된다는 사실을 발견했습니다. 이 규칙성을 '오른 나사의 법칙'이라고 합니다. 도선에 흐르는 전류의 방향이 반대가 되면 생성되는 자계 역시 반대가 됩니다. 더 나아가, 도선 2개를 평행하게 놓은 경우에 같은 방향으로 전류가 흐르면 도선끼리 끌어당기고, 서로 다른 방향으로 전류가 흐르면 밀어내는 현상(평행 전류의 상호 작용)도 발견되었습니다. 이것은 이 두 도선 사이에 만들어진 자계가 서로 영향을 미치기 때문입니다.

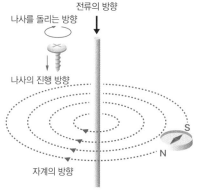

오른 나사의 법칙에서 전류와 자계의 방향을 나타낸 그림. 나사가 진행하는
방향이 전류의 방향이며, 나사를 돌리는 방향이 자계의 방향에 해당한다.

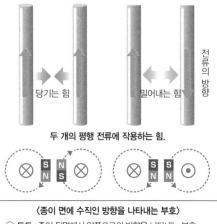

두 개의 평행 전류에 작용하는 힘.

〈종이 면에 수직인 방향을 나타내는 부호〉
⊙ **도트** 종이 뒷면에서 앞쪽으로의 방향을 나타내는 부호.
⊗ **크로스** 종이 앞면에서 뒷면으로의 방향을 나타내는 부호.

앙페르의 법칙

한편 전류의 크기에 따라 자침이 떨리는 크기도 달라집니다. 다시 말해, 전류의 크기와 자계 세기의 연관성도 확인할 수 있는 것입니다. **'앙페르의 법칙'**이란 도선(닫힌 경로)의 주변에 생성되는 자계 강도의 총합이 그곳을 흐르는 전류의 크기에 비례한다는 것입니다.

이렇게 전류의 방향에 관해 생각하게 되면서, 나침반으로 그려 내는 자계와 비교해 보게 되었습니다. 더 나아가 자침이 떨리는 정도를 통해서 전류의 크기를 정량화할 수 있게 되었기 때문에 전자기 분야가 한 걸음 더 발전하게 됩니다.

미소립자를 연상한 앙페르

한편, 앙페르는 전류에 관해 전기를 띤 무수한 미소립자의 흐름(분자 전류)이라고 하는 후대의 전자에 가까운 이미지를 가지고 있었지만, 당시에는 아직 세간의 동의를 얻지 못했습니다. 앙페르의 업적을 기념해서 전류의 단위에 암페어[A]가 사용됩니다.

'전류가 흐르는 도선 주변에 자계가 발생한다.'는
것과, 결과적으로 '2개의 도선 사이에 힘이 발생한
다.'는 현상을 가지고 패러데이는 도선의 한 쪽을
자석으로 바꿀 수 있다는 발상의 전환을 하게 됩니
다. 그리고 이 발상의 전환은 모터와 발전기를 발
명하는 연구로 이어지게 됩니다. 또한 앙페르가 발
견한 법칙은 후에 맥스웰(p.184)이 전자파를 나타내
는 4가지 방정식 중 하나로 사용했습니다.
앙페르의 업적 중 하나로 방향을 가진 양(이후의 벡
터)의 개념을 사용한 것을 언급할 수 있습니다. 그
리고 오늘날 많은 물리량이 벡터로 표현되고 있습
니다.

프랑스의 앙페르 스퀘어에 있는 앙페르 동상.

뛰어난 연구자였으며, 교사로서도 활약했다.

외르스테드의 보고를 접하게 된 앙페르는 불과 2주 만에
목표로 한 실험에 성공했으며, 그 성과를 과학 아카데미에
보고했다고 합니다.
앙페르는 우수한 연구자였으며, 한편으로는 그의 일생 동안
가정 교사부터 대학교수에 이르기까지 다양한 신분으로 수
학, 과학, 철학 등을 폭넓게 가르쳤습니다. 그는 마르세유에
서 사망했는데, 후에 아들인 장 자크와 함께 파리 몽마르
트르의 묘지에 매장되었습니다.

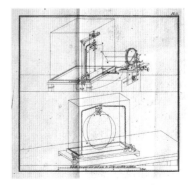

과학 아카데미에 보고한 앙페르의 논문 〈두 전류의
상호 작용에 관해서〉에서 발췌.

옴

(Georg Simon Ohm, 1787년~1854년) / 독일

독일 출신 자물쇠 수리공의 아들로 태어났으며, 어렸을 때는 독학으로 높은 수준의 학문을 배운 아버지에게서 과학을 배웠고 뒤에 대학에서 박사 학위를 획득하여 수학 강사가 되었습니다. 쾰른의 김나지움에서 물리를 가르치면서 실험을 시작했고, 전기와 관련된 많은 업적을 남겼습니다.

**"'옴의 법칙'을 통해서
'저항'과 '전압'의 개념을 확립했다."**

**전류의
성질을 연구**

앙페르가 전기와 자기의 관계를 밝혔던 것처럼, 옴은 서로 다른 방향의 전류의 성질을 연구했습니다.

옴은 온도 차이가 열 이동을 발생시키듯이 전압(전위차)에 의해 기전력이 발생하고, 도선으로 전류를 흘려보낼 수 있다고 생각했습니다. 전류의 크기를 측정하는 방법은 앙페르가 이미 확립해 두었기 때문에 금속의 종류나 길이, 두께와 전류의 크기 관계를 조사했습니다.

옴은 이 실험에서 전원에 볼타 전지를 사용했습니다. 그러나 사용하는 동안 전류의 변동이 심했기 때문에 볼타 전지 사용을 중단하고, 2종류의 금속에 온도 차를 부여했을 때 발생하는 전류를 이용해 실험을 계속 했습니다.

이것은 1821년 독일의 물리학자 토머스 요한 제베크(1770년~1831년)가 발견한 현상으로, 제베크 효과라고 불립니다. 옴은 이 발견을 즉시 활용했습니다. 온도 차를 일정하게 한 후, 일정한 기전력으로 전류를 흘려보내어 전류의 세기는 철사 단면적에 비례하고, 철사 길이에 반비례한다는 점을 확인했습니다.

**옴의 법칙을
통해서 얻게 된 결과**

옴의 저서 중에서도 특히 유명한 《수학적으로 분석한 갈바니 회로》(1827년)에서 옴은 볼타가 발명한 볼타 전지(갈바니 전지)와 이 전지에서 발생하는 전류의 전기 현상을 수학적으로 고찰했으며, 앞서 발표했던 옴의 법칙도 여기에 기술했습니다.

회로에 흐르는 전류에 관해 배우는 단원에서 V는 전압(전위차), I는 전류, R은 저항이라고 하며, V= IR이라는 식과 함께 '옴의 법칙'이라는 명칭을 배웠을 것입니다. 그러나 옴이 이 관계성을 기술한 19세기에는 전압(전위차), **전기 저항**이라는 표현은 아직 존재하지 않았습니다. 옴이 발견한 것은 '전류의 세기와

옴의 저서.
《수학적으로 분석한 갈바니 회로》(1827년)

금속의 길이(저항)의 곱은 일정(이것이 전압에 해당한다.)하다.'는 것이었습니다. 저항이나 전압이라는 용어를 사용하지는 않았지만, 옴의 발견을 통해 이러한 개념이 확립되게 되었습니다.

다른 나라에서 업적을 평가받다.

옴이 기술한 관계성은 회로를 이해하고 있는 경우에는 대단히 중요한 발견이었지만, 안타깝게도 당시 독일에서는 이 관계성을 거들떠보지도 않았습니다. 그러나 당시 **전신** 기술이 발달한 영국에서는 전신망에서 중요하게 생각하는 금속의 길이에 관한 법칙의 가치를 인정하여 후에 왕립 협회에서 메달을 수여했습니다. 그 결과 독일에서도 재평가 받게 되어 60세가 되었을 때 비로소 뮌헨대학에서 실험 물리 교수가 되었습니다. 또한 옴의 이름을 따서 저항의 단위인 옴[Ω]을 사용하게 됩니다.

옴이 살았던 시대의 독일과 영국의 차이

사실 옴이 발견했다고 알려진 법칙은, 이미 영국의 캐번디시가 이와 동일한 관계성을 발견했습니다. 옴이 발견했을 때로부터 거슬러 올라가면 약 50년 전인 1781년경입니다. 그러나 캐번디시는 이 발견을 공표하지 않았으며, 세월이 흘러 그의 유고집을 통해 이 사실이 밝혀졌습니다. 그러므로 옴은 캐번디시가 발견한 동일한 이 법칙을 독자적으로 발견한 셈이 된 것입니다.

이 내용을 통해서 연상해 볼 수 있듯이 당시 영국은 과학 분야에서 최첨단을 달리고 있었습니다. 영국, 프랑스, 스페인, 네덜란드와 같은 나라는 식민지 지배를 통해 부유해졌고, 산업 혁명으로 사회 구조가 크게 변화하는 시대였습니다. 옴의 법칙이 발견된 19세기 전반의 영국은 산업 혁명 이후에 도입된 다양한 과학 기술 덕분에 대단히 힘 있는 나라가 되었습니다.

한편 독일은 18세기 말이 되어서야 비로소 민족 통일을 시작하였으며, 사회의 근대화로 막 방향을 틀기 시작한 상태였습니다. 그렇기 때문에 많은 사람이 과학 연구에 몰두했다 하더라도 그 연구 내용이 기술에 활용되고 사회로 환원되기까지는 시간이 좀 더 필요했습니다.

영국의 역사학자 D.R. 헤드릭(1941년~)은 전신(電信)이 보이지 않는 무기라고 말했습니다. 산업 혁명으로 첨단 기술을 보유하고 있던 영국에서는 그 기세를 그대로 유지해 철도망과 전신 기술도 거의 동시에 발전했습니다. 특히 전신의 발달 측면에서 당면한 과제를 보완하는 데 크게 도움이 된 옴의 법칙은 당시 영국에는 보물과도 같았을 것입니다.

파급 효과

옴은 여러 가지 실험을 바탕으로 전기 현상을 수학적으로 기술할 수 있는 방법을 찾으려 했으며, 그 결과 후대의 전기 회로 학문의 문을 열었습니다. 현대까지 이어지는 전기 기술의 발전은 옴의 법칙이 없이는 생각할 수도 없는 것입니다.

뒷이야기 ✕ ✕ ✕ ✕ ✕ ✕ ✕ ✕ ✕ ✕ ✕ ✕ ✕ ✕ ✕ ✕ ✕ ✕

사람의 삶을 완전히 바꾸어 놓은 '전등'

옴이 사망한 지 얼마 지나지 않은 19세기 후반에 발전소가 점차 건설되기 시작하면서 전력망의 범위가 넓어지게 되었고, 유선 통신이 활발해지기 시작했으며 순식간에 전기가 실용화된 시대였습니다.

이 모든 것이 사람의 생활을 크게 변화시키는데 기여했지만, 그 당시 사람에게 가장 큰 변화를 가져온 것은 조명 기기였을 것입니다. 1879년 미국의 발명왕 에디슨(1847년~1931년)은 백열전구를 발명해 전 세계에 전등을 보급했습니다. 백열전구를 실용화하기 위해서는 수명이 긴 필라멘트가 필요했습니다.

이러한 필라멘트 재료에는 일본 교토의 대나무로 만든 숯이 가장 적절했는데, 평균 1000시간 이상 빛을 냈다고 합니다. 일본의 대나무는 1894년까지 전 세계에 빛을 비췄으며, 그 이후에는 금속 텅스텐이 사용되었습니다.

✕ ✕

'전기를 켠다.'는 것은 무슨 의미일까요? 우리 주변의 사례를 바탕으로 생각해 봅시다!

전기 제품을 사용하기 전에는 코드 플러그를 콘센트에 끼우고 스위치를 켭니다. 그렇게 하지 않으면 전기 제품은 작동하지 않습니다. 너무나 당연해 보이지만, 어떤 원리가 작용하는 것일까요?

전기가 통하는 길인 '회로'가 필요하다.

적용되는 원리에 관한 힌트로 '회로'를 생각해 봅시다. 발전소나 전지에서 만들어진 전기는 '전원'으로 이용할 수 있지만, 전원으로 이용하기 위해서는 전기 에너지를 빛이나 열, 소리나 움직임 등의 에너지로 변환하는 부분인 '전기 제품'과 전원 사이에 전기가 통하는 길인 회로를 만들어야만 합니다. 기본적인 회로에 관해 배울 때, 전원은 '전압', 전기의 흐름을 '전류', 전기 제품은 '저항'이라고 배웠을 것입니다.

전압·볼트[V]

전기를 띤 물체인 전하 주변에는 전기 영향이 작용하는 공간이 있고, 그 공간을 전기장(전계)이라고 합니다. 전기장에서 다른 전하에 작용하는 전기적인 힘의 세기(방향도 생각해야 한다.) E를 전기장의 강도(크기)라고 하며, $E = kQ/r^2$(k는 비례 정수.

Q는 전하의 전기량. r 은 전하로부터의 거리) $[N/C = V/m]$으로 나타냅니다. 또한 전기장 내부의 위치에 따라서 전하에 축적되는 전기 에너지(전기적 위치 에너지)의 크기를 전위라고 합니다.

전기장 내부의 두 점 사이의 전위의 차를 전압(전위차)이라고 하며, 전위차가 있는 두 점을 회로로 연결하면 회로에 전류가 흐릅니다. 전압의 크기는 전압계로 측정하고, 단위는 볼트[V]입니다. 전압은 전기의 흐름을 일으키는 특성을 가지고 있기 때문에 기전력이라고 부르기도 합니다.

전류·암페어[A]

전위차로 인해 회로에 발생한 전류는 마치 강이 흘러가는 것처럼 회로에 따라 흘러가기 때문에 회로에 분기점이 있다면 흘러가는 양이 줄어듭니다. 또한 전위가 높은 곳에서 낮은 곳으로 흐르기 때문에 전류의 방향은 전지처럼 한 방향으로 전류가 계속 흐르는 직류 전원인 경우에는 플러스에서 마이너스로 흘러갑니다.

전류의 크기는 전류계로 측정하며, 단위로는 암페어[A]를 사용합니다. 전류의 정체라고 할 수 있는 전자의 이동은 마이너스에서 플러스 방향이며,

전류의 방향과는 반대입니다. 콘센트는 전류의 방향이 최종적으로 역전하는 **교류 전원**입니다.

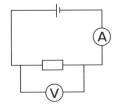

전류계와 전압계를 연결하는 방법
회로에 관해 전류계는 직렬로, 전압계는 병렬로 연결합니다.

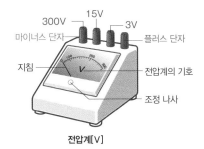

300V 15V 3V
마이너스 단자 — 플러스 단자
지침 — 전압계의 기호
조정 나사

전압계[V]

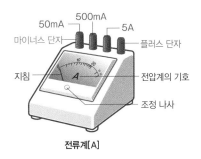

50mA 500mA 5A
마이너스 단자 — 플러스 단자
지침 — 전압계의 기호
조정 나사

전류계[A]

저항·옴[Ω]

전기가 흐르기 어려운 정도를 저항이라고 하며, 크기의 단위는 **옴**[Ω]으로 표현합니다.

물질에는 전기가 흐르기 쉬운 **도체**와 전기가 전혀 흐르지 못하는 **부도체**(절연체), 전기가 조금 흐르는 **반도체**가 있습니다.

대부분의 금속은 도체이며, 금, 은, 동과 같은 금속은 전기가 매우 흐르기 쉬워서 저항을 거의 0[Ω]이라고 간주합니다. 이러한 재료는 도선에 사용하기 적합합니다. 도체 중에서도 다른 금속에 비해 저항이 큰 재료로 니크롬이 있는데, 이 재료는 전열선에 사용합니다. 저항에서는 전기의 에너지가 열이나 빛으로 변환되는데, 저항의 이러한 특징을 이용하는 전기 제품도 많이 있습니다.

도선처럼 두께가 같고 길이가 긴 물체의 저항 크기는 길이에 비례하며, **단면적**에 반비례합니다. 그리고 금속은 온도가 높아질수록 저항이 커집니다. 나무나 플라스틱, 유리, 고무 등은 부도체이므로 전기가 거의 통과하지 않기 때문에 송전선의 피복이나 콘센트, 다양한 전기 기기 등의 절연체로 많은 분야에 사용되고 있습니다.

반도체는 전압이나 전류를 제어하는 소자 등에 적합하며, **집적 회로**(LSI, IC)나 **발광 다이오드** 등의 재료가 됩니다.

회로와 옴의 법칙

전원에 도선만 연결하면, 저항이 거의 없는 **쇼트**(단락) **회로**가 되기 때문에 큰 **전류가 흘**러서 전원이나 도선이 지나치게 뜨거워지거나 발화 현상이 생길 수도 있어 위험합니다.

회로는 저항을 활용해서 전기 에너지를 이용하기 위해 설계되었습니다. 전원이 있고, 어떤 크기의 저항을 연결하면 전류가 얼마나 흐를지를 계산한 후, 그 전류나 저항에서 발생하는 열이나 빛에 견딜 수 있는 구조로 만들어진 것이 바로 전기 제품, 그리고 그 전기 제품을 사용하는 각 가정의 배선입니다. 그 기본이 되는 것이 전압, 전류, 저항 간의 관계를 나타낸 **옴의 법칙** $V[\mathbf{V}] = I[\mathbf{A}] \times R[\Omega]$ 입니다.

[그림1] 설명

직렬접속 : R_1의 저항과 R_2의 저항을 한 선로 안에 넣은 회로.

전체 저항 $R = R_1 + R_2$

전류 $I = I_1 + I_2$ 이므로 어느 곳에서도 동일하다.

전체의 전압 $V = V_1 + V_2$

[그림2] 설명

병렬접속 : R_1의 저항과 R_2의 저항을 분기한 선로 양쪽에 각각 넣은 회로.

전체 저항 $\dfrac{1}{R} = \dfrac{1}{R_1} + \dfrac{1}{R_2}$

전류 $I = I_1 + I_2$

전체의 전압 $V = V_1 + V_2$ 이므로 모두 같다.

덴마크 황금시대를 살아가면서 젊은 동화 작가 안데르센을 지원하다.

북유럽의 왕국 덴마크는 유틀란트반도와 여러 섬이 속한 나라입니다. 닐스 보어(p.258)나 올레 크리스텐센 뢰머(p.83), 노벨상을 수상한 생물학자 닐스 뤼베르 핀센(1860년~1904년), 지진파의 연구로 잘 알려진 여성 지질학자 잉게 레만(1888년~1993년)도 덴마크 출신입니다.

세계적으로 전기에 관한 연구가 활발해진 19세기 전반에 덴마크는 정치적인 격동의 시기를 겪고 있었지만, 예술적으로는 독일의 영향을 받아 꽃을 피운 풍부한 창작 활동으로 인해 황금시대라고 불렸습니다. 그중 한 명을 언급한다면 '인어 공주'로

유명한 동화 작가 한스 크리스티안 안데르센(1805년~1875년)을 들 수 있습니다. 전류와 자계를 연구했던 한스 크리스티안 에르스텟은 이 황금기 동안 젊은 안데르센을 지원했으며 깊은 교우 관계를 맺었습니다.

에르스텟은 거의 독학으로 코펜하겐 대학에 입학하여 공부했고, 후에 물리학 교수가 되었습니다. 전류가 흐르는 도선 근처에 나침반이 있으면 바늘의 방향이 본래의 방향과 달라지는 것을 발견했습니다. 그래서 전류가 흐르면 주변에 어떠한 자기적인 영향력이 방사된다고 생각했고, 정확한 관계성과 대칭성을 실험하기 시작했습니다. 에르스텟은 덴마크 특허청의 전신을 창설했으며, 자기장의 단위인 에르스텟[Oe]에 이름을 남겼습니다.

뒷이야기 ×

3개의 회로에서 소형 전구의 밝기는 어떻게 달라질까요? p.175의 관계를 바탕으로 생각해 봅시다.

예

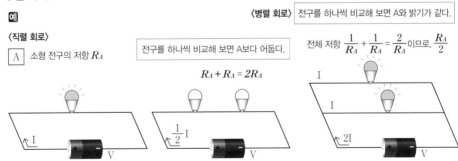

〈직렬 회로〉

A 소형 전구의 저항 R_A

전구를 하나씩 비교해 보면 A보다 어둡다.

$$R_A + R_A = 2R_A$$

〈병렬 회로〉 전구를 하나씩 비교해 보면 A와 밝기가 같다.

전체 저항 $\frac{1}{R_A} + \frac{1}{R_A} = \frac{2}{R_A}$ 이므로, $\frac{R_A}{2}$

소형 전구 1개와 건전지 1개일 때의 전류를 1이라고 하면, 소형 전구가 2개일 때의 경우는 다음과 같이 생각해 볼 수 있다.

✚ 직렬접속: 소형 전구가 1개일 때의 회로보다 전체의 저항이 2개의 합으로 2배가 되기 때문에 흐르는 전류는 절반이 된다. 회로 안을 흐르는 전류는 어느 곳에서든 크기가 같기 때문에 2개 소형 전구의 밝기는 동일하지만 전류의 크기가 절반이므로 전구가 1개일 때보다 어둡다. 소형 전구 1개의 필라멘트가 끊어져서 불이 꺼지면 단선이 되며, 회로가 끊어지기 때문에 다른 한 전구의 불도 꺼지게 된다.

✚ 병렬접속: 소형 전구 1개의 회로일 때보다 전체의 저항이 절반으로 줄어들기 때문에 흐르는 전류는 2배가 된다. 전류는 중간에서 절반으로 나누어져 흐르기 때문에 두 전구 각각에 흐르는 전류도 절반이 된다. 두 전구의 밝기는 동일하며, 소형 전구 1개일 때와 같은 전류가 흐르기 때문에 밝기는 A와 동일하다. 소형 전구 1개의 불이 꺼지더라도 반대쪽 회로는 선로가 끊어지지 않기 때문에 다른 한 전구의 빛은 꺼지지 않는다.

10장

전자파

패러데이 *Michael Faraday* | 1791년~1867년

"'전기'와 '자기'의 떼려야 뗄 수 없는 관계를 해명했다."

맥스웰 *James Clerk Maxwell* | 1831년~1879년

"이론적인 '전자파'의 존재를 수식으로 나타냈다."

헤르츠 *Heinrich Rudolf Hertz* | 1857년~1894년

"공간을 통해 전달되는 '전자파'를 실증했다."

우리에게 친숙한 에너지 '전자파'

전자파는 세상에 흘러넘치는 에너지 전반의 형태이며 우리 주변에서도 가장 유용하게 사용되고 있는 파동입니다.

'눈'으로 본다는 의미는 가시 광역의 전자파를 눈이라는 수용체로 받아들여 뇌에서 인식하고 정보로 이용하는 것입니다. 양지에 있으면 몸이 따뜻해지는 것은 적외선의 영향이며, 햇볕에 타는 것은 자외선의 영향입니다. 이 2가지 모두 전자파의 일종입니다. 이처럼 사람은 진화의 거의 최초 단계부터 전자파의 영향을 받았으며 그 정체를 해명하기까지는 많은 연구와 오랜 시간이 걸렸습니다. 지금은 전자파의 파장별 특성을 알게 되었고, 다양한 곳에서 활용하고 있습니다.

자석이나 정전기의 성질은 고대 그리스 시대부터 연구되어 왔으며 과학자는 실험을 거듭해 전지라고 하는 지속적으로 전류를 만들어 내는 방법을 고안했습니다. 그 결과 전기와 자기에 관한 연구가 더욱 발전했고 이 둘은 서로 뗄 수 없는 관계를 가지게 된 것이 명확해졌습니다.

패러데이는 전류끼리의 상호 작용 원인은 전류 주변에 발생하는 자계라는 점으로부터 자석과 전류의 사이에도 동일한 상호 작용이 있을 것이라고 생각했으며, 자석과 전류로 도선을 '움직일 수 있다.'는 발상을 떠올렸습니다. 일반적으로는 물체를 '움직이기'위해서는 무엇인가로 물체를 직접 밀어야 하지만, 예를 들어 만유인력처럼 떨어져 있는 물체 사이에서도 작용하는 것도 있습니다. 전기와 자기의 힘 역시 떨어져 있어도 작용하며, 조건에 따라서는 물체에 '움직임'이 발생합니다. 이러한 방법이 성공을 거두고, 더 나아가 운동을 지속하는 방법을 생각해 낸 것이 오늘날의 모터입니다. 패러데이는 자석을 움직여 전류를 흘려보내는 전자 유도라는 현상도 발견했습니다. 이 발견이 발전기가 되어 전기를 중심으로 한 현대 사회를 이루는데 기여했습니다.

맥스웰은 앙페르(p.166)와 패러데이, 가우스(p.152)의 법칙을 정리하고 전기와 자기의 관계를 수식으로 나타냈습니다. 그리고 이 2가지가 함께 전달되는 '전자파'의 존재를 예측했고, '빛'은 그중 한 종류라는 것도 표현했습니다. 이 이론은 후에 헤르츠를 통해 실험적으로 확증되었습니다.

패러데이
(Micheal Faraday, 1791년~1867년) / 영국

영국의 가난한 가정에서 태어났지만, 서점에서 일하는 동안 많은 책을 접하여
독학으로 과학의 길을 걸었으며, 왕립 연구소 조수가 되었습니다. 콘덴서에
사용되는 정전 용량의 단위 '패러드[F]'는 패러데이의 이름에서 딴 것입니다.
모터나 전자 유도와 같은 귀중한 발견을 다수 남겼습니다.

"'전기'와 '자기'의 떼려야 뗄 수 없는 관계를 해명했다."

**패러데이의
공개 실험**

패러데이의《촛불의 과학》이라는 책을 알고 계십니까[그림1]. 이 책은 패러데이가 왕립 연구소에서 아이들을 위해 크리스마스 강연을 한 내용을 책으로 편찬한 것으로, 한국에서도 오랜 기간 많은 사람이 읽고 있습니다. 패러데이가 왕립 연구소에서 전동기의 공개 실험을 했을 때 군중 속에서 한 부인이 "이 새로운 장난감은 무엇에 도움이 될까요?"라고 물었습니다. 바늘이 약간 움직이는 정도였던 그 전동기가 그다지 매력적으로 보이지는 않았기 때문이었을까요. 패러데이는 "갓 태어난 아기가 무엇에 도움이 될까요?"라고 대답했다고 알려져 있습니다. 패러데이의 이 발견은 세상을 바꾸어 놓은 모터의 첫 걸음이 되었습니다.

[그림1] 《촛불의 과학》이란 동일 제목으로 국내에서도 출간됨.

모터의 시초

패러데이는 1821년에 전류의 자기 작용을 활용해서 연속된 운동을 만들어 내는 데 성공했습니다. 그것은 다음과 같은 장치였습니다. 용기 안에 수은이 들어있고, 녹색으로 칠해진 용기 내부에는 전극이 부착되어 있습니다. 중앙에는 동으로 만든 도선을 늘어뜨려 수은에 담갔고, 도선과 전극을 전원에 연결하면 전체적으로 전류가 흐르게 되어 있습니다. 철사 옆에는 자석이 세워져 있으며 전류가 흐르면 자석과의 상호 작용으로 늘어뜨려진 도선이 움직이는 것입니다[그림2]의 오른편. 반대로 자석을 움직여서 도선의 주변이 움직이게 하는 장치도 만들었습니다[그림2]의 왼편.

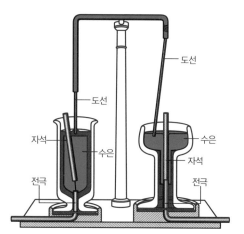

[그림2] 이 장치는 전극이 수은을 매개체로 해서 도선으로 회로가
연결되어 있기 때문에 전류가 전체에 흐를 수 있습니다.

전자 유도의 발견

　　더 나아가, 패러데이는 매달아 둔 자석 아래에서 동판을 회전시키면 자석이 이에 이끌려 회전하는 것을 발견했습니다. 연구자는 이 관계를 더욱 깊이 이해하기 위해 전기와 자기의 상호 작용을 계속해서 연구했습니다. 앙페르(p.166) 역시 전류가 자기를 만들어 낸다면 자기를 가지고 전류를 일으킬 수도 있지 않을까라는 생각을 가지고 있었지만 정지해 있는 자석으로 전류를 발생시킬 수는 없었습니다. 모터의 시초가 된 실험으로부터 10년이 지난 1831년에 패러데이는 드디어 자계에 변화를 일으키면 전류가 발생한다는 현상(전자 유도)을 발견했습니다. 철로 만든 링에 두 세트의 코일을 감은 후 한쪽 코일에 전류를 흘려보내기도 하고, 중단하기도 하면 검류계의 바늘이 움직였습니다(그림3). 또한 막대자석을 코일에 넣었다 뺐다 할 때에도 전류가 발생하는 것을 확인했습니다. 패러데이와 비슷한 무렵에 미국의 물

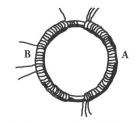

[그림3] 철로 만든 링 하나에 A와 B 두 철사를 각각 감아 둔 코일. 한쪽 코일에 전원을 연결해서 전류를 흘려보내면 다른 한쪽의 코일에 전류가 발생하는 것을 측정할 수 있다.

리학자이자 스미스소니언 박물관을 운영하고 있는 학술 협회 초기 회장인 조지프 헨리(1797년~1878년)도 전자 유도를 발견했습니다.

파급 효과

패러데이의 전자 유도가 발견된 때로부터 50년 뒤, 런던에 세계 최초 전등용 발전소가 건설되었습니다. 전자 유도를 통해 발전기가 만들어지고 개량되는 것과 함께 모터도 개량되었기 때문에 사람들은 전기를 간단하게 이용할 수 있게 되었고, 회전이 자유로운 모터가 증기 기관을 대체하게 되었습니다.

뒷 이야기 ✕✕✕✕✕✕✕✕✕✕✕✕✕✕✕✕✕✕✕✕✕✕

과학이 교양의 한 분야로 널리 퍼져 나가다.

패러데이는 강연을 아주 잘 했기 때문에 그가 왕립 연구소에서 금요일 밤마다 강연을 할 때면 항상 만원이었다고 합니다. 그리고 아이들을 위한 크리스마스 강연에서는 아이와 함께 참석한 드레스를 입은 부인들의 모습도 많이 볼 수 있어서, 그 당시 과학은 교양의 한 분야로 사람들의 흥미를 불러일으키고 있었다는 것을 알 수 있습니다. 왕립 연구소에서 행해진 강연은 지금도 계속되고 있습니다(오른쪽 사진).

1855년 왕립 연구소에서 크리스마스 강연을 하고 있는 패러데이의 모습.

지금도 왕립 연구소에서는 강연회가 계속되고 있다. 사진은 2015년 12월 1일에 열린 강연회의 모습이다.

✕✕✕✕✕✕✕✕✕✕✕✕✕✕✕✕✕✕✕✕✕✕✕✕✕✕

맥스웰
(James Clerk Maxwell, 1831년~1879년) / 영국

영국(스코틀랜드)에서 태어나 에든버러 대학을 나온 이론 물리학자입니다. 전자기 이외에도 기체 분자 운동론 및 통계 열역학 연구로도 잘 알려져 있습니다. 토성의 고리가 판 형상이 아니라 무수한 입자로 구성되어 있다는 것을 이론적으로 증명했습니다. 그가 열역학에 관해 고안한 '맥스웰의 악마'라는 사고 실험으로 잘 알려져 있습니다.

"이론적인 '전자파'의 존재를 수식으로 나타냈다."

통신 기술이
발전했던 시대

전지가 발명되면서 전기와 자기의 관계가 점차 밝혀지기 시작하자 순식간에 전기를 이용해 정보를 주고받게 되었습니다. 유선 전신기는 1837년에 영국에서, 그리고 7년 뒤에 미국에서 실용화되었습니다.

이처럼 보급되어 있던 유선 통신에서 탈피할 실마리가 된 것은 19세기 후반 전자파에 관한 예측과 검증이었습니다.

전기와 자기의
여러 가지 법칙

맥스웰은 패러데이(p.180)가 전자 유도를 발견한 해에 태어났으며, 후에 패러데이의 저서 《전기학의 실험적 연구》에 기술된 개념에 크게 자극받았습니다. 전기나 자기를 띤 것이 있으면 그 주위에 물리적인 영향력을 가진 공간이 일정 범위에 존재하게 됩니다. 이것을 가리켜 전계(전기장) 또는 자계(자기장)라고 합니다. 전자 유도의 법칙을 통해서 자계의 변화로 인해 전류가 발생하는 것, 다시 말해 전계를 생성한다는 것을 알게 되었습니다. 한편, 앙페르(p.166)를 통해 전계의 변화는 자계를 생성할 수 있다는 것도 증명되었습니다. 더 나아가 가우스(p.152)에 의해 전하 및 자기 공간에서 확산되는 모습이 명확하게 밝혀졌습니다.

법칙을 통합한
맥스웰의 방정식

맥스웰은 1864년에 이 내용을 정리해서 전계의 시간적 변화가 자계를 생성하고, 그 반대도 가능하다(전계와 자계의 대칭성)는 구조를 모형화하고 벡터 분석을 이용해 말이 아니라 수식으로 표현했습니다. 전자기를 통일적으로 표현한 이 방정식은 '맥스웰 방정식'이라고 불립니다. 그리고 맥스웰은 전자파의 존재를 예측했으며 그 전반 속도가 빛의 속도와 같다는 점을 증명했고, 빛이 전자파라는 것을 시사했습니다.

물리학을 크게 바꾼
'장'에 대한 이론

맥스웰에게 영향을 준 패러데이는 여러 가지 큰 발견보다는, 왜 그러한 현상이 발생하는지에 관해 계속 의문을 가졌습니다. 패러데이는 전자석과 철 덩어리가 떨어져 있는 상태에서도 끌어당길 수 있는 이유는 뉴턴(p.52, 106)이 말하는 것처럼 서로 간에 '원격 작용'이 발생하는 것이 아니라 전자석과 철 덩어리 사이의 아무것도 없는 공간에 힘을 전달하는 무엇인가가 존재한다고, 다시 말해 어떤 것인가가 자리 잡고 있다고 생각했습니다. 패러데이는 무엇인가가 존재하는 이 특별한 공간을 '장'이라고 불렀습니다. 다시 말해서 자석이 만들어 낸 특별한 공간인 '자기장'에서 철이 힘을 받는다고 생각한 것입니다.

그러나 패러데이는 자신의 생각에 확신을 가지지 못했습니다. 그는 고등 교육을 받지 않았기 때문에 항상 동업자의 비판에 시달려야만 했으며, 그러한 비판은 그가 확신을 가지지 못하게 만들었습니다. 그리고 여기서 맥스웰이 등장합니다. 맥스웰은 14세 나이에 '계란의 곡선을 완벽하게 그리는 방법'이라는 주제의 논문을 에든버러 왕립 협회에 제출했지만, 내용의 수준이 너무 높았기 때문에 처음에는 본인이 쓴 것이 아니라는 의심을 받았을 정도로 수학적인 재능이 뛰어났습니다. 그런 재능이 있었기 때문에 그는 패러데이가 생각한 '장'을 '맥스웰 방정식'으로 정리할 수 있었습니다. 그 뒤, '장'의 이론은 전자기학뿐만 아니라 양자 역학의 '양자장', 우주론의 '중력장'등 현대 물리학을 논할 때 빼놓을 수 없는 것이 되었습니다.

'장'에 관해 생각해 보기 위해 간단한 예를 하나 들어봅시다. 자석 주변에 철가루를 뿌리면 철가루는 자석의 한쪽 끝에서 반대쪽 끝으로 이어지는 곡선 형태의 모양을 형성합니다. 철가루 대신에 작은 방

지구 주변으로 퍼져 나가는 자계에 관한 상상도.

자력선

위 자석을 사용할 수도 있습니다. 그러면 자침의 방향이 일제히 호를 그리게 됩니다. 이렇게 형성된 호를 자력선이라고 부릅니다. 전하의 주변에도 이와 비슷한 선을 그리는 시험을 해볼 수 있으며, 이 선은 전기력선이라고 합니다. 지도의 등고선에서는 선의 간격이 좁으면 지표면의 경사가 급하다고 판단합니다. 자력선과 전기력선 역시 자기와 전기에서 마치 지도처럼 강도를 표현할 수 있습니다.

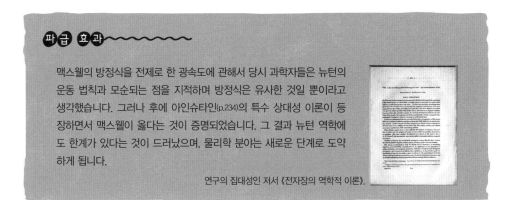

파급 효과

맥스웰의 방정식을 전제로 한 광속도에 관해서 당시 과학자들은 뉴턴의 운동 법칙과 모순되는 점을 지적하며 방정식은 유사한 것일 뿐이라고 생각했습니다. 그러나 후에 아인슈타인(p.234)의 특수 상대성 이론이 등장하면서 맥스웰이 옳다는 것이 증명되었습니다. 그 결과 뉴턴 역학에도 한계가 있다는 것이 드러났으며, 물리학 분야는 새로운 단계로 도약하게 됩니다.

연구의 집대성인 저서 《전자장의 역학적 이론》.

뒷이야기

캐번디시 연구소의 초대 소장이 되다.

오늘날 '맥스웰 방정식'이라고 불리는 식은 맥스웰이 직접 고안한 것이 아니며, 뒤에 헤르츠(p.188)가 정리한 표현입니다. 맥스웰은 지금도 영국의 과학계를 이끌고 있는 캐번디시 연구소 설립에 공헌했으며, 1874년에 초대 소장이 되었습니다.

뒤에 아인슈타인이 케임브리지를 방문했을 때, 영국의 물리학자인 뉴턴과 맥스웰을 떠올리며 자신의 연구를 뒷받침한 업적 중에 맥스웰의 업적이 가장 크다고 하며 경의를 표했습니다. 맥스웰은 캐번디시(p.56)의 유고집을 발견하고 이를 정리하여 소개하는 등, 자신의 연구뿐만 아니라 그 외에도 훌륭한 일을 많이 했지만 안타깝게도 48세에 암으로 세상을 떠났습니다.

헤르츠
(Heinrich Rudolf Hertz, 1857년~1894년) / 독일

독일 부유층 출신의 물리학자로, 베를린 대학에서 키르히호프(1824년~1887년)와 코일로 이름이 알려져 있는 헬름홀츠(1821년~1894년)처럼 우리가 물리 시간에 이름을 익히 들어온 물리학자에게서 가르침을 받았습니다. 전자기 외에도 기상학이나 접촉 응력을 연구했습니다. 전자파를 실증한 것을 인정받아 그의 이름을 따서 진동수(주파수)의 단위로 헤르츠[Hz]를 사용합니다.

"공간을 통해 전달되는 '전자파'를 실증했다."

**맥스웰의 방정식이
계기가 되다.**

헤르츠는 대학에서 실험 물리를 전공했으며, 취직한 후 처음에는 수학을 가르쳤습니다. 그때 다시금 맥스웰의 방정식을 수학적으로 파악하게 됩니다. 그 뒤에 다시 실험 물리를 다루게 되면서, 우연한 계기로 코일 한 쪽의 단자 사이에서 방전이 일어나면 옆에 있던 다른 코일의 단자에도 불꽃이 튀는 현상을 발견하게 됩니다. 헤르츠는 이렇게 떨어져 있는 코일 간의 공간에 전달된 것이 바로 맥스웰이 예측했던 전자파가 아닐까라고 추측했으며, 본격적으로 전자파를 **발생**시키기 위한 장치와 **수신체**를 조합하는 연구를 시작했습니다.

**실험을 통해
전자파의 존재를
확증하다.**

헤르츠가 고안한 안테나는 전자파를 발생시키는 쪽에 큰 2개의 전기를 축적하는 구를 배치하고, 거기서 각각 1m짜리 도선으로 연결한 작은 구를 전극으로 해서 수 mm 간격으로 배치한 것입니다[그림 1]. 이것이 라이덴병이나 유도 코일, 스위치 등을 조합한 회로에 연결되고, **진동 전류**에 의해 작은 구 사이에 주기적으로 고전압이 걸릴 때마다 방전이 발생하여 거의 60MHz 이상의 진동수를 가진 전자파가 **방사**됩니다. 반대쪽 수신 안테나는 싱글 턴 코일 형태인데, 도선의 양 끝에 간격이 있으며 전자파를 수신하면 그곳에 불꽃이 튀고, 이를 확대경으로 확인하는 구조입니다. 헤르츠는 이 장치를 이용해서 1888년에 전자파의 존재를 확인하는데 성공했습니다.

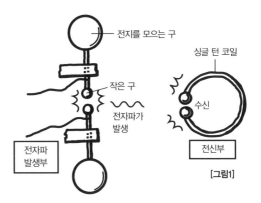

[그림1]

**우주 공간으로
전달되는 전자파**

태양이나 행성으로부터 나온 빛은 우주 공간을 거쳐 지상으로 쏟아집니다. 6장의 '빛 제1부(파장의 탐구)'에서도 빛에 관한 파동설과 입자설의 논쟁이 발생했다고 언급했는데, 파동설을 주장한 훅(p.48)은 우주 공간에 빛을 전달하는 에테르라는 매질이 있다고 생각했습니다.

19세기까지 과학자들은 에테르가 존재한다고 생각해서 에테르의 다양한 특성과 성질을 파악해 빛의 전달을 설명하려 했지만, 이 검출 실험을 하면 할수록 오히려 입증하기가 어려워졌습니다.

전자파, 빛, 그리고 이들의 속도와 전반적인 원리는 차례차례 새로운 베일이 걷히듯 밝혀졌기 때문에 이론이 유동적이었습니다. 맥스웰의 방정식과 헤르츠의 실증을 통해서 이 점이 점차 확실해졌습니다. 그리고 우리가 지금까지 근거로 생각해 온 '지상'에서의 관측이 절대적인 것이 아니며 지구 그 자체의 운동에 영향을 받고 있다는 사실을 이해하게 되었습니다.

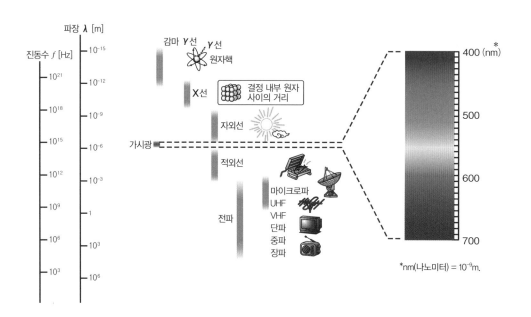

파급 효과

전자파는 유선인 도선이 닿을 수 없는 아주 먼 곳까지 뻗어 나갈 수 있기 때문에 곧바로 통신 수단으로 이용되었습니다. 다시 말해 헤르츠의 실험이 무선 통신 시대로의 길을 열었다고도 할 수 있겠습니다. 이에 따라 정보 혁명이 일어났고, 지금의 인터넷 사회로 발전하게 되었습니다. 또한 먼 우주까지도 도달할 수 있기 때문에 지상에 있으면서 우주선을 제어하거나 관측 데이터를 수신하는 것도 가능하게 되었습니다. 또한 아인슈타인(p.236)의 특수 상대성 이론이 등장하는 계기가 되었다고도 할 수 있습니다.

뒷 이 야 기 ✕

헤르츠는 자신의 발견이 실용성이 있다는 것을 인식하지 못했다.

헤르츠의 발명은 결과적으로는 무선 통신으로의 길을 여는데 크게 기여했지만, 스스로는 전자파의 실용성을 크게 인식하지 못했습니다. 기술적인 어려움이 있었던 것도 이유 중 하나이겠지만, 앞으로 어떻게 활용될 것인가 하는 질문에 관해서는 자신의 실험이 맥스웰이 옳다는 것을 증명한 정도라고만 대답했다고 합니다. 그러나 사람들은 헤르츠의 장치에 주목하기 시작했고, 개량을 거듭했습니다. 예를 들어 무선 통신에 공헌하여 노벨상을 수상한 이탈리아의 마르코니(1874년~1937년)도 그러한 사람 중의 한 명입니다.

독일에서 발행된 헤르츠 우표.

전자파란 무엇일까요?
우리 주변의 사례를 바탕으로 생각해 봅시다!

안테나나 리모컨에서 발신되는 것, 라디오나 전화의 전파 통신 혹은 광통신, 지상으로 내리쬐는 햇볕, 자외선, 먼 우주에서 오는 전자파……. 우리 눈에 보이지 않지만 매우 익숙한 이런 존재를 통칭해서 전자파라고 부릅니다.

전하의 이동과 자계

전기나 자기는 공간을 뛰어넘어 작용하며, 빛은 떨어져 있는 장소까지 전달됩니다. 지금은 전파나 빛을 이용해 정보를 주고받는 것이 당연한 시대가 되었습니다.

전류가 흐르는 도선 주변에는 자계가 생성되는데, 사실 전하가 움직이는 것만으로도 그 주변에 자계가 발생합니다.

정전기가 발생하는 것 혹은 체내의 **이온**이 이동하는 것과 같이 전하의 이동은 다양한 형태로 우리 주변에 존재하며, 이 모든 것이 자계를 동반합니다.

모두 전하의 이동이 위아래에 모두 발생하며, 그곳에는 자계도 약하게 발생합니다.

운내방전(뇌운에서 대지로 전하를 방출하는 낙뢰와 뇌운 내부에서 일어남.)

자계가 전하에 미치는 힘

특정 자계 안에서 전하가 이동하면 자신의 자계와 상호 작용을 해서, 전하가 진행 방향에 수직인 힘을 받습니다. 운동하는 전하에 자계가 미치는 힘을 **로렌츠 힘**이라고 합니다.

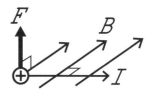

플러스 전하
I : 플러스 전하가 움직이는 방향 (마이너스 전하라면 역방향으로 생각한다).
B : 특정 자계의 방향
F : 로렌츠 힘의 방향

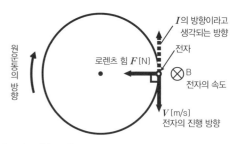

자속 밀도 B[T]와 같은 균일한 자계가 지면과 평행한 평면에 수직으로 가해지고 있다.

동일한 자계 내에서 이동하는 점전하가 로렌츠 힘을 받으면 항상 진행 방향에 수직인 방향으로 F의 힘을 받기 때문에, 원운동이 발생합니다.

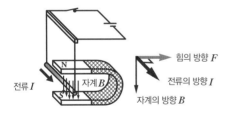

힘의 방향 F

전류 I 자계 B

전류의 방향 I

자계의 방향 B

자석 근처에서 도선에 전류를 흘려보내면 힘을 받아서 도선이 움직이는 것 역시 이 힘에 의한 것입니다.

자석 사이에서 코일에 전류를 흘려보내면 코일은 힘을 받아 움직입니다. 구조적인 측면에서 생각해 보면 코일이 자계 내부에서 계속 회전하게 만들 수 있습니다. 이것이 **모터**의 원리입니다.

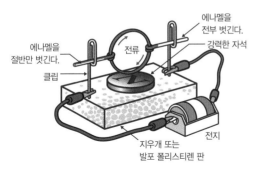

에나멜을 전부 벗긴다.

에나멜을 절반만 벗긴다.

전류

강력한 자석

클립

지우개 또는 발포 폴리스티렌 판

전지

전류를 흘려보내면 둥근 원이 회전한다.

전자 유도란

코일 안에서 자석이 움직이는 현상에서 알 수 있듯이, 도체 근처에서 자계가 변화하면 순간적으로 도체 내에서 전하의 이동이 발생하여 전계가 생성됩니다. 이 현상을 **전자 유도**라고 하고, 발생한 전계에 의한 기전력을 **유도 기전력**이라고 부릅니다. 이때 회로가 닫혀 있어서 기전력에 의해 전

류가 흐르는 경우, **유도 전류**가 발생했다고 합니다. 자석 안에서 코일을 **회전**시키거나 혹은 코일 사이에서 자석을 회전시켜서 코일에 자계의 변화를 만들면 코일에 기전력이 발생합니다. 이것이 **발전**의 원리입니다.

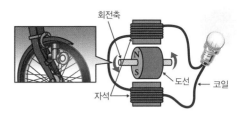

회전축

도선

자석

코일

자전거의 라이트는 바퀴의 회전을 이용해 발전시키는 것이다.

광속으로 전달되는 전자파

이처럼 실제로 전기와 자기의 힘을 이용할 때, 보통 함께 활용하기 때문에 이 둘을 합쳐 **전자기력**이라고 합니다.

전계가 시간적으로 변화하면 그에 따라 자계가 발생하고 변동합니다. 마찬가지로 자계가 시간적으로 변화하면 전계가 발생하고 변동합니다. 이때 이 상호간의 움직임은 수직으로 작용합니다.

이 변화가 진동수로 연결되면 전계와 자계의 진동이 함께 차례차례 전달되는 전자파가 되어 공간을 건너 전해지게 됩니다.

전자파는 진공 상태에서도 전달되는데 **반사**, **굴절**, **회절**, **간섭**, **편광(편파)** 등 소리(p.118)와 마찬가지로 파동의 성질을 가지고 있습니다.

전자파의 속도는 **광속도** $c = 3 \times 10^9$[m/s]라는 식으로 알려져 있습니다.

전자파의 종류와 이용 방법

전자파는 파장이 킬로미터 단위인 아주 긴 것부터, 10^{-15}m정도로 아주 짧은 것까지 폭넓게 존재한다는 것이 특징입니다. 파장이 긴(진동수*가 낮은) 것을 장파나 중파라고 하고, 단파를 **전파**라고 하며, 그것보다 짧은 적외선, 400나노미터 정도부터 650나노미터 정도의 범위가 우리의 시야를 이루는 **가시광선**, 그리고 그보다 더 짧아지면 자외선, X선, 감마선으로 이어집니다. 이 중에서 적외선부터 자외선까지의 범위를 일반적으로 빛이라고 합니다. X선과 감마선은 **방사선**으로 취급합니다.

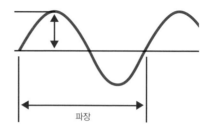

파장

*진동수
1초에 몇 번 진동하는지를 나타냅니다.(1파장의 진동을 1회로 간주합니다.) 전자파의 경우, 파장 [m] = 광속도 3×10^{8}[m/s]÷진동수[Hz]의 관계입니다.

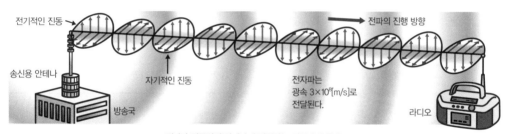

전기적인 진동
송신용 안테나
방송국
자기적인 진동
전파의 진행 방향
전자파는 광속 3×10^{8}[m/s]로 전달된다.
라디오

전파가 접근하면 안테나에 진동하는 전류가 흐른다.

·칼럼· 전파는 어떤 전자파일까요?

전파를 이용하려면 허가가 필요하다.

전파에는 파장이 긴 것부터 파장이 짧은 것까지 광범위한 전자파가 포함이 되는데 전파법이라는 법률에서는 전파를 이용하는 관점으로 분류해 두었습니다. 우선 전파는 진동수(주파수)가 3T(테라 = 10¹²) 헤르츠 이하(파장 1mm 이상)의 전자파를 말합니다.

파장이 긴 전파는 10만km부터 1000km 정도에 이르는 대단히 긴 것도 있으며, 이러한 파장은 수중 잠수함의 통신에 사용됩니다. 100km 정도까지를 극초장파, 10km 정도를 초장파, 1km 정도를 장파라고 부르며 이 정도의 파장은 전파시계나 장파 방송에 활용합니다.

1km~100m를 중파라고 하고 100m~10m를 단파라고 하는데, 둘 다 방송에 사용합니다. 단파는 아마추어 무선이나 업무적인 통신에도 사용합니다.

운동회에서 100m 달리기를 하는 것을 연상해 보시기 바랍니다. 단파는 그 정도의 길이에서 마루와 골의 일주기를 형성합니다. 그러면 1000km 정도의 장파라면 대단히 완만한 변동을 보일 것으로 예상할 수 있습니다.

10m~1m는 초단파라고 하는데 사람의 키와 비슷한 값도 이 범주에 들어갈 것입니다. 초단파는 VHF 텔레비전 방송에 사용됩니다.

1m~100mm(=10cm)는 자 1개 정도의 길이에서 일주기를 형성합니다. 이것은 극초단파라고 불리며 지상파 디지털 방송이나 휴대전화, GPS, 전자레인지에서 이 정도의 파장을 사용합니다. 100mm~10mm(=1cm)는 센티미터파, 무선 LAN, 위성방송, 고속도로의 ETC와 같은 곳에 사용됩니다. 10mm~1mm를 밀리미터파라고 하며, 전파 천문대에서 유용하게 사용합니다.

이처럼 전파는 정말 다양한 곳에서 사용됩니다. 그러나 전자파 파장의 범위가 정해져 있으므로 이를 낭비 없이, 그리고 문제없이 사용하기 위해서 면허 제도를 실시하고 있습니다. 무선 종사자 면허는 전파를 사용하고 싶은 사람들이 취득하는 면허로, 이를 취득하기 위해서는 국가시험을 통과해야 합니다.

그러나 휴대 전화의 경우에는 서비스를 제공하는 통신사에서, 그리고 텔레비전 방송의 경우에는 각각의 방송사가 법률적인 허가를 받고 전파를 사용하고 있기 때문에 우리는 면허 없이도 이 전파를 사용할 수 있습니다.

라디오 방송　　텔레비전 방송　　BS(위성 방송)

각각 사용하고 있는 파장이 다르다.

그리스 로마 시대

기원전 10세기경	유목민이 철을 끌어당기는 돌을 발견했다.
기원전 6세기경	그리스 철학자 탈레스(기원전 625~기원전 547년경), 호박을 문지르면 작은 물체가 달라붙는 현상과 천연 자석에 관해 언급했다.
기원전 1세기경	로마 철학자 루크레티우스(기원전 95년경~기원전 55년경), 자석이 철에 작용하는 힘의 원인에 관해서 설명했다. 그가 남긴 시는 이후 원자론의 발전으로 이어진다.
77년경	로마의 박물학자 플리니우스(23년~79년), 《박물지》에서 자석의 불가사의함에 관해 언급했다. '그리스의 지식은 7세기경에 아라비아로 전달되었고, 11세기 이후에 점차 유럽으로 다시 전파되었으며 르네상스 시기 뒤에 재차 주목받게 되었다.'
1267년~68년	로저 베이컨(1220년~1292년), 실험 과학을 제창했고, 최첨단의 아라비아 과학을 전달했다.
1600년	**윌리엄 길버트**(1544년~1603년), 《자석론》을 출판했다.
1663년	오토 폰 게리케(1602년~1686년), 1650년 진공 실험에 성공한 후, 마찰 기전기를 발명했고, 이후 전기 연구에 힘을 쏟았다. 코페르니쿠스의 지동설을 지지했다.
	18세기 중반 정전기를 모을 수 있는 라이덴병이 등장했다.
1752년	존 미첼(1724년~1793년)과 존 캔턴(1718년~1772년), 인공 자석을 제작했으며, 제작 방법을 책으로 편찬했다.
	벤저민 프랭클린(1706년~1790년), 연을 사용해서 벼락의 전기를 라이덴병에 모았다.
1767년	조지프 프리스틀리(1733년~1804년), 전기의 역사와 정전기에 관해 조감한 책을 발표했다.
1776년	히라가 겐나이(1728년~1780년), 에레키테르를 재현했다.
18세기 후반	유럽의 살롱에서 정전기를 실연하는 실험이 인기를 끌었다.
1785년~1789년	**샤를 오귀스탱 드 쿨롱**(1736년~1806년), 전기 및 자기의 힘과 거리의 관계를 논문으로 기록해 차례차례 발표했다.
	존 로빈슨(1739년~1805년), 프란츠 에피누스(1724년~1802년), 헨리 캐번디시(1731년~1810년), 이들도 쿨롱이 발견한 것과 동일한 관계를 발견했다.
1791년	루이지 갈바니(1737년~1798년), 《근육 운동에 있어서의 생물 전기에 관하여》를 저술했다.
1799년~1804년	알렉산더 폰 훔볼트(1769년~1859년), 전 세계를 탐험해 각 지역별로 지구 자기장의 강도가 다르다는 것을 발견했다.
1800년	**알렉산드로 볼타**(1745년~1827년), 볼타의 전퇴를 발표했다.
1807년	**카를 프리드리히 가우스**(1777년~1855년), 괴팅겐 천문 부장이 되었다.
1820년	한스 크리스티안 외르스테드(1777년~1851년), 전류가 자침에 작용하는 것을 확인했다.
	앙드레 마리 앙페르(1775년~1836년), 두 전류의 상호 작용에 관해 발표했다.
1821년	**마이클 패러데이**(1791년~1867년), 전류의 전기 작용으로 연속 운동을 생성했다. (모터의 원리)
1827년	**게오르크 시몬 옴**(1787년~1854년), 옴의 법칙을 발표했다.

1831년	가우스가 빌헬름 베버와 함께 전자기에 관해 공저했다. 이와 더불어 베버와 함께 전자기의 단위를 제시했다.
	패러데이, 전자 유도의 법칙을 발표했다. 같은 시기에 조지프 헨리(1797년~1878년)도 전자 유도를 발견했다.
1837년	영국에서 유선 전신기가 실용화되었다.
1864년	**제임스 클러크 맥스웰**(1831년~1879년), 전자파의 존재를 이론적으로 제시했다.
1879년	토머스 에디슨(1847년~1931년), 백열전구를 발명했다. 전기를 사용한 조명이 보급되기 시작했다.
1885년	시다 린자부로(1856년~1892년), 수면을 도체로 한 무선 통신 실험을 했다.
1888년	**하인리히 루돌프 헤르츠**(1857년~1894년), 전자파의 존재를 실험적으로 증명했다.
1894년	굴리엘모 마르코니(1874년~1937년), 전파를 사용한 무선 통신 실험에 성공했다.

역사에 한 획을 그은 과학자의 명언 ❹

폭이 좁더라도 깊이가 있게 하라.

- 카를 프리드리히 가우스

어떤 현상, 특히 새로운 현상이 발생하면 반드시
'원인이 무엇일까, 왜 이렇게 되는 것일까'라고 생각해야만 한다.
언젠가는 그 답을 알게 될 것이다.

- 마이클 패러데이

가상으로 분자의 움직임을 관찰해서
제어할 수 있는 악마가 존재하고 있다면 온도 차이가 없는 곳에서
에너지를 추출할 수 있을 것이다.

- 제임스 클러크 맥스웰

원자의 구조

J.J. 톰슨 *Joseph John Thomson* | 1856년~1940년

"전자의 존재를 증명했다."

나가오카 한타로 *Nagaoka Hantaro*, 長岡半太郎 | 1865년~1950년

"당시의 상식에 현혹되지 않고 원자론에 집중해 업적을 달성했다."

러더퍼드 *Ernest Rutherford* | 1871년~1937년

"방사선 연구를 응용해 원자의 구조를 해명했다."

착상이 떠오른 것은 기원전, 해명에는 2000년 이상이 걸려

물체를 계속 분할해 나가다 보면 어떻게 될 것인가에 관한 의문은 그리스 시대부터 존재했습니다. 데모크리토스(기원전 460년 ~ 370년 경)는 더 이상 분할할 수 없는 궁극의 입자를 원자라고 명명했습니다.

로마 시대 철학자 루크레티우스(기원전 95년경~기원전 55년경)는 데모크리토스의 원자론을 계승한 에피쿠로스 사상을 '사물의 본성에 관하여'라는 시로 만들었습니다. 흩어져 없어졌다고 생각했던 사본이 15세기에 접어든 후, 수도원 지붕 밑 다락방에서 우연히 발견되면서 피에르 가상디(1592년~1655년)를 필두로 많은 사람이 원자에 관해 생각하기 시작했습니다. 그러나 원자가 실존하는 것인지 아니면 머릿속으로 상상할 뿐인 것인지에 관한 논쟁이 18세기까지 계속되었습니다. 그 이유는 원자가 눈에 보이지 않을 정도로 작기 때문이었습니다. 이 논쟁에 종지부를 찍는 계기가 된 것은 식물학자인 로버트 브라운(1773년~1858년)이었습니다. 브라운은 물속에 있는 미립자의 운동에 관해 후세 과학자에게 질문을 던졌습니다.

20세기 접어들어 아인슈타인(p.236)은 중력이 존재하기 때문에 물속에 있는 미립자 수가 용기 바닥에서 위로 이동함에 따라 일정량씩 줄어들 것이라고 생각했습니다. 1908년에는 프랑스의 장 바티스트 페랭(1870년 ~ 1942년)이 다양한 높이에 있는 미립자를 세어 본 뒤, 그 수와 기타 실험 결과를 아인슈타인 이론의 방정식에 대입했습니다. 그렇게 해서 드디어 물의 입자, 분자의 크기를 구할 수 있었습니다. 결국 물의 분자가 현실에 존재한다는 사실이 확인되었습니다.

그리고 그 뒤에는 질풍노도의 시대가 전개됩니다. J.J. **톰슨**에 의해 원자가 궁극의 최소 단위의 입자가 아니라는 것을 알게 되었습니다. 원자 내부의 구조에 관해서 톰슨과 메이지 시대의 일본인 물리학자인 **나가오카 한타로**는 전혀 다른 모형을 고안했습니다. 톰슨의 제자인 **러더퍼드**는 정밀한 실험을 통해서 아이러니하게도 스승인 톰슨이 생각한 모형보다 나가오카가 생각한 모형이 본질에 더 가깝다는 것을 발견했습니다.

원자의 모형

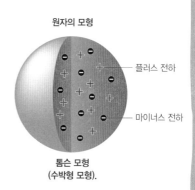

플러스 전하

마이너스 전하

톰슨 모형
(수박형 모형).

나가오카 모형
(토성형 모형).

J. J. 톰슨

(Joseph John Thomson, 1856년~1940년) / 영국

맨체스터 출신이며 케임브리지 대학의 트리니티 칼리지에서 공부했습니다. 28세 나이에 캐번디시 연구소 실험 물리학 교수로 취임해 많은 제자를 육성하는 큰 공적을 남겼습니다. 톰슨 자신도 노벨상을 수상했을 뿐만 아니라 8명의 제자까지도 노벨상을 수상했습니다. 그 제자 중에는 러더퍼드도 포함됩니다. 1915년부터 1920년까지 왕립 협회장으로 일했습니다.

"전자의 존재를 증명했다."

**전자의 정체는
음극선이었다.**

톰슨의 가장 큰 업적은 전자의 존재를 증명한 것입니다. 뢴트겐이 X 선을 발견했을 때, 진공 상태일 때 마이너스극에서 플러스극으로 향하는 음극선의 정체에 관한 의견이 분분했습니다.

톰슨은 [그림1]과 같은 실험 장치를 만들었고, 음극선의 흐름에 전기장을 걸어서 음극선이 구부러진다는 현상을 확인해 음극선이 마이너스 전하를 띤 작은 입자의 흐름이라는 것을 실증했습니다.

더 나아가 전기장과 자기장(p.156)을 모두 걸어서 음극선이 얼마나 구부러지는지를 측정했고 그 입자의 전하와 질량의 비(비전하)를 구했으며, 이 입자는 후에 '전자'라고 불리게 됩니다.

마이너스극 금속을 알루미늄, 납, 주석, 동, 철 등 여러 가지로 바꾸면서 실험을 했지만 발생하는 전자들은 모두 같은 성질을 띠고 있었습니다.

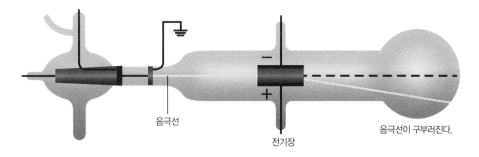

음극선

전기장

음극선이 구부러진다.

[그림1] 톰슨의 실험 장치.

**전자는 원자보다
작은 입자**

또한 전자의 전하를 측정했을 때, 수소 이온의 전하와 거의 비슷하다는 것이 밝혀졌기 때문에 수소 이온의 질량과 전자의 비전하를 통해 전자의 질량은 수소 원자의 약 1/1800이라는 것을 알게 되었습니다. 이렇게 해서 전자가 모든 원자에 공통되는 입자라는 점이 명확하게 밝혀졌으며, 그때까지 최소 입자라고 생각했던 원자가 전자와 그 이외의 부분으로 구성되어 있다는 것을 알게 되면서 원자의 구조에 관해서도 활발하게 논의되었습니다.

실험 중인 **톰슨.**

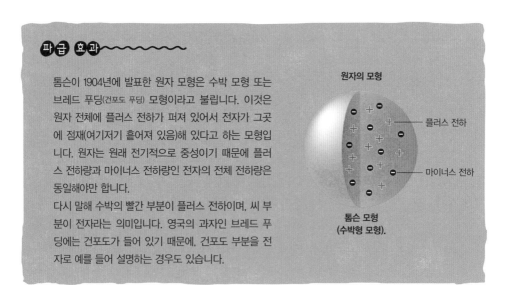

파급효과

톰슨이 1904년에 발표한 원자 모형은 수박 모형 또는
브레드 푸딩(건포도 푸딩) 모형이라고 불립니다. 이것은
원자 전체에 플러스 전하가 퍼져 있어서 전자가 그곳
에 점재(여기저기 흩어져 있음)해 있다고 하는 모형입
니다. 원자는 원래 전기적으로 중성이기 때문에 플러
스 전하량과 마이너스 전하량인 전자의 전체 전하량은
동일해야만 합니다.

다시 말해 수박의 빨간 부분이 플러스 전하이며, 씨 부
분이 전자라는 의미입니다. 영국의 과자인 브레드 푸
딩에는 건포도가 들어 있기 때문에. 건포도 부분을 전
자로 예를 들어 설명하는 경우도 있습니다.

원자의 모형

플러스 전하

마이너스 전하

톰슨 모형
(수박형 모형).

뒷이야기 ✕ ✕ ✕ ✕ ✕ ✕ ✕ ✕ ✕ ✕ ✕ ✕ ✕ ✕ ✕ ✕ ✕ ✕ ✕

인간적인 매력으로 많은 과학자의 마음을 끌다.

톰슨의 아들인 조지 패짓 톰슨(J.P. 톰슨)도 물리학자가 되었으며, 1937년에 전자선 회절의 업적을 인정받아 노벨상을 수상했습니다. J.P. 톰슨이 언급한 아버지에 관한 전기(傳記)를 보면 톰슨이 정말로 '인간미 있는' 사람이었다는 것을 알 수 있습니다. 강한 야심과 직관을 가지고 행동했고, 선입견에 사로잡혀 방황한 적도 있었던 그의 모습은 과학자라면 일반적으로 연상할 수 있는 논리적이고 체계적으로 생각하고 행동하는 모습과 약간 달랐던 것 같습니다.

그러나 그런 인간적인 모습이 많은 과학자의 마음을 끌었습니다. 그래서 그가 리더로 있었던 케임브리지 대학의 캐번디시 연구소는 그 당시 물리학의 성지가 되었다고 합니다.

연구소 출입문에는 초대 소장인 맥스웰이 선정한 구약 성서 시편의 한 구절이 새겨져 있습니다.

'주께서 하신 일은 위대하니,
그가 하신 일을 좋아하는 자는 모두 그것을 연구하려 한다.'

1898년도의 캐번디시 연구소 연구생과 찍은 사진. 맨 앞줄 중앙에 팔짱을 끼고 있는 사람이 톰슨이다.

✕ ✕

나가오카 한타로

(Nagaoka Hantaro 長岡半太郎, 1865년~1950년) / 일본

일본 나가오카현 오무라 번 무사의 집에서 태어났습니다. 메이지 시대에 공무원으로 유럽과 미국을 시찰한 아버지의 영향으로 1893년부터 3년간 독일에서 유학했습니다. 유학하는 도중, 영국의 맥스웰과 오스트리아 볼츠만의 원자와 분자의 존재를 전제로 한 이론에 관심을 가지게 되어 원자론을 공부했습니다. 귀국한 후 도쿄 대학의 교수가 되었으며 많은 과학자를 육성했습니다.

**"당시의 상식에 현혹되지 않고
원자론에 집중해 업적을 달성했다."**

**토성형 모형을
고안하다.**

나가오카는 1904년에 J.J. 톰슨의 건포도 푸딩 모형과는 다른 원자 모형을 제안했습니다. 나가오카는 플러스 전하와 전자가 건포도 푸딩 모형처럼 혼재하지 않을 것이라고 생각했습니다. 그리고 맥스웰의 토성 고리에 관한 논문에서 힌트를 얻어, 중심에 플러스 전하가 모여 있고 그 주변을 전자가 돌고 있는 모습이 마치 토성의 고리를 연상하게 한다고 하는 '토성형 모형'을 제시했습니다. 그리고 7년 후인 1911년에 아이러니하게도 톰슨의 제자인 러더퍼드가 토성 모양의 모형이 실제 원자의 모습을 정확하게 표현하고 있다는 것을 확인했습니다.

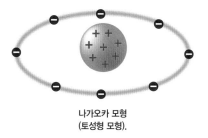

**나가오카 모형
(토성형 모형).**

사실 프랑스의 페랭이 1901년에 발표한 논문에서 전자는 태양을 중심으로 한 행성처럼 플러스 전하를 중심으로 그 바깥을 회전하고 있다고 하는 '원자의 핵 - 혹성 구조'라고 불리는 모형을 제안했습니다. 그러나 대부분이 정성적인 이론이었으며, 이 모형의 역학적, 전자적인 안정성에 관해서는 아무런 언급이 없었습니다.

그때 당시 나가오카는 페랭의 논문에 관해 몰랐던 것 같다고 추측됩니다. 다시 말해, 독자적으로 토성 모양의 모형을 고안한 것입니다. 그리고 원자의 스펙트럼이나 방사능 형상을 그 당시로서는 명확하게 설명했으며 후에 반데르발스 힘에 관해서도 언급될 정도였습니다.

토성 모양의 모형을 검증한 러더퍼드는 나가오카와 교류가 있었는데, 1910년에 맨체스터 대학을 방문했으며, 귀국한 후에는 14페이지나 되는 편지를 쓸 정도였습니다.

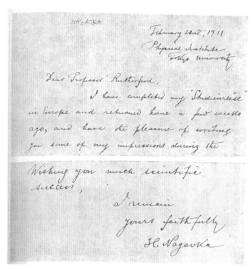

나가오카가 러더퍼드에게 보낸 1911년 2월 22일 자의 편지 서두(위의 사진)와 끝(아래 사진).

X선이 발견된 소식을 전달한 나가오카

나가오카는 유학생이던 무렵, 원자론을 배우기 위해 유학 중이던 베를린 대학을 떠나 뮌헨 대학으로 갔습니다. 그 뒤 베를린 대학으로 돌아왔을 때 뢴트겐(p.218)이 X선을 발견했다는 소식을 듣고 일본에 그 소식을 긴급히 알렸습니다. 나가오카가 귀국한 후, 베크렐, 퀴리 부인, 러더퍼드 등의 연구 성과가 무섭게 발표되었으며 나가오카는 일본 국내 잡지에 그 성과를 차례대로 소개했습니다.

파급 효과

나가오카 모형, 그리고 후에 러더퍼드가 검증한 토성 모양의 모형은 전하를 가진 전자가 중심을 향해 당겨져서 원운동을 하고 있습니다. 그러면 운동하고 있는 전자는 전자파를 방출하기 때문에 에너지를 잃게 되고, 원의 중심을 향해 '떨어지게'되므로 실제 원자의 형태와는 모순이 발생합니다. 그 후 보어가 제창한 수소 원자 모형을 통해 이 문제가 해소되며, 원자나 그 중심에 있는 원자핵의 구조가 밝혀지게 되었습니다.

뒷이야기 ✕

유학 경험을 살려 많은 제자를 육성하다.

나가오카는 아버지 직장을 따라 열 살의 나이에 도쿄 유시마 초등학교에 입학했지만, 주입식 교육에 반발한 나머지 얼마 지나지 않아 낙제하게 되었습니다. 도쿄 영어 학교(도쿄대학 예비학교), 오사카 영어 학교를 거쳐 도쿄 대학 이학부에서 공부했습니다.

나가오카는 재학생이었을 때 영국인 교사 C.G. 노트를 따라 전국의 자기를 측정하러 다녔으며, 연구를 시작한 초반에는 '자기의 비틀림'에 관해 연구했습니다. 그 연구는 혼다 고타로에게 계승되었으며, 자기학은 일본의 물리학에서 확고부동한 위치를 확립하게 되었습니다. 나가오카가 유학생이었을 때 베를린 대학에는 '에너지 보존의 법칙'의 제창자인 헬름홀츠(1821년~1894년), 음향학의 권위자인 쿤트(1839년~1894년), 그리고 플랑크가 있었습니다. 플랑크는 후에 양자 역학의 선구자가 되지만, 나가오카가 유학했을 당시에는 아직 원자 분야에 관심을 가지고 있지는 않았습니다. 눈에 보이지 않는 원자나 분자의 존재를 가정하는 것은 자연 과학이 아니라는 생각이 강했기 때문입니다. 반면에 나가오카는 원자론이 '보일-샤를의 법칙'등 실존하는 기체의 현상을 정확하게 설명하고 있다는 사실에 주목했습니다. 그래서 베를린 대학을 떠나 볼츠만이 있었던 뮌헨 대학으로 갔으며, 원자론을 배운 후 다시 베를린 대학으로 돌아왔습니다. 그리고 일본으로 귀국한 후에는 도쿄 대학의 교수가 되었습니다. 혼다 고타로, 이시와라 준, 데라다 토라히코, 니시나 요시오 등의 많은 물리학자를 육성했으며 오사카 대학의 초대 총장을 역임했습니다. 오사카 대학에 있었던 유카와 히데키의 업적을 높이 평가해 노벨상 위원회에 추천했습니다.

1937년 4월, 제1회 문화 훈장을 수상한 나가오카 (오른쪽 맨 끝). 사진은 수상 후 기념 촬영을 한 모습이다. (사진은 오른쪽에서부터 나가오카 한타로, 혼다 고타로, 기무라 히사시, 오카다 사부로스케, 고다 로한, 사사키 노부츠나, 다케우치 세이호, 요코야마 다이칸) 아사히 신문사 제공.

✕ ✕

러더퍼드
(Ernest Rutherford, 1871년~1937년) / 영국

당시 영국의 식민지였던 뉴질랜드에서 태어났습니다. 캐번디시 연구소 J.J. 톰슨의 수하에서 X선 전리 작용을 연구했으며, 그 뒤에는 캐나다 대학에 취직해 방사선을 연구하기 시작했습니다. 방사선에는 알파선, 베타선의 2종류가 존재한다는 것을 발견했으며, 알파선을 사용해 원자의 구조를 해명하는데 성공했습니다.

"방사선 연구를 응용해 원자의 구조를 해명했다."

러더퍼드 산란

러더퍼드는 방사선의 알파선(p.230)이 헬륨의 이온, 다시 말해 입자라는 것을 밝혀냈습니다. 그리고 1911년에 알파선의 입자를 금박에 쏘았을 때, 금박을 통과하지 못하고 진로가 크게 바뀌는 알파선이 있다는 현상을 발견했습니다. 이 현상을 러더퍼드 산란이라고 합니다.

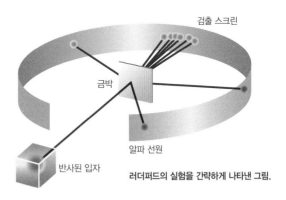

검출 스크린

금박

알파 선원

반사된 입자

러더퍼드의 실험을 간략하게 나타낸 그림.

원자핵은 원자의 일만 분의 일

러더퍼드는 원자 중심에 알파선 입자에 힘을 전달하는 핵 부분이 있으며, 그 핵은 플러스 전하를 가지고 있다고 생각했습니다. 그리고 산란되는 모습을 통해서 원자핵의 크기를 추측했고, 그 직경이 원자의 일만 분의 일이라는 사실을 발견했습니다. 이렇게 원자 모형을 통해 나가오카 한타로가 제창한 토성 모양의 모형이 더 적합하다는 결론에 도달하게 됩니다.

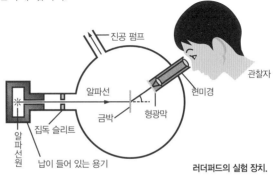

진공 펌프

관찰자

알파선

현미경

금박

형광막

집독 슬리트

알파선원

납이 들어 있는 용기

러더퍼드의 실험 장치.

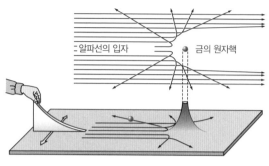

알파선 입자의 산란 모형.

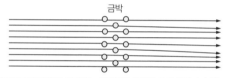

건포도 푸딩 모형의 경우에는 알파선의 입자가 크게 휘어지지 않는다.

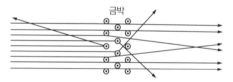

이 실험에서는 원자 중심에 작은 원자핵이 존재함을 상상할 수 있는 결과가 도출되었다.

**원자핵의 구조가
계속해서 밝혀지다.**

　알파선의 입자를 뛰어넘은 원자의 중심 부분은 **원자핵**이라고 불리
게 되었습니다. 그리고 더 나아가 수소의 원자핵은 플러스 전기를 가
지고 있기 때문에 **양자**라고 불리게 됩니다. 다시 말해 수소 원자는 양
자 1개의 주변을 전자 하나가 돌고 있는 구조입니다. 원자는 원래 전
기적으로 중성이기 때문에, 다른 원자는 전자의 수만큼 원자핵으로서
의 양자를 가지고 있다고 생각했습니다.

　그렇지만 위의 생각대로라면 질량이 맞지 않습니다. 예를 들어, 헬
륨 원자는 전자를 2개 가지고 있기 때문에 양자도 2개 있어야 합니
다. 전자는 매우 가볍기 때문에 원자의 질량은 양자의 질량과 거의 같
습니다. 그렇다는 것은 헬륨 원자의 질량이 수소 원자의 질량의 2배가

되어야 한다는 것입니다. 그러나 실제로는 4배의 값입니다.

1932년에 러더퍼드의 제자인 제임스 채드윅(1891년~1974년)은 마리 퀴리의 딸 내외의 실험 결과를 통해 원자핵 내부에 전기적으로 중성인 입자가 존재한다는 것을 확신했고, 그 질량은 양자의 질량과 거의 비슷하다는 것을 계산했습니다. 이 입자는 **중성자**라고 불리게 되었으며, 채드윅은 중성자의 발견으로 1935년에 노벨 물리학상을 수상했습니다. 이렇게 해서 원자핵은 양자와 중성자로 구성되어 있다는 것이 밝혀졌습니다.

파 급 효 과

러더퍼드는 J.J. 톰슨의 뒤를 이어 캐번디시 연구소의 소장이 되었습니다. 그는 이전 소장의 방침을 물려받아 제자 육성에 힘을 쏟았습니다. 그의 제자인 윌슨은 기체 상태의 알코올로 포화 상태가 된 상자를 냉각시켜서 내부에 있는 방사선의 궤적을 파악하는 '윌슨 무함(Wilson 霧函)'을 개발했습니다. 그리고 중성자를 발견한 채드윅 역시 러더퍼드의 제자 중 한 명입니다.

뒷 이 야 기 ✕

물리학을 집념 있게 연구한 러더퍼드, 노벨 화학상을 수상하다.

러더퍼드는 화학자들에게 괴롭힘을 당했던 것을 마음에 두고 '화학자는 구제 불능의 바보들', '과학이라 할 수 있는 것은 물리뿐이며, 그 외에는 모두 우표 수집이나 다를 바 없는 것이다.'라는 과격한 발언을 상당수 남겼습니다. 그는 1908년에 방사선을 방출하는 물질은 방사선 방출로 인해서 다른 물질로 변한다는 현상을 발견하여 노벨 화학상을 수상했습니다. 이것은 신의 장난이라고밖에 말할 수 없겠습니다. 러더퍼드 본인도 수상 소감에서 이렇게 말했습니다. "오랜 기간 동안 많은 종류의 변화를 접했지만, 나 스스로가 물리학자에서 화학자로 순식간에 변모한 것이 놀

영국 맨체스터 대학에 있는 러더퍼드 기념판.

랍습니다." 러더퍼드는 그 업적으로 한 세대이기는 했지만 남작의 지위도 부여 받았습니다. 그 문장에는 방사능의 변화를 나타내는 그래프와 뉴질랜드의 마오리족 전사가 그려져 있습니다.

✕ ✕

꽃가루가 계기가 되어 원자의 구조를 밝히다.

11장 서두(p.199)에서 다루었던 식물학자인 로버트 브라운이 어떻게 원자의 존재를 증명하는 계기를 만들었는지에 관해 자세하게 다루어 보겠습니다.

꽃가루 안에 있는 미립자가 물속에서 움직이다.

1827년에 브라운은 물에 떨어진 꽃가루가 흩어지는 미립자의 형태를 현미경으로 조사했을 때, 이 미립자가 여기저기 불규칙하게 움직인다는 사실을 발견했습니다. 생물이기 때문에, 단순하게 생명이 있기 때문에 움직이는 것이라고 생각했으나, 문득 1가지 발상이 떠올라 100년 이상 지난 옛날 표본에서 꽃가루를 가져온 다음 물에 뿌린 후 현미경으로 관찰했습니다. 이 꽃가루 역시 움직였습니다. 브라운은 생명력이 전혀 없는 석탄재를 시작으로 돌이나 유리 가루 같은 것을 사용해 닥치는 대로 실험해 보았지만 이 모든 것이 물속에서 움직인다는 사실을 확인했습니다. 브라운은 물의 흐름과 증발, 미립자 사이에 작용하는 힘과 같은 몇 가지 원인을 떠올린 후, 어느 것도 원인이 아니라는 점을 확인했습니다.

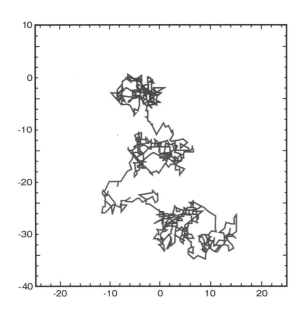

컴퓨터를 가지고 시뮬레이션 한 브라운 운동.

브라운 운동과 명칭

그 뒤 브라운이 발견한 미립자 운동은 브라운 운동이라고 불리게 되었습니다. 그러나 브라운 운동의 원인은 한동안 밝혀지지 않았습니다.

1873년에 독일의 위너가 물 분자 운동이 원인이라는 가설을 발표했고, 1877년에 프랑스의 델조는 '현미경으로 관찰할 수 있는 미립자의 운동은 보이지 않는 물 분자가 미립자에 여기저기 부딪히면서 발생하는 것이다.'라고 설명했습니다.

p.199에서 언급했던 것처럼, 브라운 운동에 관한 이 설명을 바탕으로 물 분자가 확실히 존재한다는 생각이 크게 발전하게 되었습니다.

브라운 운동은 우리 주변의 사례를 통해 간단히 확인할 수 있습니다. 물에 잉크나 우유, 바닥 광택제 왁스를 뿌려 봅시다. 물 분자의 브라운 운동에 의해 각각의 미립자가 확산되는 것을 관찰할 수 있습니다. 그리고 물 분자 하나는 2개의 수소 원자와 하나의 탄소 원자의 결합으로 구성되어 있다는 사실을 통해 원자의 구조를 해명할 수 있게 되었습니다.

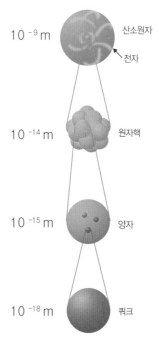

10^{-9} m 산소원자 전자

10^{-14} m 원자핵

10^{-15} m 양자

10^{-18} m 쿼크

원자에서 쿼크까지 크기를 비교한 것.

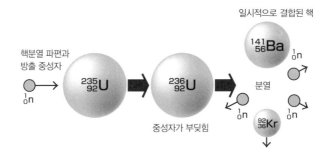

중성자에 의한 우라늄 235의 핵분열.

루크레티우스의 시 '사물의 본성에 관하여'를 통해

이번 장의 서두(p.199)에서 언급한 것처럼, 루크레티우스의 시가 원자론의 발달에 미친 영향력은 매우 컸습니다. 이 소제목에서는 그의 시에 관해 소개하겠습니다. 이 시는 루크레티우스가 데모크리토스의 원자론을 계승한 에피쿠로스의 사상에 감동을 받아서 지었다고 알려져 있습니다.

《사물의 본성에 관하여》 히구치 카츠히코 옮김, 이와나미 분코, 1961년.

(중략)

인류의 생활이 높은 하늘 곳곳에서 두려운 형태로 인간에게 다가왔다.

이 엄격한 종교적 공포로 인해 볼품없이 대지에 짓눌려졌을 때, 처음으로 그리스 사람 에피쿠로스가 이에 대담하게 저항하며 눈을 떴다.

신에 관해 이야기하는 신화도, 번개의 빛도, 위압적인 천둥소리도 그를 막을 수가 없었다.

오히려 그것은 그의 정신에 굳센 용기를 불어넣었고, 문을 굳게 닫아건 자연의 빗장을 산산이 부술 수 있다는 희망을 고취시켰다.

게다가 그는 생생한 정신력으로 승리를 거두고, 세계의 끝에서 불과 불타는 벽조차 아득히 뛰어넘어 상상과 생각을 펼쳐 모든 무한한 세계를 활보하며 승리자로서 돌아왔다. 그는 우리 인간에게 무슨 일이 벌어졌는지, 어떤 일은 벌어지지 못할 것인지, 각각의 성질이 어떻게 정해졌으며 그 성질이 얼마나 바뀌기 힘든 것인지를 알려 주었다.

이로 인해 이번에는 종교가 억눌러졌으며 발밑에 짓밟히게 되었고, 승리는 우리 인간을 하늘에까지 드높였다.

원자력을 활용할 수 있는 길이 열리다.

원자의 핵은 때때로 붕괴한다.

러더퍼드 이후의 연구에서 원자핵 역시 항상 존재하는 것이 아니라 때때로 붕괴될 수 있다는 점이 확인되었습니다. 그래서 원자핵 붕괴에 관한 연구가 활발히 이루어졌으며, 그 과정에서 원자핵은 양자와 중성자, 이 2종류의 입자로 구성된다는 것(12장 '방사선' 참조)과, 양자와 중성자가 핵력에 의해 고착되어 있는 상태의 질량과, 양자의 질량 × 수 + 중성자의 질량 × 수인 경우의 값이 다르다는 것이 확인되었습니다.

그리고 아인슈타인의 상대성 이론으로 너무나 잘 알려진 $E = mc^2$ 을 적용하면, 질량이 변화한 분량만큼 에너지로 변환된다는 것을 알 수 있습니다. 따라서 우라늄처럼 큰 원자핵이 분열하면 어마어마한 에너지를 얻을 수 있습니다. 예를 들어, 우라늄 1km이 핵분열을 했다고 가정하면 석유 200만km(2000t)을 연소시킨 것에 해당하는 에너지로 변화합니다.

질량 결손 사례

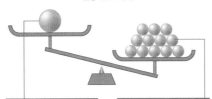

탄소 원자핵 6개의 양자와 6개의 중성자가 결합되어 있다.

각각 흩어져 있는 상태의 6개의 양자와 6개의 중성자

탄소 원자의 질량
12.00000amu ①

탄소 원자를 구성하고 있는 전자, 양자, 중성자를 합산한 질량
12.09894amu ②

①과 ②의 차이는 질량 결손을 의미합니다. 0.09894amu에 해당하는 에너지는 92.1MeV입니다.

$$\left(\begin{array}{l} 1amu = 1.66 \times 10^{-27}kg \\ 1MeV = 1.60 \times 10^{-13}J \end{array} \right)$$

맨해튼 계획과 아인슈타인의 편지

맨해튼 계획이라고 불리는 제2차 세계대전 중 미국의 원자 폭탄 제조 계획은 독일에 선수를 빼앗길 것을 우려한 아인슈타인이 당시 대통령인 루스벨트에게 편지를 쓴 것에서 시작되었다고 합니다. 그러나 사태는 단순하게 흘러가지 않았으며, 정치가, 군부, 과학자들의 생각이 마구 뒤섞여 혼란한 상황이 되었습니다. 그 편지의 경우, 아인슈타인은 서명만 했을 뿐이며 편지의 내용을 적은 것은 실라르드와 같은 다른 과학자였습니다. 당시에 아인슈타인은 맨해튼 계획에 전혀 관여하지 않았습니다.

맨해튼 계획에 참가한 과학자들의 리더는 오펜하이머였고, 구성원 중에서 이 책에 등장하는 인물로는 콤프턴, 페르미, 보어 그리고 영국에서 중성자를 발견한 것으로 잘 알려진 채드윅이 포함됩니다. 당시에 박사 논문을 쓰고 있는 중이었던 파인만 역시 젊은 과학자의 리더로 참가했습니다.

맨해튼 계획은 너무나 큰 결과를 초래했기 때문에, 과학자들은 자신의 연구가 가져올 사회적인 책임도 고려해야 한다는 점을 생각해 보게 되었습니다.

맨해튼 계획의 군부 사령관이 마셜 참모총장에게 보낸 문서. 날짜는 나가사키 원폭 투하 직후인 1945년 8월 10일. 미국 국립 워싱턴 공문서관에서 히로시마 시에 보낸 극비 문서를 촬영한 것. 아사히 신문사 제공.

12장

방사선

뢴트겐 *Wilhelm Konrad Röntgen* | 1845년~1923년

"X선을 발견해 인류에게 크게 공헌했다."

베크렐 *Antoine Henri Becquerel* | 1852년~1908년

"우연한 계기로 자연 방사선을 최초로 관측했다."

마리 퀴리 *Marie Curie* | 1867년~1934년

"'방사능'이라는 단어를 최초로 만들어 냈다."

유리관에 한껏 빠져든 과학자들

18세기에 뉴턴을 시작으로 한 과학자들이 뿌린 과학의 씨앗은 19세기에 들어 봄날에 꽃이 피는 것처럼 순식간에 놀라울 정도로 개화하기 시작했습니다. 그리고 이 시대에 어른들이, 그것도 사람들의 존경을 한 몸에 받는 과학자라고 불리는 사람이 한껏 빠져든 것은 다름 아닌 공기를 뺀 단순한 유리관이었습니다. 1709년에 이미 프랜시스 혹스비가 그 시대의 성능이 좋지 않은 펌프를 사용해 공기를 빼낸 유리관 내부 혹은 근처에서 정전기를 발생하게 하면, 유리관 내부에서 신비로운 빛을 관찰할 수 있다고 기록한 바 있습니다. 1855년에 독일의 가이슬러는 유리관 안의 기압을 1만 분의 1까지 낮출 수 있는 강력한 진공 펌프를 개발해, 관 내부에 여러 종류의 기체를 넣고 고전압을 가하면 기체의 종류나 압력에 따라 서로 다른 선명한 빛이 발생하는 것을 확인했습니다. 이것은 오늘날의 네온관이나 형광등의 시초가 되는 발견이었습니다. 그 후 가이슬러의 진공관(가이슬러 관)을 가지고 다양한 발견이 이루어집니다.

1875년에 크룩스는 가이슬러관(크룩스 관)을 고안했습니다. 크룩스관을 통해서 마이너스 전극의 반대편이 빛을 낸다는 것을 확인하자, 그는 전기가 마이너스에서 플러스로 흐른다고 생각했습니다. 골드슈타인은 이 전기의 흐름에 음극선이라는 이름을 붙였습니다. 그리고 크룩스는 전기가 흐르고 있는 곳에 십자형 금속판을 배치하면 흐름이 차단된다는 것을 통해 음극선이 직진한다는 것을 밝혀냈습니다. 또한 자석에 의해서는 구부러진다는 사실도 발견했습니다.

크룩스 관.

이런 방전관이 개발되고 연구되는 와중에, **뢴트겐**에 의해 인류는 최초로 X선이라는 방사선과 조우하게 됩니다. 뢴트겐의 발견을 통해서 **베크렐**은 인류 최초로 자연 방사선의 관측에 성공했으며, **마리 퀴리**는 새로운 방사성 물질을 발견했습니다. 이 장에서는 이 3명의 업적과 왠지 모르게 '무서운' 생각이 드는 방사선에 관해 자세히 알아보겠습니다.

뢴트겐
(Wilhelm Konrad Röntgen, 1845년~1923년) / 독일

프로이센 왕국(지금의 독일)에서 출생했으며, 아버지는 직물 공장 경영자로 유복한 가정에서 태어났습니다. 취리히 공과 대학에 진학해 클라우지우스 강의를 듣고 물리에 관심을 가지게 되었습니다. 기센 대학, 뷔르츠부르크 대학의 교수를 역임했으며, 1894년에는 해당 대학의 학장으로도 선출되었습니다. 뷔르츠부르크 대학에서 일하는 동안 X선을 발견하는 역사에 길이 남을 업적을 이루었습니다.

"X선을 발견해 인류에게 크게 공헌했다."

X선의 발견으로 방사선 연구가 시작되었다.

오늘날 거의 모든 사람이 부상당한 정도를 확인하거나, 질병 진단 및 예방을 위해 뢴트겐 촬영을 합니다. 그런데 뢴트겐이 사람 이름이라는 것을 아는 사람은 많지 않을 수도 있습니다.

1895년 11월 8일에 뢴트겐은 크룩스관을 두꺼운 검은 종이로 감싼 후에 방을 어둡게 만들었습니다. 그리고 1m가량 떨어진 책상 위에서 그 물체가 희미하게 빛을 내고 있는 현상을 발견했습니다.

이 빛의 근원은 '테트라사이아노 백금산(Ⅱ) 바륨'이었습니다. 뢴트겐은 크룩스관에서 나오고 있는 것이 틀림없는 '테트라사이아노 백금산(Ⅱ) 바륨'을 빛나게 하고 있는 미지의 존재에 **X선**이라는 이름을 붙였습니다. 그리고 뒤에 X선이 방사선이라는 것이 밝혀집니다.

X선을 발견한 것이 방사선 연구의 시초였습니다. 참고로 최초로 미지의 물체에 알파벳 X를 사용한 것은 데카르트라고 알려져 있습니다.

X선의 성질을 대부분 밝혀내다.

뢴트겐은 이날부터 7주간 다양한 실험을 거듭해 오늘날 잘 알려져 있는 X선의 성질 대부분을 밝혀냈습니다. 그리고 1895년 12월 28일에 실험 결과를 '새로운 종류의 광선에 대하여'라는 제목의 논문으로 정리해 물리 의학 협회에 보고했습니다.

뢴트겐이 받은 노벨상 상장.

그 내용 중에는 X선이 발생하는 방법, 직진성, 자석에 의해 구부러지지 않는다는 점, 사진 건판을 감광시키는 것 등에 더해, 다양한 물질을 투과시키는 능력이 있음을 상세하게 보고했습니다.

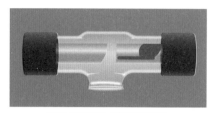

X선을 발생시키는 장치인 쿨리지관.

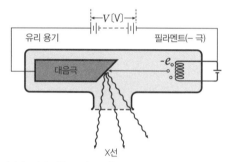

필라멘트에서 나온 전자(열전자)가 고전압에 의해 가속되어 대음극에 충돌할 때 소실되는 운동 에너지가 연속 X선의 에너지가 된다.

파급 효과 ~~~~~~~~~~~

1896년 새해가 밝았을 때, X선이 발견되었다는 정보가 온 세계를 휩쓸었습니다. 당시의 통속 잡지에까지 실렸을 정도입니다. 물리 학회가 아니라 의학 협회에 보고되었기 때문에 우왕좌왕하는 사이에 의학적으로 사용되게 된 것 같기도 합니다. 실제로 X선을 발견한지 2개월이 지났을 때, 빈에서 외과 수술에 활용되었습니다.

뢴트겐은 물리학뿐만 아니라 의학에도 크게 공헌했습니다. 그럼에도 불구하고 그는 X선에 관한 아무런 특허를 등록하지 않았습니다. 그리고 귀족 칭호를 수여받는 것 역시 거절했습니다. 미국의 발명왕인 토머스 에디슨(1847년~1931년)은 뢴트겐의 그러한 행동에 관해 '과학에서, 의학에서 그리고 산업 분야에서도 엄청나게 귀중한 발견을 했지만, 그는 이를 통해 어떠한 금전적인 이익도 취하지 않았다.'고 감탄했습니다. 뢴트겐은 독일이 제1차 세계 대전에 패한 뒤, 물가 상승으로 인해 생활에 어려움을 겪으며 세상을 떠났습니다. 에디슨이 감탄한 모습 그대로의 최후였다고 할 수 있습니다.

뒷 이 야 기

아내를 두려움에 떨게 한 뢴트겐의 사진

1895년 12월 22일에 뢴트겐은 아내인 베르타를 실험실로 데려와, 오늘날 매우 잘 알려져 있는 바로 그 사진을 촬영했습니다. X선을 실험하는 데 푹 빠져 식사도 하는 둥 마는 둥 해 베르타를 심하게 걱정시켰던 데에 대한 사죄의 의미가 있었던 것 같습니다. 그러나 그의 의도와는 반대로 베르타는 자신의 손과 뼈의 모습이 찍혀 있는 사진을 보고 요절할까봐 공포에 떨었다고 합니다.

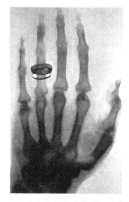

X선이 발견된 지 3개월 후, 일본에서도 X선에 관한 추가 실험을 실시

X선을 발견한 사실은 당시 유학 중이었던 나가오카 한타로의 편지로 멀리 떨어져 있는 일본에 전달되었으며, 그로부터 3개월 뒤에 일본에서도 추가 실험을 실시했습니다. 1896년 10월 10일에는 제2대 시마즈 겐조가 X선 사진 촬영에 성공했습니다. 그다음 해에는 교육용 X선 장치 제조 판매를 시작으로, 1909년에는 일본 최초로 의료용 X선 장치가 지바 현의 병원에 납품되었습니다.

뢴트겐이 촬영한 아내 베르타의 X선 사진을 재현한 그림.

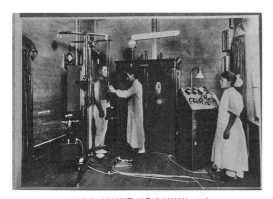

1920년경 X선 장치를 사용해 진단하는 모습.

베크렐
(Antoine Henri Beaquerel, 1852년~1908년) / 프랑스

프랑스에서 태어나, 에콜 폴리테크니크에서 자연 과학을, 국립 토목 학교에서 공학을 배웠습니다. X선 발견 이후 수상쩍은 '대 발견'이 연이어 보고되어 뢴트겐을 포함한 모두가 질려 버렸지만, 방사선에 관해 베크렐이 보고한 것만은 신뢰를 얻었습니다. 그의 가계에 3대에 걸친 유명한 과학자가 있었기 때문입니다. 베크렐은 퀴리 부인과 함께 노벨상을 수상했습니다.

"우연한 계기로 자연 방사선을 최초로 관측했다."

**서랍에 넣어
두어도 X선은
방출된다.**

베크렐은 뢴트겐이 X선을 발견한 것을 알게 된 후, X선이 형광 혹
은 인광(燐光)과 관련이 있지 않을까 생각해서 여러 형광 및 인광을 내
는 물질에 햇빛을 쏘인 후 그 물질이 X선을 방출하는지를 조사했습니
다. X선을 방출하는지를 판단하는 것은 뢴트겐과 동일한 방법, 즉 사
진 건판이 감광하는지의 여부로 판단했습니다.

X선을 측정하려면 햇빛이 필요하다는 베크렐의 초기 가설은 틀렸
습니다. 우연히도 다음 실험 예정일이 흐린 날이었기에, 그는 자신의
초기 가설이 틀렸다는 사실을 깨달을 수 있었습니다.

그는 날이 흐려서 실험을 할 수 없기 때문에 미리 준비해 두었던 인
광 물질인 우라늄 화합물과 사진 건판을 서랍 속에 넣어 두었습니다.

며칠 동안 흐린 날이 계속되었기 때문에 서랍 안에 그대로 놔두었
다가, 혹시 서랍 안의 희미한 빛으로 조금이나마 찍히지 않았을까 하
는 생각에 사진 건판을 현상해 보았더니 그의 생각과 달리 대단히 또
렷한 상이 찍혀 있었습니다.

베크렐은 이 작용이 어두운 곳에서도 일어날 수 있다고 확신했습니
다. 이 일은 1896년 3월 1일에 일어났습니다.

**자연 방사선을
발견하다.**

그리고 베크렐은 모든 우라늄 화합물과 금속 우라늄이 빛을 전혀
사용하지 않고도 사진 건판을 감광시킬 수 있는 수수께끼의 광선을
방출하고 있다는 사실을 확인했습니다.

인광 물질인지 아닌지의 여부는 중요한 것이 아니었습니다. X선에
이은 두 번째 수수께끼의 광선은 발견자의 이름을 따서 **베크렐 선**이라
고 불리게 되었습니다. 베크렐 선의 강도는 −190℃에서 200℃까지 온
도에 관계없이 X선과 마찬가지로 전리 작용을 한다는 것도 밝혀졌습
니다. 그러나 베크렐 선과 X선에는 중요한 차이가 있습니다. 베크렐 선
은 X선과 다르게 음극선관을 필요로 하지 않았습니다. 또한 베크렐 선
의 방출을 저지하는 것도 불가능했습니다. 베크렐은 우라늄과 우라늄
화합물이 3년이 지난 후에도 계속 베크렐 선을 방출하고 있다는 사실
또한 발견했습니다. 이렇게 최초로 **자연 방사선**을 확인하게 된 것입니다.

베크렐은 55세의 나이에 돌연사 했습니다. 마리 퀴리와 비슷하게 방
사선이 원인이라고 합니다.

베크렐이 방사능에 관해 연구한 성과가 기록
되어 있는 《물질의 새로운 자질에 대한 연구》.

우라늄을 포함하고 있는 암석의(연마
된)표면이며, 반사광으로 찍힌 사진을
재현한 것이다.

이 암석을 필름 위에 직접 올려놓은
후, 빛이 전혀 통과하지 않는 용기에
넣은 다음 약 50시간을 방치해 두었
을 때의 모습을 재현한 것이다. 이
그림의 하얀 부분이 좌측 그림의 암
석 표면에 있는 방사성 물질의 위치
에 대응한다.

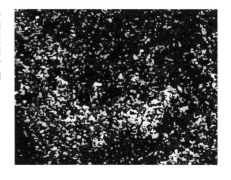

파급 효과〰〰〰

X선은 의학에 사용될 수 있기 때문에 많은 주목을 받았지만, 베크렐 선에 주목한 연구자는 그다지 많지 않았으며, 베크렐 자신도 논문을 발표한 뒤에는 그다지 주의를 기울이지 않았습니다. 파리에 있었던 베크렐의 동료 중 마리 퀴리의 남편인 피에르 퀴리(1859년~1906년)가 있었는데, 마리는 박사 논문 주제로 고민하다가 베크렐의 연구 보고에 관심을 가지게 되었고 베크렐 선을 연구하기 시작했습니다. 그 성과는 p.132에 언급되어 있습니다. 퀴리 부부와 그들의 뒤를 잇는 연구자에게 큰 영향을 미친 공적을 인정받아 베크렐의 이름이 방사능의 단위로 사용되게 됩니다.

● 방사능 및 방사선의 단위

방사능의 강도는 베크렐[Bq]로 표현한다.

(1초 동안에 붕괴되는 원자의 수. 매초 1개가 붕괴되는 수를 1베크렐이라고 합니다.)

방사선의 양은

① 방사선이 얼마나 흡수되었는지(흡수선량)은 그레이[Gy]로 나타냅니다. (물질이 방사선 에너지를 얼마나 흡수했는지를 나타내는 양. 물질 1kg당 1줄의 에너지를 흡수했을 때 1그레이라고 합니다.)

② '인체에 미치는 영향'은 어느 정도인지(선량)은 시버트[Sv]로 나타냅니다. (방사선이 생물에게 미치는 영향은 방사선의 종류나 성질에 따라 달라집니다.) X선, 베타선, 감마선은 1그레이 = 1시버트, 알파선, 중성자선은 1그레이 = 5~10 시버트입니다.

방사성 물질

(시버트*)
인체에 미치는 영향

(베크렐)
방사선의 강도

(그레이**)
물질의 흡수량

*롤프 막시밀리안 시베르트(1896년~1966년 / 스웨덴)가 남긴 방사선 보호 분야의 공적으로 그의 이름을 따서 만든 단위.

**루이스 해럴드 그레이(1905년~1965년 / 영국)가 남긴 방사선 생물학 분야의 공적으로 그의 이름을 따서 만든 단위.

마리 퀴리
(Marie Curie, 1867년~1934년) / 폴란드

러시아가 점령하고 있던 폴란드의 바르샤바에서 6인 형제 중 막내로 태어났으며, 많은 고생을 한 끝에 파리로 유학해 피에르 퀴리를 만나 결혼했습니다. 피에르와 함께 라듐, 폴로늄과 같은 방사선 물질을 발견했으며, 남편이 사망한 뒤에도 연구를 계속해 노벨상을 2번이나 수상하는 업적을 달성했습니다. 그리고 여성 최초로 파리 대학의 교수가 되었습니다.

"'방사능'이라는 단어를 최초로 만들어 냈다."

**남편 피에르의
전위계를 사용해
큰 발견을 했다.**

　마리 퀴리가 이루어 낸 최초의 성과는 토륨과 그 화합물이 베크렐 선과 비슷한 방사선을 방출한다는 점을 규명한 것입니다. 마리는 남편 피에르가 제작한 계측기를 사용해 베크렐 선이 공기를 전이할 때 발생하는 미소한 전류를 측정해 이와 같은 큰 발견을 해냈습니다.

　방사선을 방출하는 것이 우라늄 고유의 성질이 아니라는 것을 알게 된 것이 정말 중요했습니다. 우라늄과 토륨은 그 당시 가장 무거운 원소였기 때문에 무거운 원소는 가벼운 원소와는 성질이 다를 것이라고 추측했습니다. 지금은 납보다 무거운 원자의 원자핵은 자연 붕괴하며, 방사선을 방출한다는 것을 잘 알고 있습니다. 방사선을 방출하는 능력을 **방사능**이라고 하는데, 이 단어는 마리가 최초로 만들어 낸 것입니다. 그리고 마리와 피에르는 토륨 화합물의 방사선량은 화합물 내부 토륨의 양에 비례하며, 물리 조건이나 화합 상태에는 관련이 없다는 사실도 밝혀냈습니다. 이들은 우라늄과 토륨의 방사선량은 이 원자들 자체에서 유래한 것이라고 생각했습니다.

**폴로늄과 라듐을
발견했다.**

　그들은 피에르의 학교에 있는 광물 견본을 처음부터 끝까지 조사해서 역청 우라늄석(피치블렌드)이 광물 자체에 포함되어 있을 우라늄의 양보다 4~5배나 더 강한 방사능을 가지고 있다는 것을 발견했습니다. 두 사람은 역청 우라늄석의 내부에 우라늄보다 방사능이 더 강한 미지의 물질이 있는 것이 아닐까 추측했습니다. 그리고 이 사실을 확인하기 위해 다음과 같은 방법으로 조사했습니다. 역청 우라늄석을 화학적으로 분해한 후, 방사능을 가지고 있지 않은 부분을 버리고 방사능을 방출하는 부분은 계속해서 분해합니다. 이 과정을 계속 반복해서 결국 1898년에 2가지 물질을 발견해 냈습니다.

　처음으로 발견된 물질은 마리의 조국 이름을 따서 폴로늄이라고 이름 붙였습니다. 폴로늄은 우라늄의 400배에 달하는 방사능을 가지고 있었습니다. 폴로늄이 발견된 후 6개월이 지나서 또 다른 물질이 발견되었는데, 이 물질에는 라듐이라는 이름을 붙였습니다. 라듐은 우라늄의 900배에 달하는 강한 방사능을 가지고 있었기 때문에, '방사하는 것'이라는 뜻을 가진 프랑스어 어원에서 이름을 지었습니다. 그리고 4년 몇 개월 동안 8t(톤)의 역청 우라늄석에서 10분의 1그램의 염화 라듐을 추출했습니다. 최종적으로 라듐의 방사능은 우라늄의 100만 배에 달한다는 사실도 확인된 것입니다. 지금부터는 퀴리 이후에 규명된 원자핵과 방사선에 관해서 소개하겠습니다.

	우라늄 234	우라늄 235	우라늄 238
모형 그림			
양자의 수	92	92	92
중성자의 수	142	143	146
존재비	0.0057%	약 0.72%	약 99.28%

원자핵은 양자와 중성자로 구성되어 있다.

'원자의 구조'에서 이야기한 것처럼 원자는 전자가 원자핵의 주변을 돌고 있는 구조라는 것이 명확해졌습니다. 그리고 채드윅이 중성자를 발견해, 원자핵은 양자와 중성자, 이 2종류의 입자로 구성되어 있다는 것도 알게 되었습니다. 수소의 원자핵에는 보통 양자가 1개 존재합니다. 헬륨에는 양자 2개와 중성자 2개가 존재하며, 탄소는 양자 6개와 중성자 6개로 구성되어 있습니다. 양자의 수가 원자의 화학적인 성질을 결정합니다. 양자의 수는 같지만 중성자의 수가 다른 원자도 있습니다. 이것을 동위체라고 합니다. 동위체를 구별하기 위해서는 원자의 이름 뒤에 우라늄 235, 우라늄 238처럼, 양자와 중성자를 합친 숫자를 표기합니다.

방사선의 정체는 원자핵의 파편

원자핵은 +전기를 띄고 있는 양자끼리 또는 전기적으로 중성인 중성자가 더해져서 구성되어 있기 때문에, 이들을 결합시키는 힘은 전기력보다도 강해야만 합니다. 이 힘을 핵력이라고 합니다. 그러한 이유로 핵력은 매우 강한 힘인데 원자핵이 커지면 다시 말해서 양자나 중성자의 수가 많아지면 핵력이 끝부분까지 충분히 작용하지 못해 결합이 자연히 분리되어 버리는 경우가 있습니다. 바로 이 파편이 방사선의 정체입니다. 파편이 발생하기 쉬운지 어려운지는 명확하게 밝혀져 있는데, 양자의 수 82를 기준으로 나뉩니다. 양자의 수가 82인 납까지는 원자핵이 안정적이지만, 양자를 83개 이상 가지는 원자핵은 불안정합니다. 방사선을 방출하는 능력을 방사능, **방사능**을 가지고 있는 물질을 **방사성 물질**이라고 합니다. 그리고 **동위체**인 원자핵도 불안정한 경우가 많습니다. 예를 들어, 양자와 중성자를 각각 6개씩 가지고 있는 탄소의 원자핵은 안정적이지만, 중성자가 8개인 탄소의 원자핵은 불안정하여 방사선을 방출하기 때문에 연대를 측정하는데 이용할 수 있습니다. 원자핵이 1초에 1개 붕괴되는 물질은 1베크렐[Bq]의 방사능이 있다고 표현합니다. 라듐 1그램은 1초에 370억 개의 원자핵이 붕괴되므로 370억 베크렐입니다.

파급 효과〰〰〰

마리 퀴리에 의해 방사선과 그 주요 원인인 원자핵의 붕괴에 관한 연구가 시작되었습니다. 그리고 여성 과학자의 선구자로서 이름을 드높였기 때문에 후대 사람의 목표가 되었습니다.

뒷이야기 ✕ ✕ ✕ ✕ ✕ ✕ ✕ ✕ ✕ ✕ ✕ ✕

연구실에만 있지 않고 수많은 사람의 생명을 구하러 나선 마리

제1차 세계 대전에서 X선 촬영 장치를 차에 싣고 스스로 운전을 하면서 전장을 누비고 다니며 많은 부상자를 구한 마리의 이야기는 대단히 유명합니다. 그는 1903년에 노벨 물리학상을, 1911년에는 노벨 화학상을 수상했습니다. 여성 최초로 노벨상을 수상했으며, 2번에 걸쳐 수상을 달성해 낸 최초의 인물로도 잘 알려져 있습니다.

X선 촬영 장치를 실은 차에 탑승하고 있는 마리의 모습.

✕ ✕ ✕ ✕ ✕ ✕ ✕ ✕ ✕ ✕ ✕ ✕ ✕ ✕ ✕ ✕ ✕ ✕

방사선은 두려운 것일까요?
방사선에 관해 기초부터 배워 봅시다.

'방사선'이라는 말을 들으면 많은 사람들은 정체를 알 수 없는 것, 혹은 두려운 것이라는 좋지 않은 이미지를 떠올릴지 모릅니다. 지금부터 방사선에 관한 구체적인 이야기를 소개하겠습니다.

시버트
(인체에 미치는 영향)

방사성 물질

베크렐
(방사능의 강도)

알파 붕괴

원자핵의 붕괴는 마음대로 발생하는 것이 아니며, 2가지로 나눌 수 있습니다. 알파선이라고 하는 방사선이 방출되는 붕괴를 **알파 붕괴**라고 합니다. 알파선의 정체는 양자 2개와 중성자 2개로 이루어진 헬륨 원자핵입니다. 방사선의 공통된 성질 중에 **전리 작용**이라는 것이 있습니다. 전리 작용이란 방사선이 날아가면서 마주치는 원자의 주변에 있는 전자를 날려 버리는 것을 가리킵니다.

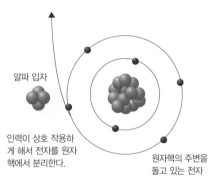

알파 입자

인력이 상호 작용하게 해서 전자를 원자핵에서 분리한다.

원자핵의 주변을 돌고 있는 전자

[그림2] 전리 작용.

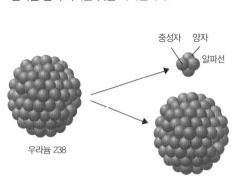

중성자   양자
알파선

우라늄 238

토륨 234

[그림1] 알파 붕괴 예시.

이 전리 작용이야말로 방사선을 결정짓는 성질이며, 나중에 언급할 X선은 원자핵의 파편은 아니지만 전리 작용을 하기 때문에 방사선의 일종에 포함됩니다. 알파선이 언제 발생하는지, 다시 말해 원자핵이 언제 붕괴하는지는 알 수 없습니다. 지금 이 순간일지, 내일일지, 1주일 내, 1년, 몇 백 년, 몇 천 년 후일지도 모릅니다. 다만 원자핵마다 절반이 붕괴되는 시간은 정해져있습니다. 그 시간을 **반감기**라고 합니다.

우라늄 238의 반감기는 지구가 만들어진 이후

로부터 45억 년이기 때문에 지구가 만들어졌을 때에는 우라늄 238이 지금의 2배가 존재했다는 것을 알 수 있습니다.

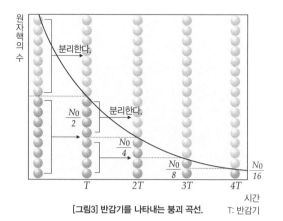

[그림3] 반감기를 나타내는 붕괴 곡선.
T: 반감기

베타 붕괴

원자핵 내부의 중성자가 양자로 변하는 것을 베타 붕괴라고 합니다. 베타 붕괴에서 방출되는 방사선의 정체는 전자입니다.

전자라고 표현하기는 했지만 원자핵의 주변을 돌고 있는 전자가 아니라, 중성자가 양자로 변할 때 방출되는 것을 의미합니다.

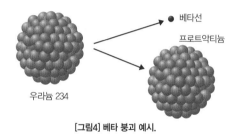

[그림4] 베타 붕괴 예시.

알파선은 양자 2개를 가지고 있기 때문에 인력이 작용하게 하며 전리 작용이 강합니다. 그러나 베타선은 전자이기 때문에 고속으로 사방팔방 흩어지는 느낌이어서 전리 작용이 약합니다.

그리고 알파 붕괴나 베타 붕괴 시에 감마선이라는 전자파도 방출됩니다. 감마선도 전리 작용이 있습니다. 방사선에는 투과 작용이라고 하는 물질을 통과하는 성질이 있습니다. 알파선은 전리 작용이 강하기 때문에 그만큼 에너지를 잃기 쉬우며, 투과 작용이 강하지 않습니다. 그래서 종이 한 장 정도로 막을 수 있습니다.

감마선이나 X선은 입자가 아니기 때문에 전리 작용은 약하지만, 투과 작용은 강해서 암을 치료할 때나 뢴트겐 사진을 찍을 때 사용합니다.

원자핵을 붕괴시켜 원자력을 만들다.

방사선과 관련해서는 2가지 의문이 떠오를 수 있습니다. 우선 첫 번째는 원자 폭탄이나 원자력 발전소처럼 원자력을 이용하는 것과 방사선에는 어떤 관련이 있는가 하는 것입니다. 지금까지는 자연계에 존재하는 자연 방사선, 즉 자연히 붕괴되는 원자핵에서 방출되는 방사선에 관해서 이야기 했습니다.

원자력은 제11장 '원자의 구조'에서도 언급한 것처럼, 원자핵을 일부러 붕괴시켜 얻을 수 있는 막대한 에너지를 가리킵니다. 그리고 원자핵을 붕괴시키면 당연히 파편이 비산할 것입니다. 그렇기 때문에 원자력을 이용할 때는 방사선이 방출되는 것입니다.

방사선이 생물에 미치는 영향

두 번째 의문이 아마 가장 큰 의문일 것이라 생각되는데, 방사선은 왜 '두려운'것이라는 인식이 있을까 하는 점입니다. 그리고 전문가도 이 정도의 방사선이 어느 정도로 위험한지를 명확하게 말하지 못하고, 어딘가 석연치 않은 설명을 하는 이유는 무엇일까요. 그것은 앞서 언급한 것처럼 방사선에는 전리 작용이 있기 때문입니다.

몸속 세포 내의 DNA를 구성하는 원자에 방사선이 접촉하게 되면 전리 작용에 의해 원자가 변화하여 DNA의 나선 구조의 사슬이 끊어집니다. 그렇

게 된 이후 세포의 운명은 백혈병을 예시로 든 다음의 그림처럼 4가지로 나뉩니다. 어떤 상황이 될지는 확률 문제입니다. 그러므로 같은 양의 방사선을 쬔다 하더라도 아무 문제가 없는 사람이 있는가 하면, 암에 걸리는 사람도 있기 때문에 운을 하늘에 맡길 수밖에 없습니다.

그러나 방사선이 세포에 미치는 영향을 역으로 이용해서 암세포를 제거하는 것도 가능합니다.

지금은 특히 외과 수술이 어려운 암의 경우 또는 재발 방지를 위해서 방사선 치료를 유효한 수단으로 활용하고 있습니다.

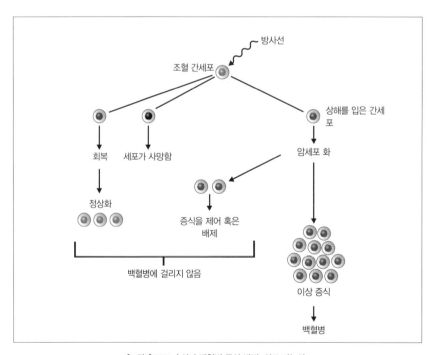

[그림5] DNA 손상과 백혈병 증상 발병, 치료 가능성.

자연계에도 존재하는 방사선, 허용량은 얼마일까?

그림에서처럼 우리는 태어난 순간부터 자연 방사선에 노출되어 살아가고 있습니다. 그러므로 자연 방사선은 일반적으로 문제가 없다고 할 수 있습니다. 그렇긴 하지만 비행기에 탑승하면 우주선(宇宙線)을 많이 쬐게 되기 때문에 승무원은 건강 진단을 반드시 받아야만 합니다. 그리고 우주 비행사의 경우에는 더한층 엄격하게 검사해야만 합니다.

인공 방사선이라면 이야기가 달라집니다. 앞서 이야기한 것처럼, 방사선의 허용량 즉 방사선의 영향은 이 정도까지는 아무 문제가 없다고 할 수 있는 명확한 기준이 없습니다. 인공 방사선의 경우 비록 영향을 미치기는 하지만, 질병을 발견할 수 있는 것과 같은 이점도 있기 때문에 당사자가 이를 인지한 다음 방사선을 사용할 것인지의 여부를 판단해야 합니다. 그러나 사고를 당한 경우처럼 일방적이고 아무런 이점이 없는 경우라면 방사선에는 조금도 노출되지 않는 것이 가장 좋습니다.

그렇긴 하지만, 인공 방사선은 다양한 분야에서 활용됩니다.

❶ 의료 분야에서는 방사선의 투과 작용을 이용해 병을 진단할 뿐만 아니라, 방사선 물질을 체내에 주입하고 그 경로를 추적해 병을 발견할 수도 있습니다. 그리고 앞서 언급했듯이 암의 치료에도 사용하며, 특히 수술이 어려운 고령자 층에 방사선 조사(照射)를 유용하게 활용하고 있습니다. 그리고 기구를 살균할 경우에도 활용합니다.

❷ 투과 작용을 이용하면 기계를 손상시키는 일 없이 내부 상태를 확인할 수 있습니다.

❸ 농작물이나 식물의 품종 개량, 해충 구제에도 효과가 있습니다.

● 일상생활과 방사선

출처: 자원 에너지부서 '원자력 2010' 외.

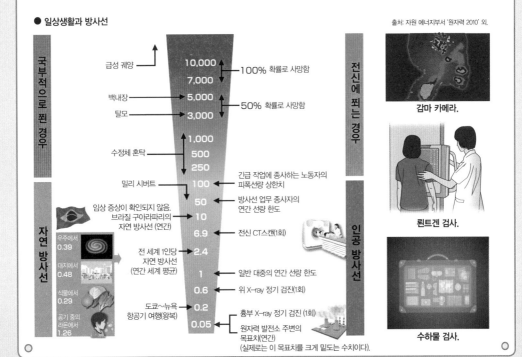

감마 카메라.

뢴트겐 검사.

수하물 검사.

13장

빛 II
(파동과 입자의 이중성)

아인슈타인 *Albert Einstein* | 1879년~1955년

"빛의 정체를 밝혀낸 천재 물리학자."

콤프턴 *Arthur Holly Compton* | 1892년~1962년

"빛이 입자라는 사실을 검증했다."

드 브로이 *Louis Victor de Broglie* | 1892년~1987년

"전자가 파동처럼 움직인다고 주장"

빛은 새로운 물리학으로 인도하는 길

빛이 입자인지 파동인지에 관한 장기간에 걸친 논쟁은 맥스웰을 통해 빛이 전자파라는 것이 명확하게 밝혀지면서 파동으로 무게가 쏠리는 듯했습니다. 맥스웰의 전자파 이론을 바탕으로 헤르츠는 불꽃 방전을 통해 전자파를 실제로 발생시켰습니다. 헤르츠는 이 실험을 할 당시, 발신기를 감싸면 수신기의 방전이 약해지는 현상과, 그 현상의 원인이 자외선이라는 것을 알게 되었습니다. 이것이 '광전 효과'(p.236)를 발견하는 발단이 되었습니다.

아인슈타인은 빛이 입자라는 생각을 바탕으로 광전 효과를 설명했습니다. 그리고 빛이 입자임을 증명하는 실험과 이론을 차례로 도출했습니다. **콤프턴**이 발견한 콤프턴 효과도 그중 하나입니다. 빛의 입자는 광자(광양자)라고 이름 붙여졌습니다.

그렇지만 빛에 관한 새로운 회절 간섭과 같은 파동 현상도 인정받기 시작했습니다. 그 대표적인 사례로 라우에 점무늬를 들 수 있습니다. 폰 라우에는 발견된 이래로 입자인지 파동인지에 관한 논쟁이 계속되고 있던 X선에 관해, 회절 현상을 보여 주는 점무늬(라우에 점무늬)를 사진 건판에 기록하는데 성공했습니다. X선은 파장이 매우 짧은 전자파라는 것을 인정하게 된 것입니다. 그 후 브래그 부자는 X선이 결정 내에서 회절하고 간섭하는 조건을 도출했습니다. 이 공적은 물리학에 한정되지 않고 X선이 사용되는 전파 천문학, DNA의 이중 나선 구조의 발견에까지 영향을 미치게 됩니다.

그럼에도 불구하고, 의문의 여지없이 입자로 존재한다고 생각했던 전자가 파동과 같은 움직임을 보이는 현상이 **드 브로이**에 의해 발견됨에 따라 물리학은 새로운 전환기를 맞이하게 됩니다. 다시 말해 광자나 전자와 같은 미소한 입자들은 파동성과 입자성의 이면성을 가진다는 결론에 도달한 것입니다. 빛이 본질적으로 입자성과 파동성의 양면성을 가지고 있다는 것은 물리학적으로 이미 명확하게 밝혀져 있습니다.

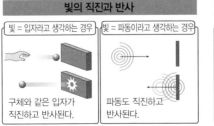

빛의 직진과 반사

빛 = 입자라고 생각하는 경우 / 빛 = 파동이라고 생각하는 경우

구체와 같은 입자가 직진하고 반사된다. / 파동도 직진하고 반사된다.

빛의 회절과 간섭

빛 = 입자라고 생각하는 경우 / 빛 = 파동이라고 생각하는 경우

입자의 회절과 간섭 현상을 설명하기가 곤란하다. / 회절과 간섭은 파동 특유의 현상이다.

아인슈타인

(Albert Einstein, 1879년~1955년) / 독일

독일 남부의 울름에서 태어나 1900년에 대학을 졸업한 후 스위스 특허청에 취직했습니다. 이것은 인류에게 정말 큰 행운이었는데, 비교적 한가한 직업이었기 때문에 연구에 투자할 시간을 확보할 수 있었기 때문입니다. 1905년에 26살의 나이로 '특수 상대성 이론', '브라운 운동 이론', '광전 효과 이론' 이 세 논문을 발표해 세상을 놀라게 했고, 그 후에도 천재로 이름을 떨쳤습니다.

"빛의 정체를 밝혀낸 천재 물리학자."

**레나르트의
광전 효과를
시작으로**

레나르트는 헤르츠의 연구를 계승해서 **광전 효과**를 실험했습니다. 그 결과 다음과 같은 현상을 확인할 수 있었습니다. 레나르트의 광전 효과 실험 결과는 당시 연구자들을 고민에 빠지게 만들었습니다.

---

1. 밀폐된 유리관의 양 끝에 금속판 전극을 부착하고 마이너스 극에 자외선을 입사하면 전자가 튀어나오지만 가시광선을 비추면 튀어나오지 않는다.

2. 입사하는 빛의 파장을 짧게 하면 밝기는 동일하고, 방출되는 전자의 각각의 에너지는 커지지만 전자의 수는 변하지 않는다.

3. 입사하는 빛을 밝게 하면 파장은 동일하지만 방출되는 전자의 수는 늘어난다. 그러나 전자 각각의 운동 에너지의 크기는 변하지 않는다.

아인슈타인은 플랑크(p.254)의 발상을 근거로 '**빛의 양자화**'를 떠올렸으며, 광전 효과를 명쾌하게 설명했습니다. 그리고 그 공적을 인정받아 1921년 노벨 물리학상을 수상했습니다. 광전 효과는 [그림1]과 같은 실험으로 확인할 수 있습니다.

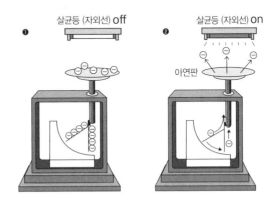

[그림1] 광전 효과를 확인하는 실험.
박검전기(箔檢電器)의 금박을 마이너스에 대전시켜 열린 상태로 만든다. 아연판에 자외선을 입사하면 금박이 닫혀 전자가 튀어나오는 것을 확인할 수 있다.

빛의 양자화

레나르트의 광전 효과를 실험한 결과를 '빛의 양자화'로 생각해 봅시다. [그림2]의 실험 장치에서 금속 K를 전원의 마이너스 극에, P를 플러스극에 연결하면 광전 효과로 인해 K에서 튀어나온 전자(광전자라고 합니다.)가 P에 모이고, 회로에 전류 I(광전류라고 합니다.)가 흐릅니다.

1. 금속에서 전자가 튀어나오게 하기 위해서는 일정량 이상의 에너지를 전자에 가해야 합니다. 작은 에너지를 계속 부여한다고 해서 튀어나오지는 않습니다. 아인슈타인은 빛을 입자(광자라고 합니다.)라고 생각했으며, 광자가 전자에 부딪혀 에너지를 부여해 금속에서 튀어나온다고 생각했습니다. 진동수가 큰 자외선은 광자 한 개가 가진 에너지 역시 크기 때문에, 부딪힌 전자에 금속에서 튀어나올 수 있는 만큼의 큰 에너지를 부여할 수 있습니다.

2. 입사하는 빛의 파장을 짧게 하는 것, 다시 말해 진동수를 크게 만들더라도 광자의 수는 변하지 않기 때문에 튀어나오는 각각의 전자의 에너지가 커지는 것뿐이며, 튀어나오는 수 즉 전류 I의 크기는 변하지 않습니다.

3. 입사하는 빛을 밝게 하는 것, 다시 말해 광자의 수를 늘리면 튀어나오는 전자의 수도 많아지기 때문에 그래프에서 확인할 수 있는 것처럼 흐르는 전류도 많아집니다.

게다가 동일한 그래프에서 K에 관한 P의 전위, 다시 말해 전압 V를 키우면 그에 따라 광전류 I도 커지지만, 어느 정도 이상으로는 커지지 않는다는 것도 확인할 수 있습니다. 이것은 전압을 높이면 P에 모이는 전자의 수가 늘어나고 전류도 증가하지만, 튀어나오는 전자가 모두 P에 모이면 아무리 그 이상 전압을 증가시킨다 해도 전류의 크기가 변하지 않기 때문입니다.

이처럼 레나르트가 발견한 것은 '빛의 양자화'로 모두 설명할 수 있으며 아인슈타인이 생각한 '빛의 양자화'를 **광양자 가설**이라고 합니다.

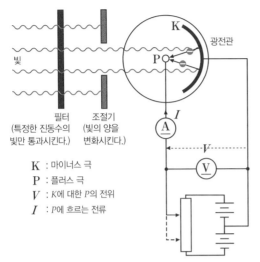

[그림2] 광전 효과를 조사하는 실험 장치.

필터
(특정한 진동수의
빛만 통과시킨다.)

조절기
(빛의 양을
변화시킨다.)

K : 마이너스 극
P : 플러스 극
V : K에 대한 P의 전위
I : P에 흐르는 전류

[그림3] 광전관에 가하는 전압과 광전류의 관계.

파급 효과

'빛의 양자화'를 통해서 물리학은 새로운 국면을 맞이하였습니다. 입자인지 파동인지에 대한 이면성은 빛뿐만 아니라 전자가 존재하는 매우 작은 세계에도 적용되며, 양자 역학과 소립자론이 찬란한 시대를 열게 됩니다. 광전 효과는 일본인이 노벨상을 수상하는 것에도 큰 비중을 차지했습니다. 금속에 빛을 비추면 전자가 튀어나오는 것은, 반대로 말해서 전자가 튀어나왔을 때 빛이 접촉했다고도 생각할 수 있습니다. 이것이 가미오칸데(p.285)에서 사용한 광전자 증배관의 원리입니다.

뒷 이 야 기 ✕ ✕ ✕ ✕ ✕

아인슈타인에게 영향을 준 책

아인슈타인과 관련된 수많은 에피소드들이 전해지지만, 평상시에 아인슈타인 본인이 언급한 바에 따르면 그가 4, 5세에 선물 받았던 컴퍼스(나침반)와 12세에 선물 받았던 《유클리드 기하학》책이 마음에 깊은 인상을 남겼다고 합니다.

콤프턴
(Arther Holly Compton, 1892년~1962년) / 미국

미국의 오하이오 주에서 태어나 1919년에 영국으로 유학 갔으며, 케임브리지 대학의 러더퍼드 밑에서 연구를 했습니다. 1920년부터는 미국 세인트루이스의 워싱턴 대학, 1923년부터는 시카고 대학에서 교편을 잡았으며, 1945년에는 워싱턴 대학의 총장이 되었습니다. 콤프턴은 X선에 관해 계속 연구했지만, 나중에는 우주선 연구로 전환하기도 했습니다.

"빛이 입자라는 사실을 검증했다."

X선은 입자인가?

1923년에 콤프턴은 자유 전자에 의해 산란된 X선의 파장이 길어지는 것을 발견했습니다. 이 현상을 **콤프턴 효과**라고 합니다. X선의 파장이 길어진다는 것은, 그 에너지가 감소했다는 것을 의미합니다. 다시말해, 자유 전자에 X선이라는 전자파의 에너지가 주어진 것이라고 생각할 수 있습니다. 이것은 전자파가 입자로 거동했음을 시사합니다. 콤프턴 효과는 '빛의 입자성'을 통해서 설명이 가능한 현상입니다.

콤프턴의 연구

그러면 지금부터 콤프턴의 연구를 자세하게 살펴보도록 합시다. 우선 금박지처럼 어떤 표적에 있는 원자에 빛을 입사하는 경우를 생각해 봅시다. 지금까지의 이론에서는 빛은 여러 방향으로 산란되지만 (p.119) 진동수는 변하지 않습니다.

그러나 '빛의 양자화'로 생각해 보면 빛은 광자라고 불리는 운동량을 가진 입자가 됩니다. 콤프턴은 이렇게 광자와 원자가 충돌할 때 **운동량 보존 법칙**이 성립한다고 생각했습니다.

이 법칙에 따르면 질량이 작은 물체가 정지 상태의 무거운 물체에 충돌할 경우에는 정확하게 튕겨 나오지만, 옆으로 비껴 나갑니다. 충

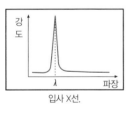

입사 X선.

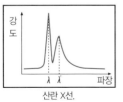

산란 X선.

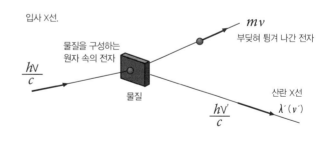

λ 파장 v 진동수 m 전자의 질량 v 전자의 속도 h 플랑크 상수 c 광속

X 선을 물질에 비추면 전자가 튀어 나온다.

X 선을 운동량 $\dfrac{hv}{c}$ 의 입자라고 생각하면 운동량 보존 법칙이 성립한다.

콤프턴 효과에 관한 개념도.

돌한 물체의 속도는 거의 변하지 않으며, 따라서 에너지도 변하지 않습니다. 그렇지만 충돌하는 두 물체의 질량의 차이가 작을 경우에는 충돌로 인해 꽤 큰 양의 에너지가 이동하게 됩니다.

계산을 통해서는 광자가 원자 전체와 충돌할 경우에 광자가 잃어버리는 에너지는 너무 작아 관측할 수 없다는 것이 밝혀졌습니다. 그러나 광자가 전자와 충돌하면 전자의 질량이 매우 작기 때문에 날아온 광자는 전자에 상당한 양의 에너지를 전달하게 됩니다.

콤프턴은 그래파이트에 X선을 입사했고, 산란된 X선이 2종류라는 것을 확인했습니다. 하나는 입사한 X선과 동일한 진동수 ν였으며, 다른 하나는 그것보다 작은 진동수 ν'를 가지고 있었습니다.

진동수가 변화한 X선이 있다는 것은 광자에서 전자로 에너지가 이동했다는 것을 의미합니다. 그리고 측정된 운동량, 에너지의 변화는 아인슈타인이 생각한 광자가 가진 에너지의 양 '플랑크 상수 × 진동수', 더 나아가 이를 통해 유도할 수 있는 광자의 운동량 '광자의 에너지 / 광속'으로 계산한 값과 정확하게 일치했습니다.

이러한 실험 결과를 통해서 광자는 일정한 에너지와 운동량을 가지고 있는 입자라고 볼 수 있으며, 광자와 전자가 충돌할 때 운동량과 에너지 보존법칙이 성립한다는 것을 알게 되었습니다.

이렇게 해서 광전 효과에 이어 빛의 입자성에 관한 확실한 증거가 뒷받침되었습니다. 그렇긴 하지만 빛의 파동성 역시 변함없는 사실입니다. 그러므로 빛이 입자인지 파동인지에 관한 질문에 대해서는 '빛은 우리가 입자로 취급하면 입자의 거동을 보이고, 파동으로 취급하면 파동의 거동을 보인다.'라고 대답할 수밖에 없습니다.

그리고 빛 이외에도 이처럼 양면성을 보이는 것이 있다는 사실 또한 명확해졌습니다.

파급 효과

당시에 아인슈타인에 의한 광양자 가설을 통해 특정한 진동수의 빛은 '**플랑크 상수 × 진동수**'의 에너지를 가지는 입자로서의 성질을 보인다는 것이 이론으로 확립되었습니다.

더 나아가 아인슈타인은 광자가 '**플랑크 상수 × 진동수 / 광속**'의 운동량을 가진다고 생각했는데, 콤프턴 효과의 실험을 통해 이 예상이 옳다는 것이 증명되었습니다. 아인슈타인의 광양자 가설은 콤프턴 효과에 의해 널리 인정받게 된 것입니다. 그리고 정지해 있는 입자와 광자가 충돌했을 때 광자의 파장의 변화를 나타내는 수치를 콤프턴 파장이라고 하며, 양자 역학에서 힘을 입자의 교환으로 설명할 때 힘이 도달하는 거리의 기준이 됩니다. 유카와 히데키는 전자의 콤프턴 파장을 통해서 중간자론을 떠올리게 되었습니다.

뒷 이야기 ✕

맨해튼 계획에 깊이 관여했던 콤프턴

p.215에도 언급되었듯이 콤프턴은 맨해튼 계획의 주요 멤버였습니다. 1941년부터 원자 폭탄에 필요한 우라늄의 양과 제조 방법을 의논하는 위원회의 위원장으로 활동했으며, 우라늄 235를 사용한 원자 폭탄과 플루토늄을 사용한 원자 폭탄 제조를 검토했습니다. 그리고 이 두 원자 폭탄 모두 실제로 제조되었으며 전자는 히로시마에, 후자는 나가사키에 각가 투하되었습니다.

1945년 경 히로시마시 폭탄 투하 중심지 일대.

드 브로이

(Louis Victor de Broglie, 1892년~1987년) / 프랑스

드 브로이는 프랑스 디에프의 귀족 집안에서 태어났습니다. 파리 대학의 소르본에서 공부한 후, 군인이 되었습니다. 제1차 세계 대전 후에 양자에 관한 수리 물리학을 연구하여, 전자의 파동성을 이론적으로 도출했습니다.

"전자가 파동처럼 움직인다고 주장했다."

**형의 요청으로
X선의 양면성을
밝히다.**

    루이 드 브로이의 형 모리스 드 브로이는 1913년부터 X선의 실험을 시작으로, 입자성과 파동성의 이면성이라는 문제를 연구했습니다. 영국의 윌리엄 헨리 브래그와 윌리엄 로렌스 브래그 부자의 실험에서 X선의 회절 현상과 함께 입자성이 확인되었으며, 부친 윌리엄은 두 성질을 모두 만족하는 이론을 발견해야 할 필요성을 주장했습니다. 실험가였던 모리스는 브래그 부자의 생각에 찬성했으며 이론가였던 루이에게 X선의 양면성을 해명할 것을 요청했습니다.

**반대되는 것 역시
진실이다.**

    드 브로이는 빛이나 X선과 같은 전자파가 입자성을 가진다면, 반대로 전자처럼 미소한 입자가 파동성을 가지지 않을까 하고 생각했습니다. 그는 아인슈타인의 광양자화와 특수 상대성 이론의 식을 바탕으로 1923년에 입자적인 성질(운동량)과 파동적 성질(파장)을 결합하는 식을 도출했습니다. 처음에는 아인슈타인만 드 브로이의 생각에 찬성했고, 보어를 필두로 한 코펜하겐파의 물리학자들은 모두 반발했습니다.

물질파 확인

    4년 후에 미국의 클린턴 조지프 데이비슨과 영국의 J.P. 톰슨 (J.J. 톰슨의 아들)은 전자가 파동처럼 움직인다는 현상을 각각 확인했으며, 그 파를 **물질파**라고 부르게 되었습니다.

게르마늄의 단결정 박막의 회절상. 결정의 대칭성에 따른 점의 패턴을 발견할 수 있다.

철의 다결정 박막의 회절상. 다양한 각도의 결정이 존재하기 때문에 점이 아니라 동심원 상의 패턴을 형성한다.

전자파에 의한 회절상.

파급 효과 〰〰〰〰〰〰

이처럼 빛의 정체를 연구함에 따라 오랜 기간 동안 파동이라고 생각되었던 빛이 광자라는 이름이 붙은 입자의 거동을 한다는 것을 알게 되었습니다. 반대로 드 브로이에 의해서 전자와 같은 미립자는 물질파라고 불리는 파동의 거동을 한다는 것도 확인되어, 양자 역학의 화려한 막을 열게 되었습니다.

그리고 전자선에 의해 라우에 점무늬와 같은 것을 얻을 수 있다는 것이 밝혀져, 전자선을 빛 대신 사용하는 전자 현미경의 개발로 이어졌습니다.

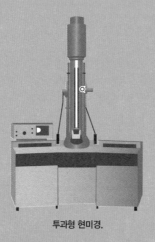

투과형 현미경.

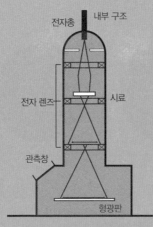

동프탈로시아닌을 전자 현미경으로 촬영한 사진.

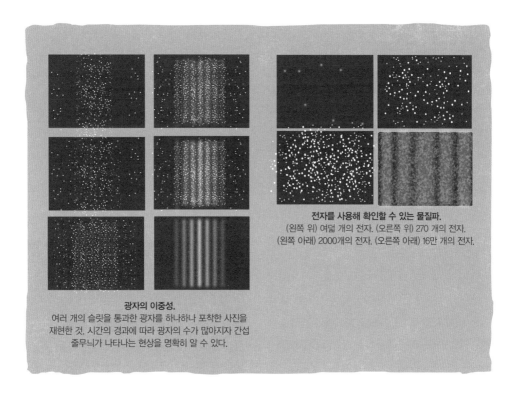

전자를 사용해 확인할 수 있는 물질파.
(왼쪽 위) 여덟 개의 전자. (오른쪽 위) 270 개의 전자.
(왼쪽 아래) 2000개의 전자. (오른쪽 아래) 16만 개의 전자.

광자의 이중성.
여러 개의 슬릿을 통과한 광자를 하나하나 포착한 사진을
재현한 것. 시간의 경과에 따라 광자의 수가 많아지자 간섭
줄무늬가 나타나는 현상을 명확히 알 수 있다.

뒷이야기 ×××××××××××××××××××××××

고(高) 에너지 물리학 연구소, CERN의 발안자

드 브로이는 1928년까지 소르본에서 물리를 가르쳤습니다. 그 후 앙리 푸앵카레 연구소와 파리 대학의 이론 물리학 교수를 역임하고, 1929년에는 '전자의 파동 성질 발견'으로 노벨 물리학상을 수상했습니다. 스위스 제네바에 있는 유럽 원자핵 공동 연구소(CERN, p.273)는 대형 가속기를 구비하여, 유럽뿐만 아니라 전 세계의 고에너지 물리학 연구소의 거점이 되었습니다. 제2차 세계 대전 후, 유럽 각국에서는 과학 연구를 통해 미국에 저항하려는 움직임이 높아졌습니다. 1949년에 스위스에서 열린 회의에서 드 브로이가 제안한 결과로 CERN이 설립되었습니다.

×××××××××××××××××××××××××××

빛의 정체란 무엇일까요?
우리 주변의 예에서부터 상대성 이론까지

여름이 되면 화장품 가게에서 자외선 대비용으로 셀 수 없이 많은 종류의 선크림을 판매합니다. 그리고 겨울이 되면 적외선이 있는 난방 기구나 스토브로 따뜻함을 유지하려고 합니다. 그런데 적외선에 오랜 시간 접촉하고 있어도 왜 화상을 입지 않는 것일까요?

파장에 따라 빛의 에너지가 다르다

적외선은 진동수가 작은 빛의 파동이기 때문에 에너지도 작습니다. 따라서 피부에 접촉하더라도 큰 영향은 없습니다. 그러나 자외선은 광전 효과를 일으킬 정도로 진동수가 큰 빛의 파동이어서 에너지가 크고, 피부에 닿으면 금속의 경우처럼 전자가 튀어나오지는 않지만 화학 변화를 일으켜 '검게 타게' 되는 것입니다.

멀리 있는 별을 볼 수 있는 이유는 무엇일까요?

밤하늘에서 빛나고 있는 별빛은 어떻게 몇 억 광년이나 떨어져 있는 우리 눈에 도달할 수 있는 것일까요.

밤하늘에서 빛나는 별의 수수께끼 역시 빛을 입자로 생각해 보면 설명할 수 있습니다. 놀랍게도 0 등급인 별의 밝기는 1초 동안에 1㎟당 1만 개나 되는 빛의 입자가 지구에 도달한다고 합니다. 그리고 우리 눈은 정말로 민감하기 때문에 빛의 입자

가 예를 들어 단 하나라도 눈에 들어오면 그 정보가 뇌에 전달되어 '봤다'고 인식하게 됩니다.

이처럼 빛은 대부분의 경우 6장 '빛Ⅰ(파동으로 탐구)'에서 이야기한 것처럼 일상생활에서는 파동으로 거동하고, 때에 따라서는 입자로 거동하는 이면성을 가지고 있다고 여겨집니다.

한편, 이 책에서도 종종 등장하는 아인슈타인은 3가지의 큰 업적을 남겼습니다. 첫 번째는 11장 '원자의 구조'에서 이야기 한 브라운 운동의 분자에 관한 이론입니다. 두 번째는 **상대성 이론**입니다.

그리고 세 번째는 **광전 효과**(p.237)라는 빛에 관한 이론입니다. 아인슈타인이라고 하면 상대성 이론을 흔히 떠올립니다. 아인슈타인은 당연하게도 노벨상을 수상했는데, 상대성 이론으로 수상한 것이 아니라 바로 광전 효과로 수상했습니다.

상대성 이론이란 무엇인가?

이 기회에 상대성 이론과 그에 얽힌 일화를 소개해 볼까 합니다. 여기에서도 빛의 존재는 큰 역할을 하고 있습니다.

상대성 이론에는 **특수 상대성 이론**과 **일반 상대성 이론**이 있습니다. 우리가 흔히 떠올리는 상대성 이론은 '특수' 상대성 이론입니다. 정말 유명한 $E=mc^2$라는 식 역시 **특수 상대성 이론**에서 도출된 식입니다. 이 식에서 E는 에너지, m은 질량, c는 광속을 의미합니다. 아인슈타인 이론의 근간은 역시 빛이라는 것을 알 수 있습니다.

아인슈타인은 16세의 나이에 '만약 자신이 빛의 속도로 달려서 빛을 따라잡게 되면, 빛이 어떻게 보일 것인가'라는 의문을 가졌습니다. 그는 빛의 속도와 자신의 속도가 상쇄되면서 빛이 정지해 있는 것처럼 보이지 않을까 하고 크게 고민했습니다. 그리고 10년의 세월 동안 빛의 속도가 이 우주에서 절대적인 지표이며 그 이외의 것은 모두 상대적이라고 생각하는 '**광속도 불변의 원리**'의 가설을 세웠습니다. 다시 말해, 자신이 아무리 빨리 달린다 하더라도 빛을 따라잡을 수 없으며 자신에 관한 빛의 속도는 변하지 않는다고 생각한 것입니다.

천재적인 아인슈타인이었지만, 그에게도 '내 일생 최대의 오류'라고 후회한 일이 있었습니다.

아인슈타인은 일반 상대성 이론을 하나의 식으로 표현했습니다. 이것을 아인슈타인 방정식이라고 합니다. 이 방정식을 사용하면 우주의 어떤 장소에서도 그 좌표가 중력장에 의해 어떻게 변화해 가는지 계산할 수 있습니다.

그런데 이 방정식을 풀어 보니 우주가 시간이 경과함에 따라 수축하기도 하고, 팽창하기도 한다는 사실을 알게 되었습니다. 아인슈타인은 대단히 당혹스러웠습니다. 그는 '우주는 영원히 그 상태 그대로 변하지 않는다.'고 생각했기 때문입니다.

아인슈타인은 어떻게 하면 자신이 생각하는 대로 식을 만들 수 있을까 고민한 끝에, 방정식에 '우주항'이라는 항목을 추가해 수축과 팽창을 하지 않게 만들었습니다.

그러나 그렇게 손을 댄 티가 났기 때문에 몇 명의 과학자가 '우주항'에 관해서 의문을 제기하기 시작했고, 다양한 조건에서 아인슈타인의 방정식을 풀어 보려고 시도했습니다. 그중 한 명이 가톨릭교회의 성직자이기도 했던 르메트르입니다. 르메트르는 '우주항'이 없는 아인슈타인의 방정식을 통해 우주가 팽창하고 있다는 해를 도출했습니다. 그리고 지금 팽창하고 있다면 시간을 거슬러 올라가면 우주가 한 점이 되는 것이 아닐까라고 추측해, 오늘날의 빅뱅 이론의 토대를 놓았습니다. 이러한 발상은 그가 성직자였기 때문에 가능했던 발상이었을지도 모릅니다.

아인슈타인은 우주가 팽창하고 있다는 것이 관측을 통해 명확히 밝혀지자 '우주항'을 넣은 것이

'내 일생 최대의 오류'라고 깔끔하게 인정했으며, 국제회의에서 르메트르가 한 발표에 관해서 '내가 지금까지 들었던 것 중에 가장 아름답고 납득이 가는 이론이다.'라고 칭찬했습니다.

빛의 속도를 절대적인 것으로 여겼기 때문에, 그전까지는 절대 불변으로 여겨졌던 '시간'이 늘어나고 줄어들 수 있고, 빛의 속도에 가까운 물체는 질량이 커진다는 결과도 도출할 수 있었습니다. 그리고 세계에서 가장 유명한 수식인 $E=mc^2$에 도달하게 된 것입니다.

그러나 특수 상대성 이론은 등속도로 운동하는 '관계성'으로밖에 성립하지 않는 '특수한' 이론이기 때문에, 가속도 운동을 포함하여 성립할 수 있는 이론을 구축한 것이 '일반 상대성 이론'입니다. 아인슈타인은 가속도 운동을 떠올리면서 중력에

주목했고, 패러데이나 맥스웰의 전기장 및 자기장처럼 중력장의 존재를 가정해 보았습니다. 그리고 중력은 중력장의 일그러짐, 다시 말해 시공간의 일그러짐이라고 생각했습니다. 이 생각이 지금의 블랙홀 이론의 기초가 된 것 역시 잘 알려져 있는 사실입니다. 그리고 일반 상대성 이론에 따르면 빛도 강한 중력장에서는 굴절됩니다. 1916년 개기일식 때에 멀리 있는 별에서 나온 빛이 태양의 중력장으로 굴절되는 현상이 관측되면서 일반 상대성 이론이 옳다는 것이 증명되었습니다.

이러한 내용을 읽으셨으니 여러분도 일상생활의 대화 속에서 '상대성 이론을 적용하면 말이지……'라고 지식을 뽐내 볼 수 있지 않을까요?

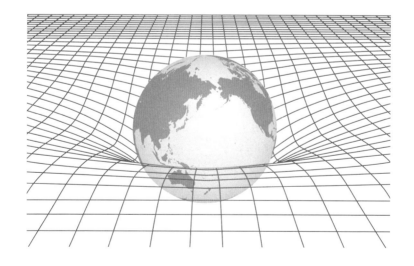

양자 역학의 불확정성에 저항했으며, 사고 실험을 하기도 했다.

아인슈타인은 자신이 생각한 '빛의 양자화'를 통해 양자 역학이라는 학문 분야가 새롭게 시작되었음에도 불구하고, 양자 역학의 이론을 받아들이지는 못했던 것 같습니다. 특히 아인슈타인이 받아들이기 힘들었던 것은 **불확정성의 원리**와 같은 이중적인 면이었습니다. 양자 역학에서 이야기하는 '슈뢰딩거의 고양이' 역설도 아인슈타인의 생각에 기초를 둔 것입니다.

아인슈타인은 이 세상을 물리 법칙에 따라 결정론적으로 기술할 수 있다는 신념을 가지고 있었습니다. 이과로 분류되는 사람들 중에 이러한 유형이 압도적으로 많이 있습니다. 이러한 사람은 왜 수학이나 물리를 좋아하느냐고 질문하면, 답이 하나밖에 없기 때문이라는 대답을 합니다. 그러나 양자 역학의 세계는 그렇지 않다는 것을 14장 '양자 역학'의 내용을 읽으면 알 수 있습니다.

승자는 어느 쪽?

그리고 1930년 제6회 솔베이 회의에서 아인슈타인이 '상자 속의 시계'라는 사고 실험을 통해 양자 역학의 모순을 명확하게 지적했다고 대대적으로 선언되었습니다.

상자 안의 전구에서 광자 하나가 셔터를 통과해 튀어나오면, 연동된 타이머로 튀어나온 시각을 확인하고, 동시에 광자 한 개 분량만큼 가벼워진 현상을, 스프링이 줄어든 것을 통해 질량을 확인하여 에너지도 구할 수 있었습니다. 이것은 시간과 에너지를 동시에 관찰할 수 없다는 불확정성의 원리에 반대된 것입니다. 이 사고 실험에는 그 유명한 보어도 참가했다고 합니다.

그러나 다음날 아침, 광자가 한 개 튀어나오면서 상자가 가벼워지고 위로 올라갑니다. 보어는 상자가 움직이면 특수 상대성 이론에 따라 시간이 늦어져 정확하게 측정되지 않는다고 반론해, 상대의 핵심을 꿰뚫어 승리를 거두었습니다.

천재의 최후

아인슈타인은 그 다음 해에 양자 역학에 관한 논문을 써서 보어의 반론을 인정했습니다. 이렇게 해서 아인슈타인과 양자 역학의 전쟁은 양자 역학의 승리로 끝났습니다.

노년의 아인슈타인의 활약은 수없이 많이 기록된 아인슈타인의 전기를 통해서 확인해 보시기 바랍니다. 그러나 1955년 4월 18일 프린스턴 병원에서 생을 마감한 후, 침상 옆에 이스라엘의 독립 기념일에 예정되어 있었던 연설 원고와 미완성인 통일장 이론의 계산식이 남겨져 있었던 사실은 전달하고 싶습니다. 아인슈타인은 인생의 마지막 순간까지 아인슈타인이었던 것입니다.

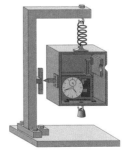

1930년 제6회 솔베이 회의에서 아인슈타인이 선보인 사고 실험의 개념도.

14장

양자 역학

플랑크 *Planck, Max Karl Ernst Ludwig* | 1858년~1947년

"플랑크에 의해 양자 역학이 시작되었다."

보어 *Niels Bohr* | 1885년~1962년

"원자의 구조에 관한 '보어 모형'을 구축했다."

슈뢰딩거 *Erwin Schrödinger* | 1887년~1961년

"파동 방정식으로 양자 역학의 수학적 근거를 제시했다."

키르히호프의 연구에서 시작되었다.

대학에서 양자 역학은 물리학과 학생을 고민에 빠지게 만들고, 전기 전자공학과 학생들도 괴롭게 만드는 학문입니다. 이 양자 역학의 시초는 키르히호프(1824년~1887년)의 연구입니다. 키르히호프는 용광로 내부의 온도를 측정하기 위해 용광로에서 방사되는 빛의 색상을 조사했습니다. 그리고 모든 진동수의 빛을 흡수하는 완전히 새카만 색의 '흑체'를 가정한 뒤, 그 '흑체'에 의한 방사 강도는 물체의 성질에는 영향을 미치지 않으며, 온도와 파장에만 의존한다는 결과를 이끌어냈습니다. 그러나 이 '흑체 방사' 현상은 빛의 강도와 진동수의 관계에서 이론값과 실제의 값이 일치하지 않았기 때문에, 물리학자들을 크게 당혹스럽게 만들었습니다. 여기에서 등장한 인물이 **플랑크**입니다. 플랑크는 '흑체 방사' 문제를 '양자'의 개념에 대입해 이를 멋지게 해결했고, 양자 역학의 시대를 열게 됩니다.

플랑크의 뒤를 이은 아인슈타인은(p.236)에서 소개했습니다. **보어**는 보어 모형이라는 양자의 개념을 도입한 원자 모형을 제창했습니다. **슈뢰딩거**는 파동 방정식을 사용해서 보어 모형이 옳다는 것을 증명했고 양자 역학에 수학적인 근거를 부여했습니다.

여기서는 언급하지 않겠지만, 하이젠베르크(1901년~1976년)도 행렬이라는 기법을 사용해 보어 모형을 증명했습니다. 그리고 '입자의 장소와 운동량을 동시에 엄밀하게 측정할 수 없다.'라는 불확정성의 원리를 제창했으며, 이 원리는 양자 역학의 철학적인 버팀목이 되었습니다.

양자 역학 이전에 확립된 뉴턴 역학과 같은 것을 '고전 역학'이라고 합니다. 여기서 고전이란 오래되었다는 의미가 아닙니다. 이렇게 분류하는 이유는 법칙을 적용하는 대상의 크기가 다르기 때문입니다. 양자 역학은 전자나 광자 등의 소립자 단위에서 성립하는 이론 체계이며, 그것보다 큰 것, 다시 말해 우리가 보고 들을 수 있는 정도인 경우에는 고전 역학의 법칙이 적용됩니다. 그러므로 과학 기술의 최첨단을 달리는 로켓의 항로를 계산하는 경우에도 고전 역학을 따르고 있습니다.

플랑크

(Planc Marx Karl Ernst Ludwig, 1858년~1947년) / 독일

홀슈타인 공국(지금의 독일)에서 태어났고, 베를린 대학 등에서 열역학을 열심히 공부했습니다. 흑체 방사에 관해 고찰하는 과정에서 '양자'라는 개념을 도입해, 양자 역학의 선조가 되었습니다. 90세에 가까운 나이까지 장수했으며, 두 차례의 세계 대전 중에도 독일에 머무르며 흥망성쇠를 지켜보았습니다. 그리고 막스 플랑크 연구소에 자신의 이름을 남겼습니다.

"플랑크에 의해 양자 역학이 시작되었다."

흑체 방사

키르히호프를 스승으로 추앙한 플랑크는 흑체 방사의 문제를 극복하기 위해 실험 데이터와 정확하게 일치하는 관계식을 도출했습니다. 여기서 만약 플랑크가 연구를 멈추었다 하더라도 후대에 길이 이름을 남겼겠지만, 그는 이 식을 더욱 검토하여 흑체 방사의 빛 에너지는 상수 h×진동수라고 생각했으며, 1×h×진동수, 2×h×진동수, 3×h×진동수……처럼 띄엄띄엄 있는 정수배의 값을 취하는 것, 다시 말해 연속적이 아니라 비연속적일 것이라고 생각했습니다.

비연속적인 값을 취한다는 생각을 **양자화**라고 합니다. 플랑크가 에너지의 양자화를 도입해 재구성한 것이 '플랑크 방정식'입니다.

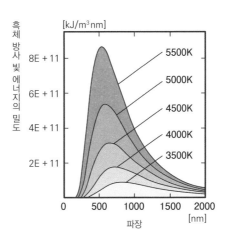

[그림1] 플랑크의 방사식을 나타내는 그래프.

플랑크의 방사식은 다음과 같습니다.
그림4의 식을 $a = \dfrac{h}{k_B}$로 환산했습니다.

$$u(v, T) = \frac{8\pi v^2}{c^3} \frac{hv}{e^{hv/k_B T} - 1}$$

양자 역학의 막이 열리다.

그래프 [그림1]은 p.154의 [그림1]의 가로축을 진동수에서 파장으로 변환한 것입니다. 온도에 따라서 피크의 파장이 띄엄띄엄한 값을 보이고 있습니다. 피크의 파장의 빛이 눈에 보인다는 것은, 볼 수 있는 빛의 색이 연속적으로 변화하지 않는다는 관찰 결과와 일치합니다.

플랑크 본인은 물리학자로서는 고전적인 생각을 가진 인물이었기 때문에 자신의 엉뚱한 발상에 납득을 하지 못했던 것 같습니다.

플랑크가 쓴 초기 양자론의 논문을 이해한 적지 않은 물리학자 중 한 명이 아인슈타인입니다. 아인슈타인은 플랑크의 생각에 크게 자극을 받아 '광전 효과'를 해명했습니다. 그리고 플랑크의 인품에도 깊이 감동받아, 베를린에서의 즐거운 일들을 언급하며 마지막에 "플랑크와 가까이 지냈던 것이 무엇보다도 큰 기쁨이다."라고 말했습니다.

플랑크는 물리학자로서만이 아니라 인격적인 면에서도 매우 훌륭했습니다. 놀랄만한 수완을 발휘해서 지도자로서 후배들에게 존경받았고, 아인슈타인뿐만 아니라 많은 사람에게 자극제가 되었습니다. 보어, 하이젠베르크, 슈뢰딩거, 디락과 같은 젊은 천재들이 플랑크의 뒤를 이어 '양자 역학'을 확립하는데 매진했습니다.

플랑크는 특히 슈뢰딩거의 파동 방정식을 마음에 들어 했습니다. 둘이 주고받은 편지에 '드디어 합리적인 **양자 역학**의 탄생을 볼 수 있게 되었다.' 라고 기록되어 있습니다.

플랑크가 고안한 에너지 양자의 상수는 플랑크 상수라고 불립니다.

우주 마이크로파 배경 방사.
빅뱅의 흔적이라고 생각되는 우주 배경 방사를 탐사기를 통해 관측한 것은, 플랑크의 방사식을 놀라운 정밀도로 검증한다. 우주 방사 온도는 [K]로 측정되었다.

파급 효과

질량의 단위 '킬로그램'은 지금까지 백금 이리 듐으로 만든 '국제 킬로그램 원기(표준기)'에 근거해 정의되었습니다. '국제 킬로그램 원기'는 엄중하게 보관되어 있지만 표면의 오염으로 인해 100년 동안 50마이크로그램의 변동이 발생한다고 추정합니다. 그래서 레이저를 사용해 1미터의 정의를 개정한 것에 이어, 2011년에는 킬로그램의 크기를 플랑크 상수를 근거로 정의하게 되었습니다. 플랑크 상수에서 도출한 전자의 질량을 기준으로 해서 탄소 원자핵 하나의 질량을 구하고, 이것을 바탕으로 킬로그램을 정의한 것입니다. 일본의 산업 기술 종합 연구소는 세계 최고 레벨의 정밀도로 플랑크 상수를 측정하여 이 결정에 공헌했습니다.

산업 기술 종합 연구소에서 보관 중인 일본 킬로그램원기.

뒷이야기 ××××××××××××××××××××××

양심적이었던 플랑크

플랑크는 음악가가 되려고 생각했던 적도 있을 만큼 피아노를 아주 잘 쳤는데 슈베르트, 슈만, 브람스와 같은 낭만파 작곡가를 좋아했습니다. 그리고 가족을 대단히 소중히 여겨, 정기적으로 그의 집에서 연주회를 열었습니다. 유명한 바이올리니스트와 아인슈타인을 초청해 세명이서 연주를 한 적도 있었습니다. 제2차 세계 대전이 끝나갈 즈음에 히틀러에게 저항하면서도 계속 독일에 머물러 있던 플랑크 부부를 걱정한 후배가 미군에 보호를 요청했습니다. 이에 미군은 그 의뢰를 받아들였고, 플랑크 부부를 찾아내어 지프에 태운 다음 안전한 마을로 이송했습니다.

스웨덴에서 발행된 우표.

××××××××××××××××××××××

보어

(Niels Bohr, 1885년~1962년) / 덴마크

덴마크에서 태어나 26세의 나이로 영국 유학길에 올랐으며, 러더퍼드의 연구
실에서 1년간 머물렀습니다. 그 후 러더퍼드가 소장이 된 캐번디시 연구소와,
보어가 창설한 이론 물리학 연구소는 제1차 세계 대전과 제2차 세계 대전 사
이 잠깐 동안의 평화로운 시기에 세계 물리학의 2대 거점이 되었습니다.

"원자의 구조에 관한 '보어 모형'을 구축했다."

**나가오카 모형의
문제점을 지적하고
훌륭하게 해결했다.**

　나가오카 한타로가 고안했던 원자핵의 주변을 전자가 돌고 있다는
원자의 구조는 러더퍼드에 의해 확정되었지만, 큰 벽에 부딪혔습니다.
전자기학에 따르면 운동하고 있는 전자는 전자파를 방출합니다. 그러
면 전자의 운동 에너지는 감소하고, 전자는 결국 오른쪽 그림처럼 원
자핵으로 떨어져 버리게 됩니다. 다시 말해, 원자가 찌그러져 버리는
것입니다. 실제로는 이렇게 되지 않으며 원자는 안정되어 있습니다. 바
로 이 모순점이 큰 문제로 대두되었습니다. 이 문제에 관해 보어는 대
담한 발상으로 답을 제시했습니다. 그는 가장 단순한 수소 원자에 관
해 전자의 운동을 파동처럼 생각했습니다.

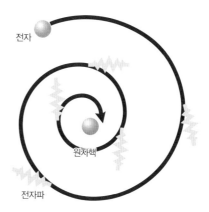

러더퍼드의 생각에 근거한 원자핵의 주변을 돌고 있는 전자.

보어 모형

　보어는 전자파가 원자핵 주변을 돌 때, 원래의 위치로 돌아가기 위
해서는 다음의 그림에서 볼 수 있는 것처럼 1주기의 길이가 전자파 파
장의 정수배여야만 한다고 생각했습니다. 이것이 **보어 모형**입니다. 그리
고 보어의 원자 모형을 통해서 수소 원자가 방출하는 **휘선 스펙트럼**에
대해서도 설명할 수 있게 되었습니다. 아인슈타인의 광양자설에서는
입자의 에너지가 파장에 의해 결정되기 때문에, 전자파의 파장이 띄엄

띄엄 존재한다면, 그 에너지 자체도 띄엄띄엄하게 존재합니다. 에너지의 상태가 바뀔 때, 그 차이만큼 특유의 빛을 방출한다고 생각했던 것입니다.

보어의 원자 모형은 드 브로이가 물질파에 관해 가졌던 견해보다 앞선 것이었습니다. 그리고 하이젠베르크와 슈뢰딩거의 전혀 다른 방법론을 통해 확증되었고, 이것은 양자 역학을 크게 개화시키는 역할을 하게 됩니다.

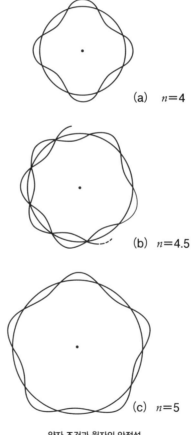

(a) $n=4$

(b) $n=4.5$

(c) $n=5$

n은 파장의 수를 의미한다. (a)는 파장이 4로 안정적인 상황이다. (b)는 파장이 4.5이므로 정수가 아니기 때문에, 1회전했을 때 마루와 골이 어긋나 안정되어 있지 않다. (c)는 파장이 5이므로 안정적이다.

양자 조건과 원자의 안정성.

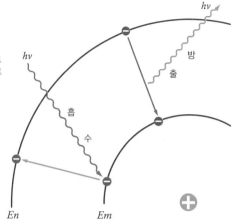

보어 모형의 빛의 흡수와 방출.
낮은 에너지 상태인 En의 전자는 빛의 에너지 hv를 흡수하면 높은 에너지 상태인 En으로 이동한다. 반대로 En에서 Em으로 떨어지면 hv의 에너지를 빛으로 방출한다.

파급 효과

보어의 최대 공적은 연구소를 설립하고, 그곳에 모인 수많은 물리학자를 세상에 배출한 것입니다. 당시의 상황과 보어의 역할에 관해 오펜하이머(1904년~1967년)는 다음과 같이 기록했습니다. '영웅이 활약했던 시대였다. 어느 한 명에 의한 것이 아니다. 다양한 지역에서 온 수십 명의 과학자가 협력했으며, 닐스 보어의 창조력과 비판 정신이 철두철미하게 이끌고, 밀어붙여 마침내 커다란 공적으로 변화시킨 것이다.'

전자를 파동으로 생각한 보어의 원자 모형은 전자가 어디에 존재하는지를 확증한 것은 아니며, 전자의 존재는 확률로만 파악할 수 있다는 생각으로 발전해나갔습니다. 아인슈타인은 이 생각을 받아들이지 못했으며, 보어와의 대립은 더욱 깊어졌습니다. ('13장 빛Ⅱ(파동과 입자의 이중성)' 칼럼 (p.251) 참조)

뒷이야기

학문과 무예를 모두 갖춘 연구자, 보어 형제

닐스와 그의 동생인 해럴드는 학문과 무예를 모두 갖춘 귀감이 되는 형제였습니다. 둘 다 축구 선수였으며, 해럴드는 올림픽에 출전해 은메달을 획득했습니다. 수학자로서 개주기함수론과 같은 빛나는 업적을 남겼는데, 수학에 관한 강연회 참가자의 절반은 축구 팬들이었다고도 합니다. 닐스는 골키퍼였는데, 시합에서 자기편이 공격을 하고 있을 때, 한가한 나머지 수식을 푸는데 집중하다가 그만 실점을 한 일화도 있습니다. 그리고 닐스의 두 아들 중에서 한 명은 노벨 물리학상을 수상했으며, 다른 한 명은 하키 선수가 되어 올림픽에 출전했습니다.

슈뢰딩거

(Erwin Schrödinger, 1887년~1961년) / 오스트리아

오스트리아의 빈에서 태어나, 빈 대학을 졸업한 후 스위스 취리히 대학의 교수가 되었습니다. 고체의 비열, 열역학, 원자 스펙트럼 등의 연구 외에 색채학에 관해도 재능을 발휘했습니다. 그 후 베를린 대학의 교수로 취임했는데, 나치 정권에 반대하며 교수직을 그만두었고 최종적으로는 아일랜드의 더블린 고등 연구원에 정착했습니다.

"파동 방정식으로 양자 역학의 수학적 근거를 제시했다."

파동 방정식

1923년에 발표된 드 브로이의 물질파에 대한 고찰에 영향을 받아, 슈뢰딩거는 1925년에 물질파의 전자의 상태를 표현하는 함수를 '슈뢰딩거의 파동 방정식'으로 나타내어 보어의 원자 모형이 수학적으로 옳다는 것을 증명했습니다. 이 방정식을 통해 원자핵과 소립자의 거동에 관해도 명확한 설명을 할 수 있었기에 양자 역학에 수학적인 근거를 부여했습니다.

슈뢰딩거의 **파동 방정식**은 입자의 운동을 나타내는 드 브로이의 파동 함수 ψ (그리스 문자: 프사이)를 시간 좌표와 전자의 위치 좌표의 함수로 나타낸 것입니다.

$$i\hbar\frac{\partial \psi}{\partial t} = H\psi$$

슈뢰딩거의 고양이

다음 페이지에서 상세하게 이야기할 '슈뢰딩거의 고양이'라는 역설에 관해, 그때 당시 슈뢰딩거 본인은 '명료하지 않은 모형을 현실에 적용하는 것을 유효한 수단이라고 생각하지 않아야 한다. 명료하지 않은 것이나 모순된 것은 모형을 사용하더라도 본질적으로 구체화시킬 수 없는 것이다.'라고 양자 역학의 문제점을 언급했습니다.

슈뢰딩거는 원래 **중첩**이라는 개념을 좋아하지 않았기 때문에 이러한 역설을 던진 것이었습니다.

이런 까다로운 문제에 관해, 이후 중첩이라는 개념이 아닌 새로운 개념이 등장했습니다. 이를 '다세계 해석'이라고 하는데, SF를 좋아하는 사람이라면 마음이 설렐만한 해석입니다. 고양이가 살아 있는 세계와 죽은 세계, 이 두 세계가 병행해서 존재하는데, 상자를 연 순간 관측자 역시 고양이가 살아 있는 세계와 고양이가 죽은 세계 둘 중 하나로 분류된다는 것입니다.

'슈뢰딩거의 고양이'는 오늘날까지도 계속 논의되고 있습니다.

'파울리의 배타 원리'   양자 역학의 3인방에 이름이 언급되지는 못했지만, 스위스의 물리학자인 볼프강 파울리(1900년~1958년)가 1924년에 제창한 **'파울리의 배타 원리'**는 양자 역학에서는 중요한 원리입니다. 이 원리는 '하나의 전자 궤도에는 완전히 동일한 양자 상태의 전자가 하나만 들어갈 수 있다.'라는 내용입니다. 예를 들어, 전자는 자전하고 있는데 헬륨 원자 두 개 전자의 경우에는 오른쪽으로 회전하는 것과 왼쪽으로 회전하는 것이 있어서 양자 상태가 다르기 때문에 같은 궤도를 돌 수 있습니다. 리튬 원자 3개의 전자 중에서 2개는 같은 방향으로 회전하므로, 나머지 하나는 다른 궤도를 회전합니다.

파급 효과

양자 역학은 세속과는 동떨어진 학문일 것이라고 생각할지도 모르겠지만, 실제로는 그렇지 않습니다. 우리는 양자 역학의 발전의 혜택을 매일 누리고 있습니다. 휴대폰이나 컴퓨터처럼 반도체를 이용한 기술이나 레이저 기술이 비약적으로 발전한 것은 양자 역학 덕분입니다.

그리고 지금은 **양자 컴퓨터**가 가장 주목받고 있습니다. 지금 사용하고 있는 컴퓨터는 '0'과 '1'로 이루어져 있는 디지털 데이터를 고속으로 처리하고 있지만, 양자 역학에 따르면 '0'과 '1'을 중첩시킨 형상을 연상할 수 있으며, 복수의 계산을 동시에 처리할 수 있기 때문에 여러 나라에서 심혈을 기울여 개발하고 있습니다.

'슈뢰딩거의 고양이'가 대활약하는 날도 머지않은 것입니다.

앞으로의 활약이 기대되는 양자 컴퓨터.

뒷 이 야 기

볼츠만에게 깊이 빠졌고, 철학적인 책도 집필했다.

슈뢰딩거가 빈 대학에 입학하기 직전에 볼츠만이 자살했습니다. 원자론을 둘러싸고 오스트발트나 마흐와 격하게 대립해 정신적으로 고통스러웠기 때문이었습니다. 슈뢰딩거는 볼츠만의 후임이었던 물리학 교수에게 가르침을 받으면서 '볼츠만의 생각이야말로 과학에 관한 내 첫사랑이었다.'라고 말할 정도로 그의 생각에 깊이 빠졌습니다.

슈뢰딩거는 1983년부터 1997년까지 오스트리아의 1000실링 지폐에 등장했습니다.

스위스 취리히 대학의 수학자인 바일과의 우정이 '슈뢰딩거의 파동 방정식'으로 이어졌습니다. 오늘날 대학 물리학과에서 양자 역학에 관해 처음 배울 때 하이젠베르크의 행렬 역학보다도 '슈뢰딩거의 파동 방정식'을 먼저 배우는 것이 일반적이지만, 성실하지 못한 학생은 철저히 이해하기란 대단히 힘들 정도로 난이도가 높습니다.

더블린에서는 《생명이란 무엇인가》, 《과학과 휴머니즘》, 《자연과 그리스인》, 《정신과 물질》과 같은 철학적인 책도 여러 권 집필했습니다. 《생명이란 무엇인가》에서 유전자는 단백질이라고 말했습니다. 오늘날은 유전자가 단백질이 아니라는 것이 밝혀졌지만, 생명 현상을 결정론적으로 인식했다는 면에서 그의 입장은 옳았습니다.

양자 역학이란?
양자 역학의 이론과 원리에 관해 알아봅시다.

'슈뢰딩거의 고양이'라는 말을 들어본 적이 있을 것입니다. '슈뢰딩거의
고양이'는 슈뢰딩거가 제안한 사고 실험입니다.

흑체 방사란

양자 역학의 시초가 된 '흑체 방사'(p.254)에 관해 좀 더 상세하게 설명해 보겠습니다. 키르히호프는 전기회로의 '키르히호프의 제1 법칙, 제2 법칙'으로 매우 잘 알려져 있습니다. 그는 독일에서 제철의 효율화를 위해서도 연구했는데, 그전까지는 작업자의 감에 의존했던 용광로 내부 온도를 정확하게 측정하려고 했습니다. 그리고 흑체 방사를 통해 용광로 내부 철의 색상과 온도의 관계를 명확하게 밝혔고, 제철업에 크게 공헌했습니다. 그러나 그가 공헌한 분야가 제철뿐만이 아니라는 점은 앞서 언급한 내용 대로입니다.

색상이 있는 물체는 그 색에 상응하는 빛을 발하기 때문에, 발하는 색상과 온도의 관계를 파악할 수 없다.

검은 물체는 자신의 온도에 따른 파장의 빛을 방출하기 때문에 빛을 발하는 색상과 온도의 관계를 파악할 수 있다.

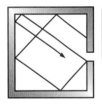

철 상자를 가열하면 철이 빛을 내고, 상자의 내부에서 방사, 흡수를 반복하여 평행 상태가 된다. 이 빛의 진동수를 조사하는 것이 가장 좋은 방법이다.

흑체의 정체는 철로 만든 상자

그런데 이 흑체란 무엇일까요. 우리 주변에 있는 물건들로 '흑체'를 만들어 볼 수도 있습니다. 사진은 이불용 바늘 천 개를 묶은 후, 뾰족한 끝부분을 찍은 것입니다. 이 끝부분이 흑체입니다.

이불용 바늘 천 개를 묶고 끝부분을 위로 향하게 한 후 용기에 세워둔 모습.

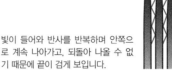

빛이 들어와 반사를 반복하며 안쪽으로 계속 나아가고, 되돌아 나올 수 없기 때문에 끝이 검게 보입니다.

그리고 흑체가 발하는 빛과 온도의 관계를 나타내는 흑체 방사 그래프는 [그림1]과 같습니다.

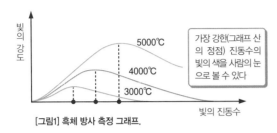

[그림1] 흑체 방사 측정 그래프.

플랑크가 도출해 내어 완벽하게 일치한 그래프
와 식은 다음과 같습니다.

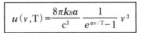

$$u(v,\mathrm{T}) = \frac{8\pi k_B a}{c^3} \frac{1}{e^{av/\mathrm{T}}-1} v^3$$

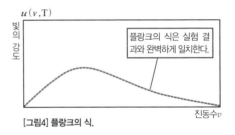

[그림4] 플랑크의 식.

[그림2]와 [그림3]의 그래프와 식은 '흑체 방사'
의 이론값과 실제 값이 일치하지 않는 경우에 해
당합니다. $u(v,T)$ 는 진동수

$$u(v,\mathrm{T}) = \frac{8\pi k_B}{c^3} v^2 \mathrm{T}$$

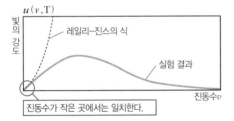

[그림2] 레일리와 진스의 식.

$$u(v,\mathrm{T}) = \frac{8\pi k_B a}{c^3} v^3 e^{-av/\mathrm{T}}$$

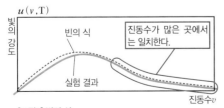

[그림3] 빈의 식.

사고 시험 '슈뢰딩거의 고양이'

그러면 여기서 정말 유명한 '슈뢰딩거의 고양이'
의 역설을 소개하겠습니다.

먼저, 밖에서 내부를 볼 수 없는 상자를 준비합
니다. 이 상자 안에 방사성 물질 (12장 '방사선' 참조)인
라듐, 방사선 검지기, 검지기와 연동된 망치, 청산
가리가 들어 있는 유리병을 넣습니다.

라듐에서 알파선이 방출되고, 이것을 방사선 검
지기가 검지한 순간 망치가 움직여 유리병을 깨트
릴 것이고, 유리병 안에서 맹독 청산 가스가 나오
는 구조입니다. 유리병에서 청산 가스가 나오는 과
정에 관해 검지기와 연동된 장치의 뚜껑을 열어야
한다는 주장도 있지만, 어느 것이든 상관없습니다.

이 안에 한 마리의 고양이를 넣습니다. 고양이에
게 사료나 물을 어떻게 줘야 할지는 고민할 필요

가 없습니다. 이것은 어디까지나 사고(思考) 실험이기 때문입니다.

라듐에서 알파선이 언제 방출되는지는 알 수 없습니다. 예를 들어 1시간 이내에 알파선이 방출될 확률을 50%라고 가정하면, 1시간 이후에는 고양이가 어떻게 되었을까요.

물론 상자를 열면 고양이가 살아 있는지, 죽어 있는지 바로 알 수 있습니다. 문제는 상자를 열기 전입니다. 알파선이 방출될 확률이 50%이기 때문에 살아있을 수도 있고, 죽어있을 수도 있습니다. 상자 내부가 보이지 않아서 알 수 없는 것뿐이지, 이 두 경우 중 하나라고 생각하는 것이 일반적일 것입니다.

그러나 양자 역학의 세계에서는 이 두 상태를 **중첩**하는 것이 '문제 없다.'고 생각합니다. 예를 들어 원자핵의 주위에 있는 전자가 이곳에 있을 확률이 50%이고 저곳에 있을 확률이 50%이며, 둘 중 어느 하나가 아니라 두 군데 모두에 존재한다고도 생각하는 것입니다.

고양이의 운명으로 논제를 돌려 보자면, 양자 역학의 세계에서는 뚜껑을 열기 전에 고양이는 살아있는 상태와 죽어있는 상태를 중첩한 상태로 있게 된다는 셈입니다.

도모나가 신이치로와 동시대에 살았던 과학자

좋은 경쟁자였던 유카와 히데키

도모나가 신이치로(1906년~1979년)는 철학자 집안에서 태어났으며, 유카와 히데키와는 고등학교, 대학교 동창이었습니다. 교토 대학을 졸업한 후, 독일의 라이프치히 대학으로 유학을 갔고, 하이젠베르크의 밑에서 원자핵 이론을 연구했습니다. 1941년에 도쿄 문이과 대학(지금의 쓰쿠바 대학)의 교수가 되었으며 1954년에 슈윙거, 파인만(1918년~1988년)과 함께 노벨 물리학상을 수상했고, 양자 전자 역학이라는 분야를 확립했습니다.

도모나가는 동급생인 유카와와 좋은 경쟁 관계였습니다. 그러나 유카와가 더 자주 화제에 오르는 이유는 유카와가 먼저 노벨상을 받은 것뿐만이 아닌 듯합니다. 유카와가 노벨상을 수상한 것은 중간자라고 하는, 원리는 잘 밝혀지지 않았지만 구체적인 입자의 존재를 예측했기 때문이었습니다. 이에 비해 도모나가는 '재규격화 이론'이라고 하는 대학의 물리학과 학생들에게조차 난해한 이론으로 노벨상을 수상했기 때문에 이러한 이유로 지명도가 낮은 것이 아닐까 생각합니다. 마찬가지로 파인만 역시 소탈하고 털털한 에세이로 유명하지만, 사실 그가 무엇을 연구했는지는 거의 알지 못합니다.

도모나가와 파인만의 이론, 양자 전자 역학

무모한 시도이기는 하지만, 파인만의 강연 기록을 바탕으로 도모나가와 파인만의 이론을 맛보기라도 할 수 있는 이야기를 해볼까 합니다.

양자 역학은 큰 성공을 거두었지만, 빛과 물질 간의 상호 작용에 대한 문제가 남아있었습니다. 맥스웰의 전자기이론을 양자 역학의 새로운 사고에 부합되도록 변경할 필요가 있었습니다. 그래서 빛과 물질의 상호 작용인 양자론, 양자 전자 역학이 1929년에 탄생했습니다.

그런데 이 양자 전자 역학에는 문제가 있었는데 어떤 것을 대략적으로 계산하려 할 때는 납득이 가는 결과를 거의 도출할 수 있지만, 더 정확하게 계산하려고 하면 처음에는 큰 문제가 아니라고 생각했던 보정을 위한 항이 예상보다 커지는 것입니다. 그냥 커지기만 하는 것이 아니라 무한대로 커져서 어느 정도 이상의 정확한 계산이 불가능하게 됩니다.

획기적인 발견 '재규격화 이론'

1948년에 슈윙거, 도모나가, 파인만, 이 세 명은 거의 같은 시기에 독자적으로 이 문제를 해결하는 방법을 고안했습니다. 실험에서 측정되는 전자의 질량과 전하는 '순수한 질량(裸質量)'과 전하에 자기 상호 작용을 더한 것입니다. '순수한 질량과 전하'는 측정할 수 없습니다. 그래서 보정의 무한대를 상쇄시킬 수 있는 무한대를 '순수한 질량과 전하'에 '재규격화'할 것을 제안했습니다. 어쩐지 여우에 홀린 것 같기도 하고 너구리가 둔갑한 것 같기도 한 기묘한 이론이지만, 이 효과는 절대적이었습니다. 전자의 자기 모멘트의 최근 실험값은 1.00115965221이었고, 재규격화 이론을 도입한 이론값은 1.00115965246으로, 이 정도는 뉴욕에서 로스앤젤레스까지의 거리를 측정했을 때 그 오차가 인간의 머리카락 굵기 정도에 해당합니다. 이렇게 실험의 정도가 점점 상승하고 있는 오늘날에도 재규격화 이론은 유효성을 잃지 않고 있습니다. 또한 재규격화가 불가능한 이론의 경우에는 재규격화가 가능한 새로운 이론으로 대체하는 등, 전자 양자 역학 뿐만 아니라 양자 역학이나 소립자 전체의 기반이 되는 이론이라고 할 수 있습니다. 이러한 내용을 알고 나니 재규격화 이론에 조금 흥미가 당기는 것 같지 않습니까.

15장

소립자

디락 *Paul Dirac* | 1902년~1984년

"반입자의 존재를 예측했다."

페르미 *Enrico Fermi* | 1901년~1954년

"뉴트리노의 존재를 예측했다."

겔만 *Murray Gell-Mann* | 1929년~2019년

"쿼크를 제창했다."

원자보다도 작은 물질의 최소 단위

19세기 말까지는 원자가 가장 작은 입자라고 생각했습니다. 그러나 11장 '원자의 구조'에서 이야기한 것처럼 1897년에 J.J. 톰슨이 전자의 존재를 명확히 밝혔고, 1911년에 러더퍼드가 원자의 중심에 핵이 되는 것이 있음을 증명했습니다. 원자는 양자와 중성자로 구성된 원자핵의 주변을 전자가 돌고 있는 구조라는 것도 밝혀졌습니다. 그리고 소립자라는 더욱 기본 단위인 입자에 관해도 예측했고, 실제로도 관측이 되었습니다.

디랙은 전자를 시작으로 모든 소립자에는 반입자라고 불리는 전하, 즉 반대의 입자가 존재한다고 예측했습니다. **페르미**는 뉴트리노라고 하는 소립자의 존재를 예측했습니다. 그리고 한 학생이 그에게 특정 소립자의 이름을 물어보았을 때 "입자의 이름을 외울 수 있을 정도라면 식물학자가 되었겠지."라고 대답했다고 합니다. 그렇게 대답한 이유는 1950년 중반에는 잘 알려진 소립자가 20종류도 안되었지만 10년 후에는 100개에 가까워졌으며, 신형 가속기나 고감도 검출기 덕분에 소립자의 종류는 계속 늘어났고 이를 분류하느라 물리학자들이 꽤 골머리를 앓았다고 합니다. 이러한 상황에서 **겔만**은 쿼크라는 소립자를 도입해 훌륭하게 정리했습니다.

지금은 소립자가 p.284의 표의 기본 입자에 포함되어 있습니다. 기본 입자 중에서도 물질을 구성하고 있는 입자인 쿼크와 렙톤을 물질 입자 또는 페르미온이라고 합니다. 그리고 힘을 매개로 하는 입자를 게이지 입자, 보존(boson)이라고 합니다. 중력을 전달하는 중력자(그래비톤)는 아직 발견되지 않았습니다. 힉스 입자는 지금 가장 주목받고 있는 입자이고 질량을 부여하는 입자이며, 2012년 7월 4일 CERN(p.273)에서 그 존재가 확인되었습니다. 양자와 중성자 같은 쿼크로 이루어진 복합 입자는 지금 소립자 범주에서는 제외되었습니다.

디락

(Paul Dirac, 1902년~1984년) / 영국

영국의 브리스틀에서 태어났고, 브리스틀 대학에서 공학과 수학을 배웠으며 케임브리지 대학에서 물리학을 배웠습니다. 수학에 아주 뛰어났으며 수학을 통해서 양자 역학에 상대론을 접목시켰습니다. 1932년에는 이미 뉴턴이 일했던 케임브리지 대학의 루카스 기념 교수로 임명되어 허례허식을 싫어하는 뉴턴의 스타일을 부활시켰습니다.

"반입자의 존재를 예측했다."

**양자 역학과
상대성 이론**

　하이젠베르크의 행렬 역학과 슈뢰딩거의 파동 방정식은 양자 역학에 관해 표현이 서로 다른 것에 지나지 않으며 내용은 동등하다(등가성)라고 주장했고, 양자 역학의 수학적인 기초를 확립했습니다. 소립자의 세계에서는 입자가 빛의 속도에 가까운 속도로 운동하기 때문에 상대성 이론의 영향 하에 있습니다. 디락은 양자 역학이 상대성 이론과 모순되지 않도록 수정해, $E^2 = m^2 c^4$라는 식을 도출했습니다.

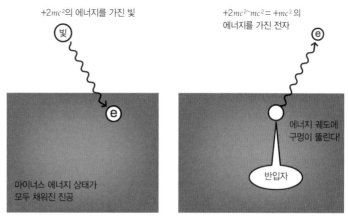

$+2mc^2$의 에너지를 가진 빛

$+2mc^2 \sim mc^2 = +mc^2$의
에너지를 가진 전자

에너지 궤도에
구멍이 뚫린다!

반입자

마이너스 에너지 상태가
모두 채워진 진공

디락이 생각한 반입자가 만들어지는 모습.

**반입자의 존재를
예측했다.**

　이 식을 E에 관해 풀면 $E = \pm mc^2$이라는 두 식을 얻을 수 있다는 사실을 통해서, 모든 입자에 질량은 동일하지만 전하처럼 모든 성질이 정반대인 '반입자'가 존재한다는 것을 예측했습니다. 실제로 전자 반입자의 양전자는 1932년에 발견되었습니다. 그리고 반양자, 반중성자도 발견되었습니다.

2009년에 반입자를 주제로 한 영화가 개봉되었습니다. 댄 브라운 원작의 '다빈치 코드'가 흥행에 성공하고 뒤이어 제작된 같은 작가 원작의 '천사와 악마'라는 영화입니다. 호주 합동 원자핵 연구 기관(CERN = 세른)에서 반입자로 만들어 낸 반물질이 도난당했다는 설정의 손에 땀을 쥐게 하는 서스펜스 영화입니다.

반물질은 일반 물질과 접촉하면 **쌍소멸**하고, 각각의 질량이 100퍼센트 에너지로 전환되어 막대한 에너지를 방출합니다. 그러한 반물질을 어떻게 보관할 것인지와 같은 물리를 좋아하는 사람들에게는 흥미진진한 부분이 가득한 줄거리였습니다.

그러면 쌍소멸이란 무엇일까요. 그리고 **쌍생성**이라는 표현도 있습니다. 디락의 고찰을 통해서 진공 상태일 때 높은 에너지의 광자를 입사

하면 전자와 양전자로 변한다는 현상을 예측할 수 있습니다. 이것이 쌍생성입니다. 반대로 전자와 양전자가 부딪히면 광자를 방출해서, 전자와 양전자는 소멸되어 버립니다. 이것이 쌍소멸입니다. 이 현상에 관해 디락은 p.273의 그림처럼 생각했지만, 실제로 진

스위스 제네바에 있는 유럽 합동 원자핵 연구 기구(CERN = 세른)의 외관.

CERN의 가속기 터널.

공은 마이너스 에너지 상태로 가득 차있지 않습니다. 파인만은 다음의 그림처럼 생각했습니다. 이 그림은 파인만 도형이라고 불리는데 세로축은 시간을, 가로축은 공간을 의미하며, 전하를 가진 입자 사이에서 광자를 주고받는(전자기력이 작동한다.) 상황을 나타냅니다.

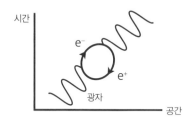

파인만 도형.
전하를 가진 입자 사이에서 광자를 주고받는 것을 나타내고 있다.

파급 효과

디락의 반입자는 우주가 처음 만들어진 것에 관해 중대한 문제를 제기했습니다. 우주의 시작인 **빅뱅**은 에너지를 가진 두 개의 입자가 충돌하여 입자와 반입자가 생성되었다고 합니다. 입자와 반입자가 동일한 수만큼 생성되었다고 한다면, 지금 우주의 상태는 두 가지로 생각해 볼 수 있습니다.

❶ 입자와 반입자는 소멸하고 에너지만 존재하는 우주가 된다.
❷ 입자와 반입자 각각의 물질 우주가 존재한다.

안타깝게도 반물질로 구성된 '반우주'는 관측된 적이 없습니다. 왜 우리 우주에는 물질만 존재하고 반물질은 존재하지 않는지는 물리학의 큰 과제이며 지금도 이에 관해 연구가 계속되고 있습니다.

뒷 이 야 기 ✕ ✕ ✕ ✕ ✕ ✕

주목받는 것을 싫어해, 마지못해 노벨 물리학상을 수상하다.

디락은 SF를 매우 좋아해서 '2001년 우주 여행'을 영화관에서 세 번이나 봤습니다. "물리 법칙은 수학적인 아름다움을 갖추고 있어야만 한다.", "신은 분명 대단한 수학자일 것이며, 아주 고등한 수학을 활용해 우주를 건축했을 것이다."고 말했습니다.
노벨 물리학상 수상이 결정되었을 때, 주목받는 것을 싫어했던 나머지 사퇴하려고도 했지만 사퇴하면 더욱 주목을 받을 것이라고 러더퍼드(p.208)에게 설득당해 수상하기로 결정했습니다.

페르미

(Enrico Fermi, 1901년~1954년) / 이탈리아

로마에서 태어나 24세의 나이에 로마 대학의 교수가 되었으며, 당시로서는 드물게도 이론 물리학자와 실험 물리학자로 동시에 활동했습니다. 그 업적을 인정받아 1938년에 노벨상을 수상했는데 수상식에 출석한 후 바로 유대인 아내인 라우라와 함께 미국으로 망명했습니다. 그 후, 원자로 개발 등 원자력을 활용하는데 공헌했습니다.

"뉴트리노의 존재를 예측했다."

**베타선의
연구에서 시작하다.**

방사선 중에서 베타선의 정체는 전자이며, 이것은 원자핵 내의 중성자가 양자로 바뀌면서 방출되는 것이라는 점이 밝혀졌습니다. 그러나 베타선이 방출되는 베타 붕괴 전후에 들어오고 나가는 에너지의 양이 맞지 않다는 것이 큰 문제가 되었습니다.

파울리(1900년~1958년)는 붕괴전의 중성자는 전하가 전혀 없고, 붕괴 후의 양자와 전자를 합친 전하도 전혀 없기 때문에, 베타 붕괴 시에 전기적으로는 중성이고 질량이 거의 없는 입자가 방출되는 것이라고 생각했습니다. 페르미는 이 입자의 존재를 확신했으며, **뉴트리노**라고 이름 붙였습니다. 뉴트리노는 이탈리아어로 '작은 중성의 물체'라는 의미입니다. 페르미는 베타 붕괴 시에 중성자, 양자, 전자, 뉴트리노 이 넷이 한 점에서 상호 작용을 한다고 가정했습니다. 이 상호 작용은 페르미 상호 작용이라고 불립니다. 페르미가 제안한 이론은 장의 양자론을 전자장의 상호 작용에서 소립자 상호 작용으로 확장한 측면에서 큰 의미가 있습니다.

쿼크와 뉴트리노

오늘날 중성자는 다운 쿼크(p.282) 2개와 업 쿼크(p.282) 1개로 구성되어 있으며, 양자는 다운 쿼크 1개와 업 쿼크 2개로 구성되어 있다는 것을 알고 있습니다.

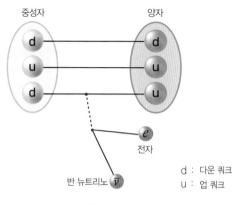

베타 붕괴.

베타 붕괴에서는 중성자 내부의 다운 쿼크 한 개가 업 쿼크로 바뀌어 양자가 되고, 그때 전자와 반 뉴트리노(반중성 미자)가 방출됩니다. 반 뉴트리노란 태양광이나 우주선에 포함된 일반 뉴트리노의 반입자입니다.

**'뉴트리노를
포착하는 법'**

뉴트리노는 전하를 가지지 않기 때문에 다른 물질에 거의 반응하지 않습니다. 사실 1초 동안에 수백조 개의 뉴트리노가 날아와 우리 신체를 관통하고 있지만, 이것을 관측하기란 대단히 어렵습니다. 그렇기는 하지만 어마어마한 수가 날아오고 있기 때문에 이것을 어떻게든 포착해보려고 여러 나라들에서 각축을 벌이던 중, 일본 히다(飛騨) 시의 광산 지하에 가미오칸데(p.285)가 건설되었습니다. 그러면 지금부터 뉴트리노를 포착하는 방법을 설명해보겠습니다.

먼저 왜 광산 지하를 선정했을까 궁금하실 것입니다. 우주선에는 다양한 입자가 포함되어 있기 때문에, 관측 대상인 뉴트리노만 날아올 수 있는 지하 깊은 곳(지하 1000미터)을 선정해 건설했습니다.

뉴트리노가 물질과 충돌하면 전기를 가진 입자가 튀어나오는데, 이는 아주 드문 현상입니다. **슈퍼 가미오칸데**에서는 5만 톤의 물을 저장해서 뉴트리노가 물 안의 전자나 원자핵에 부딪히기를 기다리고 있습니다. 이렇게 튀어나오게 된 입자는 물속에서 빛이 이동하는 속도보다도 빨리 이동하여 **체렌코프 광**을 방출합니다. 체렌코프 광의 진행 속도는 음속에 의한 충격파와 동일(p.132) 합니다. 물 탱크의 벽면에 장착되어 있는 광전자 증배관을 통해 체렌코프 광을 포착하여 진행 방향, 위치, 입자 종류 등의 정보를 얻을 수 있고, 부딪힌 뉴트리노의 정보도 얻을 수 있는 구조입니다.

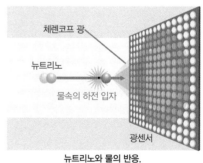

체렌코프 광

뉴트리노

물속의 하전 입자

광센서

뉴트리노와 물의 반응.

파 급 효 과

유카와 히데키는 페르미의 이론을 접한 뒤, 뉴트리노가 양자와 중성자 사이의 핵력에도 관여한다고 생각했습니다. 그러나 이 경우에는 약한 핵력밖에 얻지 못한다는 것을 깨달은 뒤, 중간자라는 새로운 입자에 관한 힌트를 얻었습니다. 페르미는 미국으로 망명한 후 콜롬비아 대학에서 핵분열 반응 연구를 시작했으며, 시카고 대학에서 세계 최초로 원자로를 가동하는데 성공했습니다.

페르미가 가동한 원자로 기념 간판.

뒷 이 야 기 ✕✕✕✕✕✕✕✕✕✕✕✕✕✕✕✕✕✕✕✕

'페르미와 원자력 개발'

페르미는 뉴트리노라는 명칭을 붙인 사람으로 알려져 있기보다는, 원자로를 개발한 사람으로 잘 알려져 있습니다.

1934년에 졸리오 퀴리 부부(마리 퀴리의 딸 부부)가 알파선을 조사해서 인공적으로 방사성 물질을 만드는데 성공했습니다. 페르미는 알파선 대신에 중성자를 사용하는 발상을 떠올렸고, 로마대학에서 계속 새로운 방사성 물질을 개발했습니다. 그리고 이때 중성자를 감속시키면 핵분열이 촉진된다는 사실도 발견했습니다. 이 발견을 통해 좋은 의미에서든 나쁜 의미에서든 원자력의 실용화가 진행되게 되었습니다.

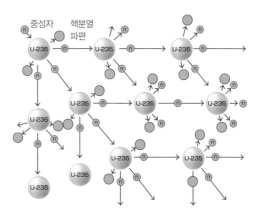

우라늄 핵분열의 연쇄 반응.

✕✕✕✕✕✕✕✕✕✕✕✕✕✕✕✕✕✕✕✕✕✕✕✕

겔만
(Murray Gell-Mann, 1929년~2019년) / 미국

미국 맨해튼에서 태어나, 15세의 나이에 예일 대학에 입학했고 19세에 졸업
했습니다. 22세에 MIT에서 박사 학위를 취득했으며, 23세에 시카고 대학에
서 일하기 시작했습니다. 이후, 소립자 연구에 몰두했고, 1964년에 쿼크 모형
을 제안했습니다. 쿼크 모형을 통한 소립자 분류 및 상호 작용 연구의 막대한
공헌을 인정받아 1969년에 노벨상을 수상했습니다.

"쿼크를 제창했다."

**쿼크 모형을
고안했다.**

1960년대 초반까지 많은 가속기가 제작되었고, 새로운 입자들이 계속 발견되었습니다. 그리고 궁극의 입자에 관한 모형이 다수 제창되었습니다.

사카다 쇼이치는 람다 입자와 양자, 중성자, 이 셋을 기본 입자로 하는 '**사카다 모형**'을 제창했습니다. 그러나 사카다 모형으로는 설명하지 못하는 모순이 있었기 때문에 겔만은 새로운 세 개의 기본 입자 '**쿼크 모형**'을 고안했습니다. 그리고 동시대 이스라엘의 조지 츠바이크 (1937년~)도 같은 발상을 했습니다.

겔만은 사카다 모형의 사고를 계승하면서 그 문제점도 해소했습니다. 사카다 모형과 쿼크 모형의 차이점은 기본 입자를 이미 알고 있던 하드론(hadron, p.284)보다 한 단계 아래의 계층으로 설정했던 것이었습니다.

하드론이 한 단계 낮은 계층의 기본 입자인 쿼크의 복합 입자라고 생각하자, 하드론의 수많은 특성과 성질이 잘 정리되었습니다. 그리고 겔만은 쿼크가 가진 양자 수로 색전하(color charge)를 제창했습니다.

쿼크에서 원자핵을 만드는 힘과 강한 상호 작용은, 색전하의 혼합 정도에 따라 생성 소멸되는 게이지 입자의 교환을 통해 설명할 수 있다고 하는 양자 색역학이라는 분야가 확립되었습니다.

쿼크의 종류 각각 반입자(반물질)를 가진다.

기호	입자명	질량	전하	스핀	수명
d	다운 쿼크	$4.8 \text{ MeV}/c^2$	−1/3	1/2	
u	업 쿼크	$2.3 \text{ MeV}/c^2$	+2/3	1/2	자연계에는 단독으로 존재하지 않는다. 2개 혹은 3개가 결합해서 하드론으로 존재한다.
s	스트레인지 쿼크	$95 \text{ MeV}/c^2$	−1/3	1/2	
c	참 쿼크	$1.275 \text{ GeV}/c^2$	+2/3	1/2	
b	보텀 쿼크	$4.18 \text{ GeV}/c^2$	−1/3	1/2	
t	탑 쿼크	$173.07 \text{ GeV}/c^2$	+2/3	1/2	

※ 이화학 연구소 홈페이지에서 발췌.　※ $1\text{MeV}/c^2 = 1.78 \times 10^{-30}\text{kg}$　$1\text{GeV}/c^2 = [1\text{MeV}/c^2] \times 10^3$

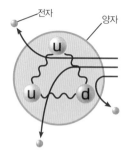

전자를 빛의 속도에 가깝게 양
자에 부딪히게 한다. 전자의 궤
도는 u(업 쿼크)에 가까워지기
도 하고, d(다운 쿼크)에 반발하
기도 한다.

[그림1] 전자에서 쿼크를 찾는 개념도.

3종류에서 6종류로　　쿼크에는 업 쿼크와 다운 쿼크, 스트레인지 쿼크 그리고 각각의 반
입자가 있습니다. 예를 들어 양자는 업 쿼크 두 개와 다운 쿼크 하나,
중성자는 업 쿼크 하나와 다운 쿼크 두 개로 구성되어 있다는 것을
p.277에서 소개했습니다.

현재 쿼크의 종류는 업, 다운, 스트레인지에 참, 보텀, 탑이 더해져
여섯 종류로 분류되어 있습니다.

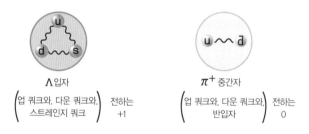

Λ입자
(업 쿼크와, 다운 쿼크와, 스트레인지 쿼크)　전하는 +1

π⁺ 중간자
(업 쿼크와, 다운 쿼크와, 반입자)　전하는 0

[그림2] Λ입자와 π⁺중간자의 구조.

파급 효과

겔만의 쿼크 모형을 통해 소립자는 p.284의 표의 내용처럼 명확하게 정리되었으며, 소립자 물리학이 크게 발전함에 따라 현재는 '표준 이론'이 확립되었습니다. 그러나 아직까지 산더미 같은 과제가 남아 있으며, 계속해서 연구가 진행되고 있습니다.

또한, 겔만은 1980년대 후반부터 '복잡계'에 관심을 가지게 되었습니다. 그래서 그 연구의 거점인 산타페 연구소 설립에 공헌했습니다. 복잡계는 최근에 더욱 주목받고 있는 연구 분야로, 역학계에서부터 생물학, 경제학에 이르기까지 다방면에 걸쳐 관련이 있고, 기상 현상 등 우리의 실생활과도 관련이 있기 때문에 발전을 크게 기대하고 있습니다.

뒷이야기 × × × × × × × × × × × × × × × × × × ×

'피네간의 경야(Finnegan's Wake)'에서 유래한 쿼크

'쿼크'는 아일랜드의 전위 문학 작가인 제임스 조이스의 《피네간의 경야》의 한 구절인 'Three quarks for Muster Mark' 머스터 마크에게 세 개의 쿼크를'에서 유래했다고 합니다. 여기에서 '쿼크'란 갈매기의 울음소리이기도 하고, quarts = 한 잔의 술이라는 의미도 있습니다. 다시 말해 '마크의 남편에게 술을 세 잔'이라는 것은, 마셔도 괜찮을 것이라는 의미라기보다는 마시지 못하는 갈매기 울음소리에 빗대어 '마크의 남편에게 끼루룩(쿼크)을 세 잔이라고 말한 것입니다. 겔만은 기본 입자를 세 개라고 생각했기 때문에, 셋이라는 의미에서 이 기본 입자를 '쿼크'라고 이름 지었습니다.

이 한 구절을 통해서도 잘 알 수 있듯이 《피네간의 경야》는 소립자의 이론에 필적할 정도로 난해한 전위 문학으로 유명하기 때문에, 기본 입자의 이름으로도 잘 어울린다고 할 수 있겠습니다.

제임스 조이스
《피네간의 경야》의 표지.

× ×

소립자를 연구하기 위한 대형 시설에 관해 알아봅시다.

말 그대로 하늘에서 내려오는 우주선(宇宙線) 안의 소립자를 관측하기 위해 만들어진 가미오칸데와, 입자를 가속시켜 다른 입자에 부딪히게 해서 파괴한 후 소립자를 찾아내는 가속기 등, 소립자의 연구에 관해 이야기할 때는 대형 연구 시설을 빼놓을 수 없습니다.

기본 입자

기본 입자에는 물질을 구성하는 물질 입자와 힘을 매개로 하는 게이지 입자가 있습니다. 게이지 입자는 힘을 매개로 하는 입자입니다. 기본 입자는 내부에 구조를 가지지 않는다고 알려져 있습니다.

물질 입자는 각각의 입자의 성질에 따라 다음의 표와 같이 세 가지 세대로 분류할 수 있습니다.

중력을 담당하고 있는 그래비톤(중력 양자)은 아직 확인되지 않았습니다. 그리고 질량을 담당하고 있는 히그스 입자에 관해서도 아직 연구가 계속되고 있습니다.

힘을 매개로 하는 게이지 입자

강한 핵력 힘	글루온	
전기 자기력	광자	
약한 힘	W 보손	Z 보손

힉스 입자

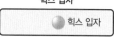

히스 입자

※ 약한 힘으로 소립자들끼리 연결되어 있다.

물질 입자

	제1세대	제2세대	제3세대
쿼크	u 업(u)	c 참(c)	t 탑(t)
	d 다운(d)	s 스트레인지(s)	b 보텀(b)
렙톤	e 전자	μ 뮤온	τ 타우온
	v_e 전자 뉴트리노	v_μ 뮤온 뉴트리노	v_τ 타우 뉴트리노

하드론(복합 입자), 쿼크의 복합체

하드론은 오랜 기간 동안 내부에 구조를 가지지 않는 기본적인 입자라고 생각했지만, 오늘날은 지금까지 살펴본 것과 마찬가지로 쿼크로 구성되어 있다고 생각하고 있습니다. 하드론에는 양자, 중성자(p.277), Λ(람다) 입자, π 중간자(p.279)가 있습니다.

우주선 안의 소립자

우주선(宇宙線)이란, 우주 공간을 날아다니는 지극히 작은 입자들의 총칭입니다. 일차 우주선은 지구 대기 밖에서 들어옵니다. 일차 우주선이 대기와 충돌해서 발생하는 입자가 이차 우주선이며, 다음의 그림에서는 이차 우주선이 여러 종류로 나눠진다고 묘사합니다.

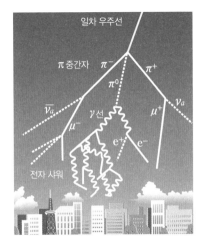

$\pi^+, \pi^-, \pi^0 : \pi$ 중간자 e^+ : 플러스 전자
$\mu^+_, \mu^-_ :$ 뮤온 e^- : 전자
$\nu_\mu :$ 뮤온 뉴트리노

우주선 안에 있는 소립자의 개관도.

가미오칸데

1983년에 태양에서 오는 **뉴트리노**를 관측하기 위해서 일본 기후 시 가미오카 마을(그 당시의 명칭)의 가미오카 광산 지하에 **가미오칸데**라는 이름의 실험 장치를 설치했습니다. 탱크에 3,000톤의 순

수한 물을 담고 뉴트리노가 통과하면서 발생하는 빛을 1,000개의 고감도 광전자 증배관으로 포착하는 장치입니다.

1987년에는 고시바 마사토시와 그 일행이 이 장치를 사용해 대마젤란성운에서 발생한 초신성 폭발로 인해 지구로 쏟아진 뉴트리노를 관측하는데 성공했습니다.

그 후 개량에 성공한 슈퍼 가미오칸데를 사용해 1998년에 가지타 다카아키와 그 일행이 대기 중에서 발생한 뉴트리노를 관측해, 뉴트리노가 질량을 가지고 있다는 증거인 뉴트리노 진동을 발견했으며, 1999년에 그것을 검증했습니다.

이러한 공적을 인정받아 고시바는 2002년에, 가지타는 2015년에 노벨상을 수상했습니다.

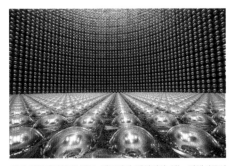

슈퍼 가미오칸데의 내부. 빼곡하게 배열되어 있는 광센서들이 금색으로 빛나고 있다.

고에너지 가속기 연구 기구

목표로 삼은 소립자가 하늘에서 내려오는 것을 기다리려 하면 운에 맡길 수밖에 없으며, 시간이 많이 걸릴 뿐만 아니라 얻을 수 있는 정보도 많지

않습니다. 그래서 인공적으로 소립자를 만들어내는 장치인 가속기가 발명되었습니다. 전자나 양자처럼 전기를 가진 입자에 전압을 가해 가속하고, 고속으로 다른 입자에 충돌시켜 다양한 소립자를 만들어내는 장치입니다.

전자나 양자를 고속으로 이동하게 하기 위해서는 수 억 볼트의 높은 전압이 필요합니다. 그렇기 때문에 자석을 사용해서 전자나 양자의 진로를 휘어지게 해서 원운동을 하게 하고, 한 바퀴를 돌 때마다 전압을 가해서 조금씩 가속하는 방법을 고안해냈습니다.

그러나, 입자가 고속으로 움직이면 상대론에 의해 질량이 증가하기 때문에 진로를 휘어지게 하기가 쉽지 않습니다. 또한 전기를 띤 입자가 고속으로 원운동을 하면 전자파를 발생시켜 에너지를 잃어버리게 됩니다. 따라서 가능한 한 직선에 가깝게 운동하게 하기 위해서 원운동의 반경을 크게 만들어야 합니다. 그러므로 가속기의 반경은 마을 하나에 해당할 정도로 매우 큽니다. 스위스 제네바에 설치된 가속기는 둘레가 27킬로미터로 일본 지하철 야마노테선의 둘레인 34.5킬로미터보다 약간 작은 정도입니다.

1997년에 설립된 일본 이바라키 현 쓰쿠바 시에 있는 고에너지 가속기 연구 기구에서는 B 중간자라고 불리는 새로운 소립자를 대량으로 생성할 수 있는 가속기인 'B 팩토리'를 사용해서, 2003년에 산다 이치로와 그 일행이 B 중간자의 CP 대칭성 깨짐을 발견했습니다. CP 대칭성 깨짐이란 소립자가 붕괴할 때, 입자와 반입자의 수에 차이가 발생한다는 것입니다.

1973년에 고바야시 마코토와 마스카와 도시히데는 그동안 세 종류라고 알려져 있었던 쿼크에 관해 '만약 여섯 종류의 쿼크가 존재한다면 CP 대칭성 깨짐은 기존의 이론을 아무것도 바꾸지 않고도 자연히 성립될 수 있다'라고 생각했으며, 오늘날 '고바야시~마스카와 이론'이라고 일컬어지는 이론을 발표했습니다. B 팩토리를 통해 CP 대칭성이 발견되어 '고바야시~마스카와 이론'이 실증되었으며, 이 두 사람은 2008년에 노벨상을 수상했습니다. 또한 고에너지 가속기 연구 기구의 가속기에서 일본 후쿠오카를 향해 뉴트리노를 발사하고, 그것을 슈퍼 가미오칸데로 포착하는 실험을 통해 뉴트리노 진동을 검증했습니다.

고바야시 마코토와 마스카와 도시히데가 노벨상을 수상하는데 크게 공헌한 측정기 '벨'의 후속작 '벨Ⅱ'를 설치하려고 준비하는 모습(2017년).

중간자를 발견해 노벨상을 수상한 유카와, 패전 후의 일본에 큰 기쁨을 안기다.

일본인 최초로 노벨 물리학상을 수상한 사람은 소립자의 하나인 중간자의 존재를 제창한 유카와 히데키(1907년~1981년)였습니다. 유카와는 지질학자의 집에서 태어나, 교토 대학 이학부 물리학과를 졸업한 후 오사카 대학에서 일했습니다. 유카와는 원자핵 안에 양자와 중성자를 담아 두고 있는 힘의 정체를 밝혀내려고 한 결과, 그 힘의 중개 역할을 하는 새로운 입자의 존재에 관해 예측했고, 1935년에 '소립자의 상호 작용에 관해서'를 발표했습니다.

일본에 온 보어에게 '당신은 새로운 입자를 좋아하시는군요'라고 빈정거리는 말을 들은 적도 있지만, 1937년에 유카와가 예측했던 입자와 거의 비슷한 질량의 입자가 우주선 안에서 발견되면서 유카와의 이론이 일약 주목을 받게 되었습니다. 뒤에 그 입자는 뮤온이라고 하는 다른 입자라는 것이 밝혀졌으며, 유카와가 예측한 π 중간자는 1947년에 우주선 중에서 발견되었습니다. 1949년에 유카와가 노벨상을 받은 것은 패전국이었던 일본에는 큰 기쁨을 안겨 주었으며, 우수한 물리학자들이 모두 소립자를 연구하기 시작해 서두에서 이야기했던 것처럼 큰 성과를 내게 되었습니다.

'일본의 소립자 연구에 가장 공헌'

사카타 쇼이치(1911년~1970년)는 도쿄에서 태어나, 교토 대학을 졸업한 후 이화학 연구소에서 도모나가 신이치로의 지도를 받았습니다.

나고야 대학의 교수가 된 후, 유카와가 생각한 핵력의 기원이 되는 중간자와 처음에 우주선에서 발견했던 중간자는 서로 다른 입자라는 '이중간자론'을 제창했습니다. 그 정확성은 앞서 본문에서 언급한 내용에서 확인할 수 있습니다. 또한 도모나가

스웨덴의 구스타프 아돌프 황태자 (당시)에게 노벨 물리학상을 받고 있는 유카와 히데키의 모습 (오른쪽). 1949년 12월 10일, 스톡홀름에서.

의 '재규격화 이론'에 아이디어를 제공한 장의 이론을 구축했습니다. 사카타의 공적 중에서 가장 눈에 띄는 것은 사카타 모형입니다. 겔만과 두 명의 일본인이 제창한 '나카노-니시지마-겔만의 법칙'을 통해서 사카타는 하드론(p.282)이 세 가지 기본 입자(양자, 중성자, Λ입자) 및 이 반입자로 구성된 복합 입자라고 하는 사카타 모형을 제창했습니다. 그리고 하드론이 '나카노-니시지마-겔만의 법칙'에 따르는 것은 하드론을 구성하는 기본 입자가 그 법칙에 따르고 있기 때문이라고 생각했습니다. 사카타 모형이 쿼크 모형의 기초가 된 것은 p.280와 같습니다. 사카타는 다케타니 미쓰오(1911년~2000년)의 '삼단계론'을 평가했으며, 유물론을 바탕으로 한 독특한 연구 방법을 취했습니다. 구체적으로는 '형(形)의 논리'의 배후에 '물(物)'이라고 불리는 실체가 존재한다고 생각하는 '물(物)의 논리'를 추구했습니다. 사카타 모형은 그러한 연구 자세에서 시작되었습니다. '나카노-니시지마-겔만의 법칙'이라는 '형'의 배후에 하드론을 구성하는 기본 입자라는 '물'이 존재한다고 생각한 것입니다.

원자에 관한 연구와 과학자

기원전 400년 경	데모크리토스(기원전 460년 경~기원전 370년), 원자에 대한 개념을 제창했다.
기원전 100년 경	루크레티우스(기원전 95년경~기원전 55년경), '사물의 본성에 관하여'
1803년	존 돌턴(1766년~1844년), 원자설을 제창했다.
1827년	로버트 브라운(1773년~1858년), 브라운 운동을 발견했다.
1860년	제임스 클러크 맥스웰(1831년~1879년), 기체의 분자 운동론을 제창했다.
1876년	에우겐 골트슈타인(1850년~1930년), 진공 방전에서 발생하는 것을 음극선이라고 명명했다.
1885년	요한 야코프 발머(1825년~1898년), 수소 스펙트럼의 발머 계열을 발견했다.
1895년	빌헬름 콘라트 뢴트겐(1845년~1923년), X선을 발견했다.
1896년	앙투안 앙리 베크렐(1852년~1908년), 우라늄 광석에서 방사선을 발견했다.
1897년	J.J. 톰슨(1856년~1940년), 전자의 존재를 확인했다.
1898년	피에르(1859년~1906년), 마리 (1867~1934년), 퀴리 부부가 라듐, 폴로늄 자연 방사선을 발견했다.
1859년	구스타프 로베르트 키르히호프(1824년~1887년), 흑체 방사를 발견했다.
1900년	**막스 카를 에른스트 루드비히 플랑크**(1858년~1947년), 양자 가설을 세웠다.
1904년	나가오카 한타로(1865년~1950년), 원자의 토성 모형을 제창했다.
1905년	알베르트 아인슈타인(1879년~1955년), 특수 상대성 이론, 분자 운동론, 광양자 가설, 이 세 가지 논문을 발표했다.
1908년	장 바티스트 페랭(1870년~1942년), 아인슈타인의 분자 운동 이론을 실험으로 확인했다.
1911년	어니스트 러더퍼드(1871년~1937년), 원자핵의 존재를 확인했다.
1913년	**닐스 헨리크 다비드 보어**(1885년~1962년), 보어 모형을 만들었다.
1923년	드 브로이(1892년~1987년), 물질파의 개념을 도입했다.
	아서 홀리 콤프턴(1892년~1962년), 콤프턴 효과를 발견했다.
1924년	볼프강 파울리(1900년~1958년), 배타 원리를 제창했다.
1925년	베르너 칼 하이젠베르크(1901년~1976년), 행렬역학을 사용해 보어 모형을 설명했다.
1926년	**에르빈 슈뢰딩거**(1887년~1961년), 파동 방정식을 사용해 보어 모형을 설명했다.
1927년	베르너 칼 하이젠베르크, 불확정성의 원리를 제창했다.
1928년	**폴 에이드리언 모리스 디락**(1902년~1984년), 반입자의 존재를 제창했다.
1932년	베르너 칼 하이젠베르크, 소립자의 스핀을 제창했다.
	칼 데이비드 앤더슨(1905년~1991년), 양전자를 발견했다.
1933년	**엔리코 페르미**(1901년~1954년), 뉴트리노를 제창했다.
1934년	유카와 히데키(1907년~1981년), 중간자 개념을 도입했다.

1948년	도모나가 신이치로(1906년~1979년), 슈윙거 (1918년~1994년), 리처드 필립스 파인만 (1918~1988년), 재규격화 이론을 제창했다.
1964년	**머리 겔만**(1929년~2019년), 쿼크를 제창했다.

역사에 한 획을 그은 과학자의 명언 ⑤

과거로부터 배우고, 오늘을 위해 살아라.
그리고 내일의 희망을 가져라. 가장 중요한 것은 지속적으로 의문을 던지는 것이다.

– 알베르트 아인슈타인

세계의 어떠한 권력이든 빼앗을 수 없는 최고의 미덕,
무엇보다도 영원한 기쁨을 가져다주는 것, 그것은 바로 영혼의 고결함이다.

– 막스 플랑크

과학이 모든 것이라고 생각한다면 과학자로서는 부족한 사람이다.

– 유카와 히데키

참고 문헌 및 인터넷 사이트 일람

전체 내용에 관련된 것

《인물로 읽는 물리법칙 사전》 요네자와 후미코 총 편집 (아사쿠라 쇼텐, 2015년).

《현대 과학 사상 사전》 이토 슌타로 편집 (고단샤 현대신서, 1971년).

《과학사 기술사 사전》 이토 슌타로 외 편집 (고분도, 1983년).

《근대 과학의 탄생 상·하》 허버트 버터필드 저술, 와타나베 마사오 옮김 (고단샤 기술문고, 1978년).

《중세에서 근대까지의 과학사 상·하》 A.C. 크롬비 저술, 와타나베 마사오, 아오키 세이조 공동 옮김 (CORONA PUBLISHING, 1962년).

《초기 그리스 과학-탈레스부터 아리스토텔레스까지》 G.E.R. 로이드 저술, 야마노 코지, 야마구치 요시히사 옮김 (세이지 대학 출판국, 1994년).

《과학의 탄생 하 소크라테스 이전의 그리스》 앙드레 피쇼 저술, 나카무라 기요시 옮김 (세리카 쇼보, 1995년).

《근대 과학의 원류》 이토 슌타로 저술 (주오 공론 자연 선서, 1978년).

《근대 과학의 원류 물리학 편 (Ⅰ, Ⅱ, Ⅲ)》 오노 요로 감수 (홋카이도 대학 출판회, 1977년).

《과학의 역사 상-과학 사상의 주요 흐름》 S. 메이슨 저술, 야지마 스케토시 옮김 (이와나미 쇼텐, 1955년).

《근대 과학의 발걸음》 J. 린제이 편집, 스가이 쥰이치 옮김 (이와나미 신쇼, 1956년).

《과학자 인명사전》 과학자 인명사전 편집 위원회 편집 (마루젠, 1997년).

《프로젝트 물리 1 운동의 개념》 와타나베 마사오, 이시카와 타카오, 류 타에 감수 (CORONA PUBLISHING, 1977년).

《프로젝트 물리 4 빛과 전자기》 와타나베 마사오, 이시카와 타카오, 류 타에 감수 (CORONA PUBLISHING, 1982년).

《프로젝트 물리 5 원자의 모형》 와타나베 마사오, 류 타에 감수 (CORONA PUBLISHING, 1985년).

《프로젝트 물리 6 원자핵》 와타나베 마사오, 류 타에 감수 (CORONA PUBLISHING, 1985년).

www.kanazawa-it.ac.jp/dawn/main.html 가나자와 공업 대학 라이브러리 센터 선별 종합 색인.
- 세계를 바꾼 도서 《공학의 서문고》 소장 110선 -

1장 역학Ⅰ(운동) 〈아리스토텔레스 / 갈릴레이 / 데카르트〉
2장 대기압과 진공 〈토리첼리 / 훅 / 게리케〉
3장 역학Ⅱ(만유인력) 〈훅 / 뉴턴 / 캐번디시〉

《새로운 번역 다네만 대자연 과학사 제5권》 프리드리히 다네만 저술, 야스다 도쿠타로 옮김 (산세이도, 1978년).

《세계의 명저 8 아리스토텔레스》 다나카 미치타로 책임 편집 (주오 공론사, 1972년).

《세계의 명저 21 갈릴레이》 도요다 도시유키 책임 편집 (주오 공론사, 1973년).

《세계의 명저 22 데카르트》 노다 마타오 책임 편집 (주오 공론사, 1967년).

《세계의 명저 24 파스칼》 마에다 요이치 책임 편집 (주오 공론사, 1966년).

《세계의 명저 31 뉴턴》 가와베 로쿠오 책임 편집 (주오 공론사, 1979년).

《갈릴레오 갈릴레이》 아오키 세이조 저술 (이와나미 신쇼, 1965년).

《뉴턴》 시마오 나가야스 저술 (이와나미 신쇼, 1979년).

《자석과 중력의 발견 1~3》 야마모토 요시타카 저술 (미스즈 쇼보, 2003년).

《포이어바흐 전집 제5권 근대철학사 상》 L.A. 포이어바흐 저술, 후나야마 신이치 옮김 (후쿠무라 출판, 1975년).

《과학 사상의 역사-갈릴레이에서 아인슈타인까지》 찰스 쿨스톤 길레스피 저술, 시마오 나가야스 옮김 (미스즈 쇼보, 1971년).

《캐번디시의 생애-업적만 남긴 수수께끼의 과학자》 P. 레핀, J. 니콜 저술, 고이데 쇼이치로 옮김 (도쿄 도서, 1978년).

《Experimenta Nova (ut vocantur) Magdeburgica de Vacuo Spatio》 Ottonis de Guericke 저술, Amsteldami (Amsterdam) 1672년.

《오토 폰 게리케의 연구 과정과 그 특징-로버트 보일과의 비교-》 마쓰노 오사무 저술 (가고시마대학 평생학습 교육연구센터 연보 5권 p.1-11).

《게리케와 보일이 제작한 공기 펌프의 구조 -일본에서 게리케의 펌프를 복제하다- 마쓰노 오사무, 요시가와 다쓰시, 우에소노 시오리 저술 (가고시마 대학 평생학습 교육연구센터 연보 6권 p.1-16).

《보일의 진공 실험으로부터 혹스비의 공개 과학 강좌까지 -1700년대의 교육 방법 개혁- 마쓰노 오사무 저술 (아이치현 예술대학 정기 간행물 No.47, 2017년).

《다른 모습의 과학자》 고야마 케이타 저술 (마루젠, 1991년).

《수고 성장 제한과 그 메커니즘 Journal of the Japanese Forestry Society (일본임학회지) 90(6) 총설 420~430》 나베시마 에리, 이시이 히로아키 저술 (2008년).

《원더 래버러토리 시리즈 입자로 구성된 세계》 고키 치요코, 다나카 사치 저술 (다로지로사 에디터스, 2014년).

《원더 래버러토리 시리즈 공기는 춤을 춘다》 고키 치요코, 다나카 사치 저술 (다로지로사 에디터스, 2014년).

《원더 래버러토리 시리즈 마찰이 한 일》 다나카 사치, 고키 치요코 저술 (다로지로사 에디터스, 2015년).

Clotfelter, B. E. (1987), "The Cavendish experiment as Cavendish knew it", American Journal of Physics. 55: 210-213. doi.org/10.1119/1.15214.

Cavendish, Henry (1798), "Experiments to Determine the Density of the Earth", in MacKenzie, A. S., Scientific Memoirs Vol.9 : The Laws of Gravitation, American Book Co., 1900, pp. 59-105.

fnorio.com/0006Chavendish/Chavendish.htm

4장 온도 〈페르디난도 2세 / 셀시우스 / 켈빈 경〉
5장 열역학 〈와트 / 카르노 / 줄〉

《새로운 번역 다네만 대자연 과학사 제6권》 프리드리히 다네만 저술, 야스다 도쿠타로 옮김 (산세이도, 1978년).

《실험과학의 정신》 다카다 세이지 저술 (바이푸칸, 1987년).

《다른 모습의 과학자》 고야마 케이타 저술 (마루젠, 1991년).

《에도 과학 고전 시리즈 31 Komo zatsuwa·Ranen tekiho》 기쿠치 도시히코 해설 (고와 출판, 1980년).

《온도 개념과 온도계의 역사》 다카다 세이지 저술 (열 측정 학회지 Netsu Sokutei 32 (4) 162-168 2005년).

《일본농서전집 제35권 '잠당계비결'》 나카무라 젠에몽 저술, 마쓰무라 사토시 번역·현대어역 (농산어촌 문화 협회, 1981년).

《근대 양잠업 발달사》 쇼지 기치노스케 저술 (오차노 미즈쇼보, 1978년).

《교육과 문화 시리즈 제2권 '탐구의 발자취-안개 속의 선구자들·일본인 과학자 -'》 고키 지요코·다나카 사치 저술 (도쿄 서적, 2005년).

《열학사상의 사적 전개 1~3》 야마모토 요시타카 저술 (지쿠마 학예문고, 2008-2009년).

klchem.co.jp/blog/2010/12/post-1366.php

ocw.kyoto-u.ac.jp/ja/general-education-jp/introduction-to-statistical-physics/html/kelvin.html

(교토대학 오픈 코스 웨어 2018년도 실러버스 모음집 《켈빈의 '19세기 물리학의 암운 두 가지'를 둘러싼 오해》).

6장 빛I(파동의 탐구) 〈뉴턴 / 호이겐스 / 영〉
7장 소리 〈푸리에 / 도플러 / 마흐〉

《화제의 근원이 된 물리》 이헤이 야스오 편집 대표 (도호, 1977년).

《물리의 콘셉트 전기와 빛》 폴 G. 휴잇 저술. 고이데 쇼이치로 감수, 구로보시 케이이치·요시다 요시히사 옮김 (교리츠 출판, 1986년).

《소년 소녀 세계의 논픽션① 우주 비행 70만 킬로미터 / 초음속에 도전하다》 티토프, 이거 저술, 후쿠시마 마사미 옮김 (가이세이샤, 1964년).

spaceinfo.jaxa.jp/ja/christian_doppler.html

8장 자기와 전기 〈길버트 / 쿨롱 / 가우스〉
9장 전류 〈볼타 / 앙페르 / 옴〉
10장 전자파 〈패러데이 / 맥스웰 / 헤르츠〉

《일렉트로닉스를 중심으로 한 연대별 과학 기술사 제5판》 기사카 슌키치 저술 (닛칸 공업신문사, 2001년).

《새로운 번역 다네만 대자연 과학사 제7권, 제9권》 프리드리히 다네만 저술, 야스다 도쿠타로 옮김 (산세이도, 1978-1979년).

《자석과 중력의 발견 1~3》 야마모토 요시타카 저술 (미스즈 쇼보, 2003년).

《헤겔 전집 2a 자연철학 상》 헤겔 저술, 가토 히사타케 옮김 (이와나미 쇼텐, 1998년).

《과학사의 여러 단면-역학 및 전자기학의 형성사》 스가이 쥰이치 저술 (이와나미 쇼텐, 1950년).

《패러데이 왕립 연구소와 고독한 과학자》 시마오 나가야스 저술 (이와나미 쇼텐, 2000년).

《패러데이의 생애》 수틴 저술, 고이데 쇼이치로·다무라 야스코 옮김 (도쿄 도서, 1985년).

《세계의 명저 65 현대의 과학 I》 유카와 히데키, 이노우에 켄 책임 편집 (주오 공론사, 1973년).

《패러데이와 맥스웰》 고토 겐이치 저술 (시미즈 쇼인, 1993년).

《맥스웰의 생애-전기 문명의 시대를 연 천재》 칼셰프 저술, 하야카와 데루오·긴다이치 마스미 옮김 (도쿄 도서, 1976년).

《열학사상의 사적 전개 1~3》 야마모토 요시타카 저술 (지쿠마 학예문고, 2008-2009년).

《Ørsted og Andersen og guldalderens naturfilosofi》 Knud Bjarne Gjesing저술 (KVANT, December 2013). - www.kvant.dk p.18-21

《인비저블 웨폰-전신과 정보의 세계사 1851-1945》 D.R. 헤드릭 저술, 요코이 가즈히코·와타나베 쇼이치 옮김 및 감수 (일본 경제 평론사, 2013년).

www.sciencephoto.com/media/765120/view/gilbert-on-magnetism-1600

wdc.kugi.kyoto-u.ac.jp/stern-j/demagrev_j.htm

www.researchgate.net/publication/262995907_Carl_Friedrich_Gauss_-_General_Theory_of_Terrestrial_Magnetism_-_a_revised_translation_of_the_German_text

books.google.co.jp/books/about/Luftskibet_et_Digt.html?id=b3YWnQEACAAJ&redir_esc=y

padlet.com/lbo4/xleblf4srwso

www.miyajima-soy.co.jp/archives/column/kyoka26

11장 원자의 구조 〈J.J.톰슨 / 나가오카 한타로 / 러더퍼드〉
12장 방사선 〈뢴트겐 / 베크렐 / 마리 퀴리〉
13장 빛II(파동과 입자의 이중성) 〈아인슈타인 / 콤프턴 / 드 브로이〉
14장 양자 역학 〈플랑크 / 보어 / 슈뢰딩거〉
15장 소립자 〈디락 / 페르미 / 겔만〉

《물리학 천재 열전 상·하》 윌리엄.H. 클로퍼 저술, 미즈타니 준 옮김 (고단샤, 2009년).

《과학자는 왜 신의 존재를 믿는가》 산다 이치로 저술 (고단샤, 2018년).

《쿼크 소립자 물리는 얼마나 발전해 왔는가》 난부 요이치로 저술 (고단샤 블루 백스, 1998년).

《빛과 물질의 불가사의한 이론 나의 양자 전자 역학》 R.P. 파인만 저술, 가마에 츠네요시, 오누키 마사코 옮김 (이와나미 현대문고, 2007년).

《잃어버린 반세계 소립자 물리학으로 찾아내다 제16회 '대학과 과학' 공개 심포지엄 강연 수록집》 산다 이치로 편집 (구바프로, 2002년).

《발명 발견 이야기 전집4 원자·분자의 발명 발견 이야기》 이타쿠라 기요노부 편집 (고쿠도샤, 1983년).

《현대의 과학 21 J.J. 톰슨 전자의 발견자》 조지.P. 톰슨 저술, 후시미 고지 옮김 (가와데 쇼보 신샤, 1969년).

《나가오카 한타로전》 후지오카 요시오 감수, 이타쿠라 기요노부, 기무라 도사쿠, 야기 에리 저술 (아사히신문사, 1973년).

《빅 퀘스천》 스티븐 호킹 저술, 아오키 가오루 옮김 (NHK 출판, 2019년).

《과학의 역사》 시마오 나가야스 편집, 저술 (소겐샤, 1978년).

역사에 한 획을 그은 과학자의 명언

《시대를 바꿔 놓은 과학자들의 명언》 후지시마 아키라 저술 (도쿄 서적, 2011년).

《물리학 천재 열전 상·하》 윌리엄.H. 클로퍼 저술, 미즈타니 준 옮김 (고단샤, 2009년).

색인

물리학자가 들려주는 물리학 이야기

1판 2쇄 발행   2022년 11월 20일

글쓴이   다나카 미유키, 유키 치요코
옮긴이   김지예

편집   이순아
디자인   문지현, 성영신

펴낸이   이경민
펴낸곳   ㈜동아엠앤비
출판등록   2014년 3월 28일(제25100-2014-000025호)
주소   (03737) 서울특별시 서대문구 충정로 35-17 인촌빌딩 1층
홈페이지   www.dongamnb.com
전화   (편집) 02-392-6901   (마케팅) 02-392-6900
팩스   02-392-6902
전자우편   damnb0401@naver.com
SNS   ⓕ ⓘ blog

ISBN 979-11-6363-565-9 (43420)